METEOROLOGISCHER UND HYDROLOGISCHER DIENST
DER DEUTSCHEN DEMOKRATISCHEN REPUBLIK

Geomagnetisches Institut und Observatorium Potsdam / Niemegk

Erdmagnetisches Jahrbuch
1953

mit wissenschaftlichen Mitteilungen

1956

AKADEMIE-VERLAG · BERLIN

Erschienen im Akademie-Verlag GmbH., Berlin W 8, Mohrenstraße 39
Lizenz-Nr. 202 · 100/393/56
Satz und Druck: (IV/5/1) Buchdruckerei Paul Dünnhaupt, Köthen L 126/55
Bestell- und Verlags-Nr. 2021/8
Preis: 27,— DM
Printed in Germany

Inhaltsverzeichnis

Vorbemerkung

Es ist beabsichtigt, in den Vorbemerkungen zu den Erdmagnetischen Jahrbüchern kurz über die wissenschaftliche Tätigkeit des Instituts zu berichten und auf besondere Ereignisse hinzuweisen. Damit soll mit dem vorliegenden Jahrbuch insofern eine Änderung eintreten, als diese Berichte von jetzt ab sich nicht mehr auf das Jahr beziehen, für das die geomagnetischen Ergebnisse des Adolf-Schmidt-Observatoriums für Erdmagnetismus in Niemegk veröffentlicht werden, vielmehr soll in der Vorbemerkung all das zur Sprache kommen, was bis zu dem Zeitpunkt geschah, an dem das Jahrbuch in Druck gegeben worden ist. Im vorliegenden Falle ist das der 31. Dezember 1955. Bis zu diesem Termin gilt der folgende Bericht.

Wie schon im Jahrbuch 1952 kurz mitgeteilt wurde, sollten im Rahmen der Vorbereitungen für das AGI (Internationales Geophysikalisches Jahr) drei Außenstellen des Observatoriums Niemegk errichtet werden, mit deren Hilfe die Möglichkeiten zur Erforschung des geomagnetischen und geoelektrischen Variationsfeldes wesentlich verbessert werden könnten. Mit dem Bau dieser drei Außenstellen wurde im Jahr 1953 begonnen. Im Hinblick auf die Ergebnisse der Untersuchungen von Herrn Dr. WIESE wurden folgende Orte für die Aufstellung der drei kleinen Holzhäuser gewählt: Warnkenhagen, Ückermünde und Herrnhut. Die Hütten wurden im Jahre 1954 fertiggestellt, so daß mit der Aufstellung der geomagnetischen und geoelektrischen Geräte begonnen werden konnte. Es ist vorgesehen, die Ausrüstung der drei Stationen möglichst so zu vervollständigen, daß die geomagnetischen Variationen, die geoelektrischen Variationen und die geomagnetischen zeitlichen Gradienten erfaßt werden. In Ergänzung zu den Registrierungen der drei Außenstellen ist vorgesehen, mit drei transportablen Feldregistrierstationen das Netz nach Bedarf zu verdichten.

Zur Charakterisierung des wissenschaftlichen Lebens des Instituts seien hier wieder in Weiterführung der Angaben des Jahrbuches 1952 die Veröffentlichungen und Kolloquien zusammengestellt, die bis zum 31. 12. 1955 erschienen sind bzw. abgehalten wurden:

Mitteilungen

20. G. FANSELAU: „Die geomagnetische Fadenwaage". Deutscher Export, Sonderheft Feinmechanik-Optik, Februar 1953.
21. G. FANSELAU: „Vorläufiger Bericht über die Beobachtungen am Adolf-Schmidt-Observatorium für Erdmagnetismus in Niemegk in der Zeit vom 1. Januar bis 30. April 1952". Gerl. Beitr. 1953, Bd. 63, H. 1, S. 71—78.
22.
23. (Bereits im Jahrbuch 1952 mitgeteilt.)
24. G. FANSELAU: „Über einige beobachtungstechnische Neuerungen am Adolf-Schmidt-Observatorium für Erdmagnetismus in Niemegk". Freiberger Forschungshefte 1953, Reihe C, H. 7, Beihefte der Zeitschr. Bergakademie.
25. H. WIESE: „Der tagesperiodische Teil der erdmagnetischen Störungen". Gerl. Beitr. 1954, Bd. 63, H. 4, S. 282—301.
26. G. FANSELAU: „Vorläufiger Bericht über die Beobachtungen am Adolf-Schmidt-Observatorium für Erdmagnetismus in Niemegk in der Zeit vom 1. Mai bis 31. August 1952". Gerl. Beitr. 1953, Bd. 63, H. 3, S. 234—240.
27. G. FANSELAU und O. LUCKE: „Zur Frage der Erklärung des erdmagnetischen Kernfeldes". Forschungen und Fortschritte, Sept. 1953, Jahrg. 27, H. 3, S. 73—75.
28. (Wird im Jahrbuch 1954 mitgeteilt.)
29. H. WIESE: „Der tägliche Gang der erdmagnetischen Komponenten an ausgewählt ruhigen Tagen in Potsdam-Niemegk". Gerl. Beitr. 1954, Bd. 63, H. 4, S. 302—317.
30. H. SCHMIDT: „Über die Messung geomagnetischer Feldgrößen mittels Protonenresonanzen". Zeitschr. Experimentelle Technik der Physik, Deutscher Verlag der Wissenschaften Berlin, Jahrg. 1, (1954), H. 3, S. 121—127.
31. G. FANSELAU: „Vorläufiger Bericht über die Beobachtungen am Adolf-Schmidt-Observatorium für Erdmagnetismus in Niemegk in der Zeit vom 1. September 1952 bis 31. August 1953". Gerl. Beitr. 1954, Bd. 64, H. 2, S. 95—107.
32. O. LUCKE: „Über eine Abänderung der Anordnung der Primärspulen im elektrodynamischen Theodoliten nach E. A. JOHNSON". Z. f. Met., 1954, H. 2/3, S. 80.

33. H. WIESE: „Die Baystörungen und ihr heterogener im Erdinnern induzierter Anteil". Z. f. Met., 1954, H. 2/3, S. 77.

34. G. FANSELAU und F. FRÖHLICH „Über den Ferrimagnetismus des Erdkrustenfeldes„. Forschungen und Fortschritte, 1954, Jahrg. 28, H. 5, S. 134—138.

35. — „Vorläufiger Bericht über die Beobachtungen am Adolf-Schmidt-Observatorium für Erdmagnetismus in Niemegk in der Zeit vom 1. September 1953 bis 31. August 1954". Gerl. Beitr. 1955, Bd. 64, H. 4, S. 313—327.

36. F. FRÖLICH und O. LUCKE: „Zur Frage der Verteilung der Elemente in den Tiefenzonen der Erde nach der Darstellung von A. F. KAPUSTINSKY". Z. f. Geol., 1954, Jahrg. 3, H. 8, S. 1100 bis 1105.

Abhandlungen

Nr. 16 O. LUCKE: Betrachtungen zum absoluten elektrodynamischen Theodoliten nach E. A. JOHNSON zur Messung des geomagnetischen Feldes.

Nr. 17 G. FANSELAU und E. THIELE: Geomagnetische Kennziffern 1890 bis 1907 (nebst einigen Ergänzungen).

„ 18 H. WIESE: Tiefentellurik (Erforschung von großräumigen Zonen erhöhter elektrischer Leitfähigkeit im Erdinnern durch erdmagnetische Variationen).

„ 19 G. FANSELAU: Die Erzeugung von homogenen Magnetfeldern durch Rechteckströme.
F. FRÖLICH: Zur Frage des Bindungs- und Leitungsmechanismus der Spinelltyp-Eisenoxyde.
H. SCHMIDT: Untersuchungen zur Theorie und Praxis geomagnetischer Schwingungsmessungen mit Beschreibung einer neuen Schwingzeitmeßanlage.

Erdmagnetische Jahrbücher

„Erdmagnetisches Jahrbuch 1952" mit wissenschaftlichen Mitteilungen.

G. FANSELAU: Vorbemerkung
H. WIESE: Ergebnisse der Beobachtungen am Adolf-Schmidt-Observatorium für Erdmagnetismus in Niemegk im Jahr 1952.
H. BOLZ und O. LUCKE: Erfahrungen über die Verwendung des Sonnenspiegels bei der Bestimmung des Azimutes.
G. FANSELAU und O. MATING: Über Mehrfachreflexionen bei geomagnetischen Variometern.
H. SCHMIDT: Zur Vergrößerung von Lichtzeigerausschlägen mittels reflektierender gekrümmter Flächen.

Kolloquien

Referent:	Thema:
Dr. LAUTERBACH, Geolog.-Paläontol. Inst. Universität Leipzig	Mikromagnetik.
Dr. WIESE, Geomagn. Obs. Niemegk	Der tagesperiodische Anteil geomagnetischer Störungen.
VOLLAND, Heinr.-Hertz-Inst., Bln.-Adlershof	Die Ermittlung schneller Schwankungen des geomagnetischen Feldes.
Dr. THIELE, Geomagn. Inst. Potsdam	Über die Potentialanteile zweiter Ordnung des Erdmagnetfeldes (nach Arbeiten von HANS G. MACHT).
Dr. LUCKE, Geomagn. Inst. Potsdam	Über die Plasmatheorie der Ionosphäre.
Dr. SKEIB, MHD, Hauptobs. Potsdam	Die Theorie der physikalischen Dimensionen und ihre Anwendung in der Geophysik.
SCHMIDT, Geomagn. Obs. Niemegk	Anwendung von Kernresonanzmethoden zur geomagnetischen Feldmessung.
KANDALE, Potsdam	„Magnetic Well Logging" von R. A. BRODING, C. W. ZIMMERMAN, E. V. SOMERS, E. S. WILHELM und A. A. STRIPLING.
Dr. RICHTER, Sternwarte Sonneberg	Die Helligkeitsschwankungen des Kometen 1925 II und ihre Korrelation zu erdmagnetischen Erscheinungen.
KÜHN, Geomagn. Inst. Potsdam	Über die Arbeit „The Earth's Face determined by the Core" von HANS HAVEMANN.
Dipl.-Phys. GAIN, Pädagog. Hochschule Potsdam	Aufgabe und Eigenschaften von Quarz-Leuchtresonatoren.
Prof. Dr. FANSELAU, Geomagn. Inst. und Obs. Potsdam-Niemegk	Kurzbericht über einige geomagnetische Fragen — Normalfeld, Säkularvariation, magnetische Schwingungsbeobachtungen.
Dr. SELLIEN, Geomagn. Inst. Potsdam	Gravimetrische Untersuchungen unter Tage.

Dr. JUST, Geomagn. Obs. Niemegk	Über die Transformatortheorie zur Deutung der Variationen des Erdpotentialgradienten (nach Arbeiten von KARL BUCKHARDT).
Prof. Dr. FANSELAU Geomagn. Inst. und Obs. Potsdam-Niemegk	Über die Arbeit von Dr. E. H. VESTINE: ,,On Variations of the Geomagnetic Field, Fluid Motions, and the Rate of the Earth's Rotation.
Dr. Dr. FRÖLICH, RFT-Zentrallabor. f. Fernmeldetechnik, Bln.-Treptow	Aus der Theorie des Ferromagnetismus.
Dr. SKEIB, MHD, Hauptobs. Potsdam	Schallmessungen in turbulenter Luft.
Prof. Dr. FANSELAU, Geomagn. Inst. und Obs. Potsdam-Niemegk	Über das Auftreten von Magnetfeldern in rotierenden Plasmen.
Dr. LUCKE, Geomagn. Inst. Potsdam	Die hydromagnetische Theorie von BULLARD und ELSASSER zur Erklärung des erdmagnetischen Hauptfeldes, Teil I.
Dr. LUCKE, Geomagn. Inst. Potsdam	Die hydromagnetische Theorie von BULLARD und ELSASSER zur Erklärung des erdmagnetischen Hauptfeldes, Teil II.
KÜHN, Geomagn. Inst. Potsdam	Die lange Reichweite der regelmäßigen Atomanordnung in Mischkristallen.
Dr. Dr. FRÖLICH, Geomagn. Inst. Potsdam	Antiferromagnetische und ferrimagnetische Erscheinungen.
Dr. HAVEMANN, Borgsdorf b. Berlin	Konvektionsströmungen in der Erde.
Dr. HINZPETER, MHD, Hauptobs. Potsdam	Ergebnisse einfacher Rechnungen zur diffusen Himmelsstrahlung.
Dr. THIELE, Geomagn. Inst. Potsdam	Über die magnetische Feldmühle (nach Dr. KURT BURKHART).
Prof. Dr. GELLERT, Pädagog. Hochschule Potsdam	Entstehung der Kontinente und Ozeane.
Dr. Dr. FRÖLICH, Geomagn. Inst. Potsdam	Die Verteilung der Elemente in den Tiefenzonen der Erde (nach der Darstellung von A. F. KAPUSTINSKY).
Dr. Dr. FRÖLICH, Geomagn. Inst. Potsdam	Zur Frage des Gesteinsmagnetismus.
Dr. HAVEMANN, Borgsdorf b. Berlin	Konvektionsströmungen in der Erde — Geologischer Teil.
Dr. LUCKE, Geomagn. Inst. Potsdam	Das Magnetfeld der Erde, als selbsterregender Prozeß der Hydromagnetik gedeutet, 1. Teil.
Dr. LUCKE, Geomagn. Inst. Potsdam	Das Magnetfeld der Erde, als selbsterregender Prozeß der Hydromagnetik entstanden, 2. Teil.
Dr. ARNOLD, Geodät. Inst. Potsdam	Die Trilateration.
Dr. HINZPETER, MHD, Hauptobs. Potsdam	Über die in der Meteorologie gebräuchlichen Extinktionsmaße.
Dr. v. KILINSKI, MHD, Hauptobs. Potsdam	Weltblitzstrom und Feinstruktur des luftelektrischen Potentialgefälles.
VOGLER, Geol. u. Paläontol. Inst. Karl-Marx-Univ. Leipzig	Über den Einfluß der Radiumemanation auf die in Bodennähe gemessenen luftelektrischen Elemente.
Dr. SKEIB, MHD, Hauptobs. Potsdam	Über Meßmethoden der modernen Turbulenzforschung.
Prof. Dr. FANSELAU, Geomagn. Inst. und Obs. Potsdam-Niemegk	Ionosphäre und Geomagnetismus.
Dr. SCHMIDT, Geomagn. Obs. Niemegk	Untersuchungen zur Theorie und Praxis geomagnetischer Schwingzeitmessungen.
Ing. KULP, Geomagn. Obs. Niemegk	Germanium-Dioden und Transistoren als neueste Bauelemente der Nachrichtentechnik.
Dr. LUCKE, Geomagn. Inst. Potsdam	Zur Theorie des Sonnenspiegels.
Dipl. -Ing. SPRENGER, Met. Obs. Kühlungsborn	Langwellenbeobachtungen während der Sonnenfinsternis am 30. 6. 1954.
Dipl.-Geol. WÄCHTER, Hildesheim	Ursachen und Wirkungen des säkularen Präzessionseffektes — Ableitung einer physikalischen Entstehung des Erdantlitzes und des Erdmagnetismus.
BELLMANN, Leiter d. Stadtmuseums Bitterfeld	Zur Frage der Chronologie in der Vorgeschichte, beurteilt auf Grund magnetischer Messung an Tongefäßen.
Dr. Dr. FRÖLICH, Geomagn. Inst. Potsdam	Eine neue Meßverfahrenstechnik zur Untersuchung des Eruptivgesteinsmagnetismus.
Dr. WIESE, Geomagn. Obs. Niemegk	Tiefentellurik — Erforschung von großräumigen Zonen erhöhter elektrischer Leitfähigkeit im Erdinnern durch erdmagnetische Variationen.
Dr. LUCKE, Geomagn. Inst. Potsdam	Gezeitenschwingungen in der hohen und tiefen Atmosphäre.

Gedenkfeier aus Anlaß der 100. Wiederkehr des Todestages von Carl Friedrich Gauss.

Dipl.-Phys. R. Wagner, Inst. f. Magn. Werkstoffe, Jena	Neuentwicklungen magnetischer Werkstoffe.
Prof. Dr. Martin, Inst. f. Bodendynamik und Erdbebenforschung, Jena	Einschwingvorgänge beim elektrodynamischen Erschütterungsmesser.
Finkewitz, z. Z. Niemegk	Über die Theorie der Schwingungen der an einem Torsionsdraht hängenden Waage nach Eötvös-Selény.
Dr. Dr. Frölich, Geomagn. Inst. Potsdam	Bindungsmechanismus und Spinabsättigung.
Dr. Just, Geomagn. Obs. Niemegk	Elektroden zur Registrierung des Erdpotentialgradienten.
Dr. Lucke, Geomagn. Inst. Potsdam	Über Potentialentwicklungen und die Veränderlichkeit des erdmagnetischen Feldes.
Dipl.-Geophys. Hahn, Amt f. Bodenforschung, Hannover	Erdmagnetische Eisenerzprospektion im Vogelsberg.
Dr. Dr. Frölich, Geomagn. Inst. Potsdam	Zum Problem der Inhomogenität des Erdinneren.
Dr. Lucke, Geomagn. Inst. Potsdam	Über die Physik des Erdkerns und die Konvektion im Erdmantel.
Dipl.-Astr. Schröter, Astrophys. Obs. Potsdam	Zum Problem der solaren Rotverschiebung.
Dipl.-Astr. Mattig, Astrophys. Obs. Potsdam	Zur Lichtablenkung im Schwerefeld der Sonne. Bericht über die Expedition nach Ceylon.
Dipl.-Geophys. Lengning, Geomagn. Obs. Niemegk	Das Potential des geomagnetischen Feldes als Kriterium für geomagnetische Landesaufnahmen.
Dr. Lehmann, VEB Geophysik, Leipzig	Über geomagnetische und geoelektrische Messungen an Lamprophyrgängen in der Lausitz.
Dr. Schmidt, Geomagn. Obs. Niemegk	Gesteuerte und geregelte Magnetfelder.

Zum Schluß sei noch auf drei besondere Ereignisse im Institutsleben hingewiesen.

Am 23. Juli 1955 konnte das Adolf-Schmidt-Observatorium für Erdmagnetismus in Niemegk auf sein 25jähriges Bestehen zurückblicken. An diesem Tage — dem 95. Geburtstag des Geh. Rat Prof. Dr. Adolf Schmidt — fand im Observatorium Niemegk eine würdige Gedenkfeier im bescheidenen Rahmen statt. Etwa 80 Personen nahmen an der Feier teil, unter ihnen fast sämtliche namhaften Vertreter der Geophysik in der Deutschen Demokratischen Republik. Zahlreiche Glückwünsche gingen brieflich oder telegraphisch auch aus Westdeutschland und dem Ausland ein. Sämtliche Ansprachen wurden auf Tonband aufgenommen und konnten so archivmäßig festgehalten werden. Als Leitspruch für die Feier und die weitere Arbeit des Instituts galten die Worte, die Geh. Rat Prof. Dr. Adolf Schmidt seinerzeit vor 25 Jahren — am 23. Juli 1930, seinem 70. Geburtstag — ins Gästebuch des Observatoriums schrieb: „Αἰὲν ἀριστεύειν καὶ ὑπείροχον ἔμμεναι ἄλλων". Der Abend vereinte alle Teilnehmer zu einem gemütlichen Teil der Feier in der „Grünen Eiche", wo noch lange bei guter Laune und Frohsinn ausgehalten wurde.

Zwei weitere Ereignisse müssen noch vermerkt werden, die die Belegschaft des Instituts und Observatoriums schmerzlich getroffen haben.

Am 25. November 1953 verschied im Alter von 50 Jahren Herr Bruno Neubert, technischer Angestellter am Adolf-Schmidt-Observatorium für Erdmagnetismus in Niemegk. Mit ihm hat das Observatorium einen seiner fleißigsten und zuverlässigsten Mitarbeiter verloren, der auf eine 20jährige Dienstzeit zurückblicken konnte. Der Tod erlöste ihn von einem langen, schweren Leiden. Bruno Neubert hatte sich, nicht zuletzt auch unter der Anleitung seines noch im Institut tätigen Vaters, Louis Neubert, zu einem hochqualifizierten Rechner und Beobachter entwickelt, dem lange Jahre hindurch die Leitung des technischen Beobachtungsdienstes des Observatoriums oblag. Er hat die Entwicklung des Observatoriums von Anfang an mitgemacht; seiner pflichtbewußten Arbeit und seiner steten Einsatzbereitschaft ist es mit zu danken, daß der laufende Betrieb des Adolf-Schmidt-Observatoriums für Erdmagnetismus in Niemegk lange Jahre hindurch reibungslos und ordnungsgemäß abgewickelt werden konnte. Auch als Kollege war uns Bruno Neubert im Laufe der Jahre lieb geworden; sein aufrechter Charakter, sein bescheidenes Wesen und sein kameradschaftliches Verhalten haben ihm unter seinen Mitarbeitern große Wertschätzung gebracht.

Noch ein zweiter schwerer Verlust hat das Institut getroffen. Am 9. November 1955 verschied nach kurzem, schwerem Leiden einer unserer befähigsten technischen Mitarbeiter, Herr LEOPOLD FEIST, im Alter von 68 Jahren. Was er dem Institut, besonders in schwerster Nachkriegszeit, bedeutet hat, was er jedem einzelnen von uns als Mensch und Mitarbeiter, als Freund und Kollege gewesen ist, können alle die am besten beurteilen, die das Glück hatten, lange Jahre mit ihm zusammenzuarbeiten.

LEOPOLD FEIST wurde am 20. 7. 1887 in Potsdam geboren, verließ mit Sekundareife das Realgymnasium, um den Beruf des Kaufmanns zu erlernen. In der Ausübung dieses Berufes weilte er von 1910—1914 in Amerika. Bei seiner Rückkehr nach Deutschland wurde er zum Heeresdienst eingezogen und machte den ersten Weltkrieg mit. Nach der Rückkehr aus dem Felde war LEOPOLD FEIST verschiedentlich beruflich tätig, bis er schließlich im März 1925 bei Geh. Rat ADOLF SCHMIDT als Rechner den Dienst antrat. Volle 30 Jahre hat LEOPOLD FEIST diesem Beruf die Treue gehalten. In dieser Zeit verwuchs er so innig mit dem Institut, daß eine Grenze zwischen privaten und dienstlichen Interessen bei ihm nicht bestand. Die hervorragende Schule, die LEOPOLD FEIST in jeder Hinsicht bei dem von ihm so hoch verehrten Geh. Rat SCHMIDT durchgemacht hat, befähigte ihn dank der ausgezeichneten eigenen Anlagen, später immer höheren Anforderungen gerecht zu werden, bis er schließlich in allen Dingen für uns ein treuer, fleißiger, peinlich korrekter und äußerst zuverlässiger Helfer wurde. Eng, viel enger als sonst wohl üblich, waren die menschlichen und freundschaftlichen Bande, die LEOPOLD FEIST mit vielen, um nicht zu sagen allen seinen Mitarbeitern, verband. Um so schmerzlicher ist die Lücke, die sein Tod in unsere Reihen riß. Ein ehrenvolles, dankbares Gedenken im Institut ist ihm für alle Zeiten sicher.

G. F.

Ergebnisse der Beobachtungen am Adolf-Schmidt-Observatorium für Erdmagnetismus in Niemegk im Jahre 1953

bearbeitet von H. Wiese

I. Einleitung

Das Jahrbuch 1953 schließt sich in seiner Form vollkommen an die vorhergehenden Jahrbücher an.

Die neuen Standardmagnete des Observatoriums[1]) haben sich sehr gut bewährt und als äußerst stabil erwiesen, so daß auch in diesem Jahre eine Änderung des Moments der Magnete, innerhalb der Meßgenauigkeit, nicht zu erkennen ist.

Durch Parallelmessung auf dem Theodolit Wanschaff nach der Lamontschen Methode und auf Theodolit Schmidt nach der Schmidtschen Methode wurden Parameter der Magnete und Ablenkungsentfernungen überprüft, so daß langsame Änderungen der Fundamentalkonstanten der Niveaubestimmung von 1950—52 nicht unbemerkt geblieben wären.

Wie in den Vorjahren wurde die Auswahl der Tage zur Berechnung des täglichen Ganges nach neuen Gesichtspunkten vorgenommen. Mit Hilfe der Kennziffern konnte eine Anzahl ganz ruhiger und gleichmäßig gestörter Tage erreicht werden. Dieses Verfahren ist zweifellos zweckmäßiger als die stereotype Berechnung des Ganges an den fünf ruhigen und fünf gestörten Tagen eines jeden Monats, da nach diesem Verfahren häufig Tage recht verschiedenen Störungsgrades zusammengefaßt werden (vgl. hierzu Bartels[2]) und Wiese[3])). Im Einzeljahr sind zwar manchmal in einigen Gruppen wenig oder gar keine Tage vorhanden, die den Auswahlbedingungen genügen, aber im Mittel vieler Jahre wird sich bei dieser Berechnungsmethode ein einwandfreies Bild der täglichen Variationen ergeben, wie sich aus der Bearbeitung der Jahre 1908 bis 1944 gezeigt hat. Außerdem wurden nach der seit Jahrzehnten üblichen Art die täglichen Gänge an allen Tagen berechnet.

Neu wurden in diesem Jahre im Abschn. VIc Tabellen über die Häufigkeit der einzelnen Kennziffern im Tagesgang und in den einzelnen Monaten aufgenommen. Da den Kennziffern eine nichtlineare Skala zugrunde liegt, sind, wie allgemein bekannt, die Häufigkeitszahlen als wesentlich brauchbarer für ein Aktivitätsmaß der einzelnen Monate und Jahre zu betrachten, als die ebenfalls abgedruckten Mittelwerte der Kennziffern.

Zur Erforschung der kurzzeitigen Änderungen des erdmagnetischen Feldes werden seit Ende 1952 die zeitlichen Gradienten der drei Feldkomponenten registriert. Es wurden große Luftspulen verwendet, um annähernd phasen- und amplitudentreue Registrierungen zu erhalten. Empfindliche Galvanometer dienen als Registrierinstrumente. Im Anhang wird die Anlage näher beschrieben.

Die absoluten Messungen führten Dr. H. Just, H. Kraatz, Dr. H. Wiese und W. Zander durch. Die Berechnungen erfolgten durch L. Feist und W. Zander. Den Tabellenteil des Jahrbuches berechneten Ch. Feist, L. Feist und L. Neubert. Die Aktivitätszahlen und Kennziffern schätzten Prof. Dr. Fanselau, Dr. H. Just, R. Kiltz und Dr. H. Wiese.

---

[1]) M. Richard u. H. Wiese, Die Neubestimmung der absoluten erdmagnetischen Feldgrößen am Adolf-Schmidt-Observatorium für Erdmagnetismus in Niemegk. 1954. Abhandlungen Nr. 13 des Geophysikalischen Instituts Potsdam.

[2]) J. Bartels, Zeitschrift für Meteorologie, 1951, S. 236.

[3]) H. Wiese, Gerlands Beiträge zur Geophysik, Jahrg. 63, Heft 4, 1954, S. 282—301, 302—317.

II. Arbeiten an den Variometern

Das Südsystem (X, Y, Z)

Von diesem Registriersystem wurden während des ganzen Jahres die Stundenmittel der horizontalen Komponenten abgeleitet. Die Stundenmittel der Vertikalkomponente wurden bis Juni 1953 von der Z-Waage des Ostsystems berechnet. Erst ab 1. Juli 1953 werden von der Z-Waage mit Bandaufhängung im Südsystem die Stundenmittel abgeleitet.

Alle drei Variometer registrierten das ganze Jahr über einwandfrei. Die bereits in früheren Jahrbüchern angegebenen Konstanten der Spulen für die Skalenwertbestimmung sind folgende:

X/Y-Spule	5,011 γ/mA
Z-Spule	15,99 γ/mA.

Wie üblich wurde für die Strommessung bei der Skalenwertbestimmung ein geeichtes Präzisions-Milliamperemeter der Genauigkeitsklasse 0,2 verwendet. Die im Laufe des Jahres durchgeführten Skalenwertbestimmungen sind in Tab. 1 angegeben.

Die Reduktion der Variationen geschah mit den gleichen Temperaturkoeffizienten wie in den Vorjahren. Diese sind, bezogen auf das Bourdonrohr des X-Variometers

$$a_X = -0{,}0060, \quad a_Y = 0{,}0527 \quad a_Z = -0{,}384.$$

Der Skalenwert des Bourdonrohres im X-Variometer betrug 0,107°/mm. Damit errechnete sich die Temperaturabhängigkeit in γ/Grad für X zu −0,1; für Y zu 1,0; für Z zu −19,6.

Tabelle 1

Skalenwerte Südsystem

1953	e_x	ausgegl.	e_y	ausgegl.	e_z	ausgegl.	1953	e_x	ausgegl.	e_y	ausgegl.	e_z	ausgegl.
	γ	γ	γ	γ	γ	γ		γ	γ	γ	γ	γ	γ
Jan. 9	2.04	2.02	2.02	2.03	5.50	5,47	Juli 11	2.02	2.02	2.02	2.03	5,47	5.46
13	2.02	2.02	2.04	2.03	5.50	5,47	17	2.01	2.02	2.03	2.03	5,45	5.46
20	2.06	2.02	2.03	2.03	5.50	5,47	25	2.01	2.02	2.01	2.03	5.46	5.46
30	2.02	2.02	2.03	2.03	5.50	5.47	Aug. 1	2.03	2.02	2.04	2.02	5.49	5.46
Febr. 2	2.02	2.02	2.04	2.03	5.45	5.47	11	2.01	2.02	2.02	2.02	5.46	5.46
10	2.01	2.02	2.03	2.03	5.50	5.47	15	2.04	2.02	2.04	2.02	5.49	5.46
14	2.00	2.02	2.01	2.03	5.48	5.47	22	2.03	2.02	2.03	2.02	5.49	5.46
März 7	2.00	2.01	—	2.02	5.49	5.47	Sept. 2	2.02	2.02	2.02	2.02	5.49	5.49
14	2.04	2.01	2.02	2.02	5.47	5.47	5	2.00	2.02	2.04	2.02	5.45	5.49
21	2.00	2.01	2.02	2.02	5.48	5.47	12	2.03	2.02	2.02	2.02	5.44	5.49
28	2.01	2.01	2.02	2.02	5.46	5.47	19	2.00	2.02	2.01	2.02	5.45	5.49
April 1	2.00	2.01	2.04	2.02	5.46	5.47	26	—	2.02	2.02	2.02	5.46	5.49
11	2.01	2.01	2.04	2.02	5.44	5.47	Okt. 3	2.01	2.02	2.04	2.02	5.44	5.46
18	2.01	2.01	2.03	2.02	5.49	5.47	10	2.03	2.02	2.02	2.02	5.45	5.46
25	2.04	2.01	2.03	2.02	5.46	5.47	17	2.03	2.02	2.03	2.02	5.48	5.46
Mai 2	2.03	2.01	2.02	2.03	5.44	5.46	26	2.04	2.02	2.02	2.02	5.47	5.46
11	2.01	2.01	2.03	2.03	5.43	5.46	Nov. 2	2.02	2.02	2.04	2.03	5.45	5.46
19	2.03	2.01	2.03	2.03	5.48	5.46	9	2.04	2.02	2.04	2.03	5.45	5.46
26	2.03	2.01	2.01	2.03	5.44	5.46	16	2.02	2.02	2.03	2.03	5.46	5.46
28	2.03	2.01	2.04	2.03	5.46	5.46	23	2.04	2.02	2.02	2.03	5.45	5.46
Juni 13	2.02	2.02	2.02	2.03	5.45	5.46	30	2.04	2.02	2.03	2.03	5.48	5.46
20	2.02	2.02	2.03	2.03	5.48	5.46	Dez. 5	2.02	2.03	2.01	2.03	5.47	5.46
27	2.03	2.02	2.04	2.03	5.47	5.46	14	2.05	2.03	2.04	2.03	5.46	5.46
Juli 2	2.04	2.02	2.02	2.03	5.46	5.46	19	2.02	2.03	2.04	2.03	5.44	5.46
6	—	2.02	2.02	2.03	5.46	5.46	30	2.04	2.03	2.03	2.03	5.48	5.46
							Jahr:	2.02_3		2.02_8		5.46_7	

Das Westsystem (D, H, Z)

Da wegen der Säkularvariation die Stellung der Variometernadeln allmählich von ihrer Sollstellung abweicht, wurde im August eine Neujustierung der Variometer durchgeführt. Ansonsten registrieren alle 3 Variometer einwandfrei.

Die Konstanten der Spulen zur Skalenwertbestimmung sind für alle drei Variometer die gleichen: 3,998 γ/mA. Die im Laufe des Jahres durchgeführten Skalenwertbestimmungen sind in Tab. 2 angegeben.

Die Bestimmungen der Temperaturkoeffizienten im März 1952 bzw. im August/September 1953 ergaben, bezogen auf das Bourdonrohr der Z-Waage, folgende Temperaturkoeffizienten:

$\alpha_H = 0{,}112$ $\quad\alpha_Z = -0{,}053$ bis 6. August gültig,
$\alpha_H = 0{,}228$ $\quad\alpha_Z = -0{,}078$ vom 15. August bis 15. September gültig,
$\alpha_H = -0{,}024$ $\quad\alpha_Z = -0{,}078$ ab 16. September gültig.

Beim D-Variometer ließ sich kein Temperatureinfluß feststellen. Der Skalenwert des Bourdonrohres der Z-Waage betrug 0,0304° C/mm bis 6. August, ab 15. August 0,0273° C/mm. Damit errechnete sich die Temperaturabhängigkeit in γ/Grad: für H = 7,7; für Z = − 3,2 bzw. H = 1,5; Z = − 5,3 nach der Neujustierung.

Tabelle 2

Skalenwerte Westsystem

1953	ε_D	ausgegl.	ε_H	ausgegl.	ε_Z	ausgegl.	1953	ε_D	ausgegl.	ε_H	ausgegl.	ε_Z	ausgegl.
			γ	γ	γ	γ				γ	γ	γ	γ
Jan. 9	0'.412	0'.412	2.10	2.08	1.85	1.83	Juli 11	0'.413	0'.412	2.08	2.09	1.84	1.84
13	0.417	0.412	2.11	2.08	1.82	1.83	17	0.413	0.412	2.10	2.09	1.84	1.84
20	0.412	0.412	2.07	2.08	1.84	1.83	25	0.410	0.412	2.08	2.09	1.85	1.84
30	0.409	0.412	2.07	2.08	1.85	1.83	Aug. 1	0.413	0.412	2.10	2.09	1.83	1.84
Febr. 2	0.406	0.410	2.08	2.08	1.84	1.83	11	0.403	0.408	1.99		1.84	1.84 [1]
10	0.410	0.410	2.11	2.08	1.83	1.83	15	0,407	0.408	1.86	1.85 [2]	1.83	1.84
14	0.413	0.410	2.08	2.08	1.86	1.83	22	0.408	0.408	1.86	1.85	1.84	1.84
März 7	0.416	0.410	2.11	2.08	1.83	1.84	Sept. 2	0.403	0.406	1.86	1.86	1.85	1.84
14	0.416	0.410	2.09	2.08	1.86	1.84	5	0.406	0.406	1.86	1.86	1.85	1.84
21	0.418	0.410	2.10	2.08	1.84	1.84	12	0.404	0.406	1.75	1.75 [3]	1.87	1.84
28	0.412	0.410	2.10	2.08	1.85	1.84	19	0.405	0.406	1.75	1.75	1.83	1.84
April 1	0.417	0.412	2.09	2.09	1.83	1.84	26	0.408	0.406	1.76	1.75	1.84	1.84
11	0.414	0.412	2.10	2.09	1.84	1.84	Okt. 3	0.404	0.404	1.74	1.75	1.84	1.84
18	0.414	0.412	2.12	2.09	1.85	1.84	10	0.401	0.404	1.76	1.75	1.86	1.84
25	0.416	0.412	2.08	2.09	1.85	1.84	17	0.404	0.404	1.75	1.75	1.84	1.84
Mai 2	0.414	0.413	2.08	2.09	1.84	1.84	26	0.406	0.404	1.75	1.75	1.83	1.84
11	0.415	0.413	2.08	2.09	1.85	1.84	Nov. 2	0.404	0.404	1.74	1.75	1.84	1.84
19	0.406	0.413	2.07	2.09	1.84	1.84	9	0.406	0.404	1.75	1.75	1.84	1.84
26	0.405	0.413	2.09	2.09	1.85	1.84	16	0.404	0.404	1.74	1.75	1.85	1.84
28	0.417	0.413	2.08	2.09	1.85	1.84	23	0.404	0.404	1.75	1.75	1.84	1.84
Juni 13	0.412	0.413	2.08	2.09	1.84	1.84	30	0.406	0.404	1.75	1.75	1.83	1.84
20	0.415	0.413	2.10	2.09	1.85	1.84	Dez. 5	0.407	0.404	1.75	1.75	1.85	1.84
27	0.414	0.413	2.08	2.09	1.84	1.84	14	0.407	0.404	1.76	1.75	1.86	1.84
Juli 2	0.410	0.412	2.09	2.09	1.84	1.84	19	0.407	0.404	1.76	1,75	1.84	1.84
6	0.411	0.412	2.08	2.09	1.83	1.84	30	0.410	0.404	1.74	1.75	1.84	1.84

[1] Neuaufstellung.
[2] Sprung durch Eingriff.
[3] Sprung durch Eingriff.

Das Ostsystem (D, H, Z)

Das mit Walzen für 8-Stunden-Umlauf ausgestattete Registriersystem diente auch in diesem Jahr zur Reduktion der absoluten Messungen. Die Aufzeichnungen der Z-Waage dienten bis Ende Juni zur Ableitung der Stundenmittel. Da jedoch die Z-Schneidenwaage öfter Sprünge aufwies, wurden die Stundenmittel ab Juli von der Z-Waage mit Bandaufhängung im Süd-System abgeleitet. Allgemein arbeiten die Z-Variometer mit Spannbandaufhängung wesentlich sicherer. Deswegen werden ab 1954 nur noch solche Variometer zur Registrierung in Niemegk verwendet.

Die Spulenkonstanten zur Skalenwertbestimmung sind folgende:

D-Spule = 4,085 γ/mA H-Spule = 4,067 γ/mA Z-Spule = 3,997 γ/mA.

Die Skalenwertbestimmungen sind in Tab. 3 mitgeteilt.

Zur Reduktion der D-, H- und Z-Variationen wurden die gleichen Temperaturkoeffizienten wie im Vorjahre verwendet

$$A_D = 0{,}0040, \quad A_H = -0{,}119, \quad A_Z = 0{,}162.$$

Die Temperaturabhängigkeit der Variometer ist in Bogenminuten bzw. γ/Grad, für D $= -0{,}03$; für H $= -4{,}5$; für Z $= 8{,}9$.

Tabelle 3

Skalenwerte Ostsystem

1953	E_D	ausgegl.	E_H	ausgegl.	E_Z	ausgegl.	1953	E_D	ausgegl.	E_H	ausgegl.	E_Z	ausgegl.
			γ	γ	γ	γ				γ	γ	γ	γ
Jan. 9	0′.456	0′.456	1.99	1.99	2.83	2.79	Juli 11	0′.453	0′.453	1.98	1.99	2.86	2.83
13	0.460	0.456	2.00	1.99	2.83	2.79	17	0.454	0.453	2.01	1.99	2.88	2.85
20	0.458	0.456	1.96	1.99	2.84	2.79	25	0.450	0.453	1.99	1.99	2.90	2.88
30	0.461	0.456	1.99	1.99	2.74	2.79	Aug. 1	0.453	0.453	1.99	1.99	2.92	2.90
Febr. 2	0.451	0.456	2.00	1.99	2.79	2.79	11	0.454	0.453	1.98	1.99	2.93	2.90
10	0.453	0.456	1.98	1.99	2.80	2.79	15	0.452	0.453	1.98	1.99	2.89	2.90
14	0.455	0.456	1.99	1.99	2.84	2.79	22	0.456	0.453	2.00	1.99	2.96	2.90
März 7	0.454	0.455	2.00	1.99	2.81	2.79	Sept. 2	0.456	0.454	2.01	1.99	2.89	2.90
14	0.453	0.455	1.98	1.99	2.82	2.79	5	0.455	0.454	2.02	1.99	2.93	2.90
21	0.458	0.455	1.97	1.99	2.80	2.79	12	0.454	0.454	1.98	1.99	2.94	2.90
28	0.450	0.455	1.99	1.99	2.80	2.79	19	0.455	0.454	1.99	1.99	2.88	2.90
April 1	0.447	0.455	2.00	1.99	2.81	2.80	26	0.452	0.454	1.97	1.99	2.97	2.90
11	0.456	0.455	1.99	1.99	2.78	2.80	Okt. 3	0.455	0.454	1.98	1.99	2.92	2.90
18	0.452	0.455	1.99	1.99	2.79	2.80	10	0.451	0.454	2.00	1.99	2.96	2.90
25	0.451	0.455	2.00	1.99	2.86	2.80	17	—	0.454	1.99	1.99	2.92	2.90
Mai 2	0.448	0.453	2.00	1.99	2.83	2.80	26	0.452	0.454	1.99	1.99	2.95	2.90
11	0.450	0.453	2.01	1.99	2.83	2.80	Nov. 2	0.454	0.454	1.99	1.99	2.92	2.92
19	0.454	0.453	1.97	1.99	2.87	2.80	9	0.454	0.454	2.00	1.99	2.97	2.92
26	0.451	0.453	1.99	1.99	2.80	2.80	16	0.455	0.454	—	1.99	2.98	2.92
28	0.456	0.453	2.00	1.99	2.83	2.80	23	0.450	0.454	1.98	1.99	2.98	2.92
Juni 13	0.445	0.453	1.98	1.99	2.82	2.81	30	0.455	0.454	1.98	1.99	2.97	2.92
20	0.453	0.453	1.98	1.99	2.80	2.81	Dez. 5	0.454	0.454	1.98	1.99	2.96	2.97
27	0.454	0.453	1.99	1.99	2.81	2.81	14	0.448	0.454	2.02	1.99	3.00	2.97
Juli 2	0.452	0.453	2.00	1.99	2.77	2.81	19	0.452	0.454	2.00	1.99	2.98	2.97
6	0.452	0.453	1.98	1.99	2.81	2.81	30	0.453	0.454	1.99	1.99	2.97	2.97
							Jahr:	0.453_2		1.99_0		2.87_6	

Sturmvariometer (D, H, Z)

Als unempfindliches Registriersystem diente auch in diesem Jahr eine Reiseregistrierstation nach G. Fanselau[1]), die wegen ihrer kleinen Ausmaße zusätzlich im Westraum des Variationshauses untergebracht werden konnte. Die Spulenkonstanten sind folgende:

$$\text{D- und H-Spule} = 13{,}15\ \gamma/\text{mA}, \qquad \text{Z-Spule} = 11{,}58\ \gamma/\text{mA}.$$

Folgende Skalenwerte wurden im Jahre 1953 verwendet:

$$u_D = 4{,}'80, \quad u_H = 24\overset{\gamma}{,}0, \quad u_Z = 13\overset{\gamma}{,}4.$$

Da während des Jahres keine großen Stürme auftraten, brauchte dieses System nicht zur Ergänzung stark gestörter Stunden herangezogen werden.

Zeitliche Gradienten des Erdmagnetfeldes $\left(\frac{dX}{dt}, \frac{dY}{dt}, \frac{dZ}{dt}\right)$

Im Südraum des Variationshauses (s. Abb. 1, Jahrbuch 1951) wurden die Galvanometer der zeitlichen Gradienten des Erdmagnetfeldes zur Registrierung aufgestellt. Der Registrierapparat hat einen Papiervorschub von 4 mm/min. Angaben über die Empfindlichkeit der Instrumente sind in dem zusammenfassenden Bericht im Anhang zum Jahrbuch zu finden.

---

[1]) G. Fanselau, Zeitschrift für Meteorologie, 1951, S. 364.

Allgemeines

Wie auch in früheren Jahren wurden die Variometer zweimal täglich durch Stundenmittel 0—1 und 12 bis 13 Uhr MGZ untereinander verglichen. Dieser Vergleich erfolgte zwischen dem Ost-, dem West- und dem Südsystem. Die Vergleiche wurden bei der Ableitung der Basiswerte des Südsystems (X, Y, Z) aus den absoluten Messungen mit benutzt.

Zum Übergang von den astronomisch zu den magnetisch orientierten Feldkomponenten dienen Tab. 4 und 5. Sie sind wie in früheren Jahrbüchern so zu verstehen, daß links in der vertikalen Spalte die gesuchte Variation steht, während in der horizontalen Zeile die Elemente genannt sind, mit deren Hilfe die Berechnung vorgenommen werden soll.

Angaben über die Genauigkeit der Variometeraufzeichnungen sind im Jahrbuch 1951 zu finden.

Tabelle 4

Umrechnungsfaktoren für die Elemente in der Horizontalebene

1953	ΔX	ΔY	ΔH	$\Delta D^{(')}$
	—	—	0.999	0.237
ΔX	—	-22.574	—	121.199
	—	0.0443	1.001	—
	—	—	-0.0443	5.359
ΔY	-0.0443	—	—	5.369
	22.574	—	-22.594	—
	—	-22.594	—	121.088
ΔH	1.001	—	—	-0.238
	0.999	-0.0443	—	—
	—	0.187	0.0083	—
$\Delta D^{(')}$	4.212	—	-4.208	—
	0.0083	0.186	—	—

$\Delta D^{(\gamma)} = 5.36\, \Delta D^{(')}$

Tabelle 5

Umrechnungsfaktoren für die Elemente in der Ebene des magnetischen Meridians

1953	ΔH	ΔZ	ΔF	$\Delta J^{(')}$
	—	—	0.388	-12.761
ΔH	—	0.420	—	-15.014
	—	-2.38	2.58	—
	—	—	0.922	5.36
ΔZ	2.38	—	—	35.719
	-0.420	—	1.085	—
	—	1.085	—	-5.818
ΔF	2.58	—	—	32.931
	0.388	0.922	—	—
	—	0.186	-0.172	—
$\Delta J^{(')}$	-0.0784	—	0.0304	—
	-0.0666	0.0280	—	—

$\Delta J^{(\gamma)} = 13.84\, \Delta J^{(')}$

III. Absolute Messungen

Deklination

Die absoluten Messungen der Deklination wurden 1953 mit den Magneten M_8 und M_9 am Theodolit SCHMIDT und am Theodolit WANSCHAFF ausgeführt. Beide Theodolite zeigten nach Neujustierung des Theodoliten SCHMIDT im Gegensatz zum Vorjahre keine Differenzen mehr.

Theodolit WANSCHAFF steht auf Pfeiler 8, Theodolit SCHMIDT auf Pfeiler 9 des Hauses für absolute Messungen. Kirchturm und Wasserturm des Ortes Niemegk dienen als Miren, als Azimute werden nach Neueinmessung des Katasteramtes Potsdam folgende Werte benutzt:

Pfeiler 8	Kirchturm Niemegk	65° 00'11	Differenz 26° 10'56
	Wasserturm Niemegk . . .	91° 10'67	
Pfeiler 9	Kirchturm Niemegk	64° 54'34	Differenz 26° 10'51
	Wasserturm Niemegk . . .	91° 04'85	

Die mit Theodolit WANSCHAFF gemessenen Winkeldifferenzen der Fernmiren stimmen im Jahresmittel gut mit den oben angegebenen Werten überein (Tab. 6).

Tabelle 6

Richtung nach den Fernmiren vom Theodolit WANSCHAFF aus

1953		Wasserturm Mittel	Kirchturm Mittel	Differenz	1953		Wasserturm Mittel	Kirchturm Mittel	Differenz
Januar	29	200° 31'.59	174° 21'.06	26° 10'.53	Juli	30	200° 31'.62	174° 21'.11	26° 10'.51
März	24	31.54	20.99	10.55	August	5	31.74	21.13	10.61
April	2	31.51	20.96	10.55		14	31.54	21.02	10.52
	10	31.50	20.95	10.55		21	31.59	21.10	10.49
	16	31.56	21.01	10.55		27	31.61	21.06	10.55
	23	31.62	21.11	10.51	Sept.	3	31.64	21.13	10.51
	30	31.62	21.13	10.49		9	31.62	21.10	10.52
Mai	7	31.64	21.07	10.57		11	31.62	21.11	10.51
	15	31.65	21.12	10.53		17	31.62	21.11	10.51
	21	31.65	21.08	10.57		25	31.61	21.11	10.50
	29	31.65	21.12	10.53	Oktober	2	31.57	21.07	10.50
Juni	5	31.65	21.12	10.53		8	31.57	21.02	10.55
	11	31.64	21.12	10.52		16	31.50	20.98	10.52
	18	31.63	21.12	10.51		27	31.44	20.98	10.46
	25	31.59	21.07	10.52	Nov.	6	31.65	21.10	10.55
Juli	3	31.64	21.11	10.53		17	31.56	21.05	10.51
	9	31.61	21.13	10.48		26	31.66	21.16	10.50
	16	31.67	21.06	10.61	Dez.	30	31.67	21.13	10.54
	24	31.65	21.13	10.52					

Differenz-Mittel: 26° 10'.53

Zur Bestimmung des Torsionseinflusses des Fadens wurde mit Magnet M 8 und M 9 eine Torsionsbestimmung durchgeführt:

Oktober 5. M_8: 0,01300 M_9: 0,02455 q: 1,12

Damit ist das Torsionsverhältnis gegenüber dem Vorjahr unverändert geblieben.

Der Abstand der Okularfäden im Fernrohr des Theodoliten WANSCHAFF ergab sich im Jahresdurchschnitt von 49 Messungen, insgesamt also aus 392 Werten bei M_8 zu 13'.45, bei M_9 zu 13'.64. Er ist nahezu unverändert gegenüber dem Vorjahr.

Der doppelte Kollimationswinkel war im Mittel aller Messungen mit dem Südspiegel der Magnete, also aus je 192 Werten bei $M_8 = 12'.51$, bei $M_9 = 23'.78$. Eine Messung wurde mit Beobachtung der Nordspiegel der Magnete durchgeführt. Das Mittel aus 4 Werten für M_8 betrug 12'.45, für $M_9 = 4'.52$.

Die innere Genauigkeit wurde wie in früheren Jahren getrennt errechnet als halbe Differenz zweier vollständiger Sätze und ergab sich im Mittel aller Messungen auf Theodolit WANSCHAFF für M_8 zu $0'.04_9$, für M_9 zu $0'.08_1$.

Die ausführlichen Ergebnisse der Messungen, bezogen auf das Ostsystem, bringt Tab. 7, bezogen auf das Westsystem abgekürzt Tab. 8. Die Reduktion der Messungen geschah in ausführlicher Form auf das Ostsystem in Form einer Kurzreduktion auf das Westsystem. Diesen Messungen liegen auch die entsprechenden Basiswerte (Tab. 21, 22) zugrunde.

Die Reduktion der Messungen auf das Ostsystem ist durch Registrierung mit einem Papiervorschub von 6 cm pro Stunde genauer. Da die Registrierungen, bedingt durch die optische Einrichtung des Apparates, auf der Trommel für 8- und 24-Stundenumlauf einen etwas verschiedenen Abstand der Registrierpunkte vom unteren Basispunkt aufweisen, muß eine Korrektion zur Reduktion auf die Normalregistrierung angebracht werden. Außerdem wurde die Feststellung gemacht, daß das Registrierpapier mit der Temperatur und der Feuchte arbeitet, so daß alle Reduktionen auf einen festen Abstand der oberen und unteren Basis bezogen wurden. Es kommen Schwankungen dieses Abstandes bis zu 1,0 mm vor. Diese obigen beiden Korrektionen wurden an das Endergebnis der absoluten Messungen angebracht.

Tabelle 7

Absolute Messungen der Deklination. Ostsystem

Magnete: 8 und 9 Hilfsbasen: D = 120; T_H = 60

1953	Weltzeit	Instrument	Starker Magnet M 8	Schwacher Magnet M 9	Torsionskorrektion	Magnetischer Meridian	Astronomischer Meridian	Reduzierte Deklination¹)	Abweichung vom Basiswert	Beobachter
Jan. 3	$8^{h}.2$	W.	106° 43'.58	106° 43'.66	-0'.08	106° 43'.50	109° 20'.89	-2° 37'.38	0'.12	Zd.
7	8.2	,,	43.61	43.82	-0.23	43.38	20.89	37.48	0.02	,,
15	8.1	,,	43.80	44.08	-0.29	43.51	20.88	37.42	0.08	,,
22	8.3	,,	43.64	43.88	-0.26	43.38	20.89	37.48	0.02	,,
29	8.2	,,	43.92	44.79	-0.98	42.94	20.92	37.94	-0.44	,,
Febr. 5	8.1	,,	43.95	44.62	-0.75	43.20	20.84	37.60	-0.10	,,
12	8.2	,,	43.90	44.54	-0.70	43.20	20.86	37.59	-0.09	,,
19	8.3	,,	43.81	44.08	-0.31	43.50	20.90	37.36	0.14	,,
26	8.2	,,	43.82	44.78	-1.08	42.74	20.83	38.06	-0.56	,,
März 5	8.0	,,	44.11	44.72	-0.69	43.42	20.87	37.41	0.07	,,
12	8.3	,,	44.10	44.69	-0.68	43.42	20.89	37.42	0.03	,,
24	8.2	,,	44.18	44.74	-0.62	43.56	20.87	37.24	0.16	,,
April 2	13.4	,,	44.26	44.83	-0.65	43.61	20.84	37.16	0.28	,,
10	7.4	,,	44.18	44.71	-0.59	43.59	20.83	37.22	0.30	,,
16	7.6	,,	44.31	44.96	-0.73	43.58	20.89	37.28	0.29	,,
23	7.2	,,	44.06	44.88	-0.90	43.16	20.95	37.76	-0.13	,,
30	7.3	,,	44.04	44.76	-0.82	43.22	20.95	37.68	0.01	,,
Mai 7	7.7	,,	44.20	45.32	-1.26	42.94	20.97	38.00	-0.23	,,
15	7.4	,,	44.10	45.04	-1.06	43.04	20.93	37.90	-0.04	,,
21	7.4	,,	44.12	45.22	-1.24	42.88	20.98	38.02	-0.11	,,
29	7.2	,,	44.22	45.20	-1.10	43.12	20.98	37.85	0.07	,,
Juni 5	12.0	,,	44.11	45.36	-1.41	42.70	20.98	38.28	-0.33	Kr.
11	14.2	,,	44.52	45.72	-1.34	43.18	20.97	37.84	0.11	,,
18	7.4	,,	44.27	45.32	-1.17	43.10	20.96	37.84	0.11	Zd.
25	7.4	,,	44.40	45.68	-1.43	42.97	20.92	37.91	0.03	,,
Juli 3	7.0	,,	44.30	45.54	-1.38	42.92	20.97	38.00	-0.07	,,
9	7.4	,,	44.62	45.95	-1.48	43.14	20.94	37.84	0.08	,,
16	7.8	,,	44.54	45.84	-1.46	43.08	21.00	37.90	0.02	Kr.
24	7.3	,,	44.51	45.88	-1.52	42.99	20.98	37.96	-0.06	Zd.
30	7.6	,,	44.74	46.10	-1.52	43.22	20.95	37.70	0.18	,,
Aug. 5	11.4	,,	44.78	46.55	-2.00	42.78	21.07	38.26	-0.43	Ju.
14	7.2	,,	44.60	46.40	-2.00	42.60	20.87	38.22	-0.55	Zd.
21	7.5	,,	44.70	46.11	-1.58	43.12	20.92	37.72	0.04	,,
27	10.0	,,	44.84	46.35	-1.68	43.16	20.94	37.70	0.05	,,
Sept. 3	7.2	,,	44.88	46.34	-1.62	43.26	20.97	37.62	0.13	,,
4	14.4	Sch.	51 50.96	51 53.62	-2.98	51 47.98	54 25.70	37.63	0.12	,,
9	13.6	W.	106 44.80	106 45.88	-1.21	106 43.59	109 20.95	37.28	0.47	,,
11	7.2	,,	44.82	46.30	-1.68	43.14	20.95	37.73	0.02	,,
17	7.4	,,	44.81	46.39	-1.76	43.05	20.95	37.82	-0.08	,,
25	7.5	,,	44.82	46.28	-1.64	43.18	20.94	37.68	0.04	,,
Okt. 2	8.2	,,	45.00	46.58	-1.75	43.25	20.90	37.57	0.11	,,
8	8.0	,,	44.64	45.88	-1.40	43.24	20.90	37.59	0.03	,,
9	9.2	Sch.	51 50.83	51 53.50	-2.99	51 47.84	54 25.58	37.67	-0.06	,,
16	9.4	W.	106 44.58	106 45.83	-1.40	106 43.18	109. 20.83	37.57	0.00	,,
27	8.2	,,	44.55	45.86	-1.46	43.09	20.77	37.62	-0.15	,,
Nov. 6	8.3	,,	44.90	46.14	-1.39	43.51	20.98	37.40	0.01	,,
17	8.2	,,	44.88	46.24	-1.52	43.36	20.89	37.46	-0.09	,,
26	8.3	,,	45.12	46.47	-1.52	43.60	20.99	37.33	0.00	,,
Dez. 10	8.3	,,	45.12	46.51	-1.56	43.56	21.01	37.40	-0.14	,,
18	15.8	,,	45.44	46.84	-1.56	43.88	21.10	37.16	0.07	,,
30	13.3	,,	44.58	45.87	-1.45	43.13	21.00	37.32	-0.12	,,

¹) Deklinationswert nach Anbringung einer Temperaturkorrektion und einer Korrektion zur Reduktion auf den Normallauf des Registriersystems, unter Berücksichtigung der Papierausdehnung.

Tabelle 8

Absolute Messungen der Deklination. Westsystem

Magnete: 8 und 9 Hilfsbasis: D = 40

1953		Weltzeit	Deklinationsmittel	Abweichung vom Basiswert	Beob.	1953		Weltzeit	Deklinationsmittel	Abweichung vom Basiswert	Beob.
Jan.	3	8h.2	-2° 43'.73	0'.23	Zd.	Juni	18	7h.4	-2° 44'.18	-0'.09	Zd.
	7	8.2	43.84	0.10	,,		25	7.4	44.08	0.00	,,
	15	8.1	43.98	-0.06	,,	Juli	3	7.0	43.99	0.09	,,
	22	8.3	43.92	-0.03	,,		9	7.4	44.11	-0.04	,,
	29	8.2	44.30	-0.43	,,		16	7.8	43.89	0.17	Kr.
Febr.	5	8.1	44.15	-0.31	,,		24	7.3	44.08	-0.05	Zd.
	12	8.2	44.18	-0.36	,,		30	7.6	43.87	0.13	,,
	19	8.3	43.67	0.13	,,	Aug.	5	11.4	44.21 [1]	-0.23	Ju.
	26	8.2	44.45	-0.67	,,		21	7.5	-2 22.09	0.13	Zd.
März	5	8.0	43.60	0.17	,,		27	10.0	21.87	0.26	,,
	12	8.3	43.72	0.02	,,	Sept.	3	7.2	21.82	0.39	,,
	24	8.2	43.43	0.31	,,		11	7.2	22.32	0.00	,,
April	2	13.4	43.47	0.34	,,		17	7.4	22.59	-0.22	,,
	10	7.4	43.32	0.56	,,		25	7.5	22.18	0.22	,,
	16	7.6	43.50	0.43	,,	Okt.	2	8.2	22.38	-0.01	,,
	23	7.2	43.83	0.17	,,		8	8.0	22.19	0.15	,,
	30	7.3	43.73	0.33	,,		16	9.4	22.20 [2]	0.12	,,
Mai	7	7.7	44.07	0.00	,,		27	8.2	-2 24.67	0.05	,,
	15	7.4	44.09	-0.01	,,	Nov.	6	8.3	24.58	0.01	,,
	21	7.4	44.37	-0.28	,,		17	8.2	24.48	0.07	,,
	29	7.2	43.93	0.17	,,		26	8.3	24.58	-0.06	,,
Juni	5	12.0	44.41	-0.31	Kr.	Dez.	10	8.3	24.50	-0.03	,,
	11	14.2	43.89	0.20	,,		18	15.8	24.32	0.13	,,
							30	13.3	24.37	0.06	,,

[1] Neujustierung.

[2] Oktober 23: Sprung in D um 2'.55.

Horizontalintensität

Die neuen Standardmagnete bewährten sich bei den absoluten Messungen im Jahre 1953 sehr gut. Über die Konstanten-Bestimmungen ist an anderer Stelle berichtet worden[1]).

Die wesentlichsten Daten sind auch im Jahrbuch 1952 zu finden.

Zur Kontrolle der Ablenkungsfunktionen wurden einige Bestimmungen in großer und kleiner Entfernung auf Theodolit Wanschaff durchgeführt. In Tab. 9 sind die Ergebnisse niedergelegt. Für die Ablenkungsfunktion gilt die Gleichung

$$k = 1 + \frac{p}{e^2} + \frac{q}{e^4}.$$

Dabei ist

$$p = 2\,L^2 - 3\,l^2$$

$$q = 3\,X\,L^4 - 15\,L^2\,l^2 + \frac{45}{8}\,\chi\,l^4.$$

L, l sind die halben Polabstände von Stab und Nadel.

X, χ sind die Verteilungskoeffizienten von Stab und Nadel, die bei der Lamontschen Methode gleich 1 gesetzt werden.

q verschwindet bei richtiger Wahl des Verhältnisses von L zu l.

Da das q-Glied bei dem vorliegenden Magneten verschieden von null ist, müssen die Ablenkungsfunktionen in Tab. 9 um den Faktor $\varepsilon^2\,q\,e^{-4}$ korrigiert werden. ε ist eine Verhältniszahl, die durch Berechnung der Ablenkungsfunktion nach einem von Schmidt[2]) angegebenen Verfahren auftritt.

[1]) M. Richard, H. Wiese, l. c.

[2]) Ad. Schmidt, Ergebnisse der magnetischen Beobachtungen in Potsdam und Seddin im Jahre 1911, S. 12.

Benutzt wurden weiterhin die durch viele Messungen auf Theodolit WANSCHAFF 1952 und die durch genaue Bestimmung der Parameter der Magnete auf Theodolit SCHMIDT gewonnenen Werte der Ablenkungsfunktion

$$M_1\,k = 1{,}01752 \qquad M_2\,k = 1{,}01805.$$

Die unterschiedlichen Werte der Tab. 9 zeigen die Unsicherheit der Bestimmung der Ablenkungsfunktionen nach der LAMONTschen Methode.

Tabelle 9

Bestimmungen der Ablenkungsfunktion

	Magnet I Bo	Magnet I Bu		Magnet II Bo	Magnet II Bu
1953 Jan. 1	1.01772	1.01780	1953 Jan. 15	1.01763	1.01816
April 29	1789	1788	Juli 30	1774	1808
Juli 30	1745	1773			
Nov. 28	1764	1761			
Mittel:	1768	1776	Mittel:	1768	1812
Ges. Mittel:	1.01772		Ges. Mittel:	1.01790	
$-\varepsilon^2 q e^{-4}$	— 6			— 7	
k =	1.01766		k =	1.01783	

Kontrolliert werden kann die Ablenkungsfunktion in eleganter und recht genauer Weise auf Theodolit SCHMIDT, ohne daß erst die Parameter der Magnete bestimmt zu werden brauchen. Es ist nämlich

$$\frac{2\,M}{He^3} = \frac{1}{3}\,(e_1' + \sqrt{2}\,e_2' + 2\,e_2)\,\frac{1}{1 + \Delta'}\,,$$

wobei die Größen e die sin-Werte der Ablenkungswinkel für bestimmte Stellungen der Nadel und des Stabes sind.

$$\begin{aligned} &e_1' \text{ bei } \Phi = 90°,\ 270°, && \beta = 0°,\ 180, \\ &e_2' \text{ bei } \Phi = 90°,\ 270°, && \beta = \pm 45°,\ 180° \pm 45°, \\ &e_2 \text{ bei } \Phi = 0°,\ 180°, && \beta = 90°,\ 270°. \end{aligned}$$

Φ bezieht sich immer auf die Winkel Nadelachse—Verbindungslinie, Nadel—Stab.

β auf den entsprechenden Winkel Stab—Achse, Verbindungslinie, Stab—Nadel.

Δ' ist eine sehr kleine Korrekturgröße, die nur Parameter höherer Ordnung enthält und durch eine ausführliche Bestimmung hinreichend genau bekannt ist und als konstant angesehen werden kann:

$$\text{für } M_1\ \Delta' = -26{,}4 \cdot 10^{-6}$$
$$M_2\ \Delta' = -22{,}8 \cdot 10^{-6}.$$

Bei diesem Schema besteht eine Meßreihe auf beiden Drehlagern aus nur 16 Werten.

Auf der anderen Seite ist nach der LAMONTschen Methode

$$\frac{2\,M}{He^3} = \frac{\sin\varphi}{k}\,,$$

da e_1' identisch mit $\sin\varphi$ ist, läßt sich dadurch k berechnen.

$$k = \frac{3\,e_1'(1 + \Delta')}{e_1' + \sqrt{2}\,e_2' + 2\,e_2}.$$

Die Ablenkungsfunktion ist aber entfernungsabhängig, sie muß daher auf die Entfernung des Theodoliten WANSCHAFF umgerechnet werden.

Bei der Messung am 12. 12. ergaben sich die reduzierten sin der Winkel

Lage	II Bo A	II Bo B
e_1'	0,420038	0,420071
e_2'	0,288245	0,288239
e_2	0,205151	0,205130

II = Lage der Nadel,
Bo = Lage des Stabes,
A B = N- bzw. S-Pol des Magneten am Anschlag des Drehlagers.

Tabelle 10

Absolute Messungen der Horizontalintensität mit Magnet II. Ostsystem

Hilfsbasen: D = 120; H = 20; T_H = 60.

1953	Welt-zeit	Lage	Reduzierter Ablenkungs-winkel	Reduzierte Schwin-gungsdauer	Moment	Mittel	Reduzierte Horizontal-intensität	Mittel[1])	Abweichung vom Basiswert	Beob.
	h			s	Γ cm³	Γ cm³	Γ γ	Γ γ	γ	
Jan. 2	10.1	Bo	25° 0'.32	3.75740	1033.57	1033.54	0.18408.2	0.18406.2	0.1	Kr.
		u	0.24	748	.51		408.2			
8	10.2	Bo	25 0.25	3.75750	1033.51	1033.50	0.18408.0	0.18405.0	-0.4	,,
		u	0.39	774	.49		406.1			
15	10.4	Bo	25 0.64	3.75768	1033.59	1033.56	0.18404.9	0.18404.2	-0.4	,,
		u	0.68	793	.53		403.5			
23	15.6	Bo	25 0.88	3.75682	1033.90	1033.75	0.18407.8	0.18405.6	1.8	Ju.
		u	0.80	781	.60		403.3			
29	9.7	Bo	25 0.54	3.75740	1033.64	1033.58	0.18406.9	0.18403.9	0.6	Kr.
		u	0.64	788	.53		404.0			
Febr. 5	9.8	Bo	25 0.47	3.75766	1033.54	1033.51	0.18406.0	0.18402.8	-0.3	,,
		u	0.58	800	.48		403.7			
12	9.8	Bo	25 0.52	3.75730	1033.65	1033.60	0.18407.5	0.18405.0	2.0	,,
		u	0.45	756	.56		406.6			
19	10.4	Bo	25 0.72	3.75772	1033.60	1033.61	0.18404.3	0.18402.1	-0.9	,,
		u	0.78	773	.62		403.9			
26	9.7	Bo	25 0.67	3.75770	1033.59	1033.59	0.18404.7	0.18402.7	-0.4	,,
		u	—	—	—		—			
März 5	10.2	Bo	25 0.55	3.75762	1033.58	1033.58	0.18405.7	0.18404.0	0.6	,,
		u	0.50	755	.58		406.4			
12	10.0	Bo	25 0.60	3.75746	1033.64	1033.64	0.18406.3	0.18404.2	0.6	,,
		u	0.61	751	.63		406.0			
24	9.8	Bo	25 0.35	3.75758	1033.52	1033.60	0.18407.0	0.18405.6	1.8	,,
		u	0.46	714	.68		408.6			
April 2	8.4	Bo	25 0.66	3.75759	1033.62	1033.65	0.18405.3	0.18404.1	0.2	,,
		u	0.61	732	.68		406.9			
10	11.4	Bo	25 0.64	3.75746	1033.65	1033.60	0.18406.0	0.18403.1	-1.0	Ju.
		u	0.66	781	.56		404.2			
16	11.2	Bo	25 0.50	3.75760	1033.57	1033.56	0.18406.1	0.18403.7	-0.5	,,
		u	0.56	769	.56		405.3			
24	10.0	Bo	25 0.88	3.75789	1033.61	1033.64	0.18402.5	0.18403.5	-0.8	,,
		u	0.80	758	.66		404.5			
29	14.3	Bo	25 0.52	3.75748	1033.60	1033.62	0.18406.6	0.18404.4	0.0	Kr.
		u	0.54	743	.63		406.8			
Mai 7	10.8	Bo	25 0.55	3.75762	1033.58	1033.58	0.18405.7	0.18403.1	-1.5	,,
		u	0.64	776	.57		404.5			
15	14.8	Bo	25 0.59	3.75712	1033.73	1033.64	0.18408.0	0.18404.7	0.0	,,
		u	0.56	768	.56		405.4			
21	13.8	Bo	25 0.39	3.75689	1033.72	1033.67	0.18410.2	0.18406.7	1.8	,,
		u	0.49	740	.62		407.2			
29	13.4	Bo	25 0.44	3.75712	1033.68	1033.64	0.18408.8	0.18406.3	1.3	,,
		u	0.40	738	.59		407.8			
Juni 5	10.4	Bo	25 0.40	3.75751	1033.56	1033.53	0.18407.1	0.18404.6	-0.7	,,
		u	0.40	772	.50		406.1			
11	12.2	Bo	25 0.54	3.75740	1033.64	1033.65	0.18406.9	0.18405.6	0.2	,,
		u	0.46	720	.66		408.3			
18	13.6	Bo	25 0.52	3.75740	1033.63	1033.61	0.18407.0	0.18404.7	-0.8	,,
		u	0.52	752	.59		406.4			
25	14.4	Bo	25 0.71	3.75736	1033.70	1033.70	0.18406.1	0.18406.1	0.4	,,
		u	0.70	—	—		—			
Juli 3	13.7	Bo	25 0.40	3.75668	1033.78	1033.66	0.18411.2	0.18407.0	0.7	,,
		u	0.40	775	.55		406.9			

[1]) Wert der Horizontalintensität nach Anbringung einer Korrektion zur Reduktion auf den Normallauf des Registriersystems unter Berücksichtigung der Papierausdehnung.

Tabelle 10 (Fortsetzung)

1953		Welt-zeit	Lage	Reduzierter Ablenkungs-winkel	Reduzierte Schwin-gungsdauer	Moment	Mittel	Reduzierte Horizontal-intensität	Mittel[1])	Abweichung vom Basiswert	Beob.
		h			s	Γ cm³	Γ cm³	Γ γ	Γ γ	γ	
	9	13.7	Bo	25° 0'.50	3.75714	1033.69	1033.63	0.18408.4	0.18405.5	-0.3	Kr.
			u	0.47	753	.57		406.6			
	16	13.5	Bo	25 0.50	3.75741	1033.62	1033.60	0.18407.1	0.18404.8	-0.3	,,
			u	0.48	754	.58		406.5			
	24	10.9	Bo	25 0.36	3.75745	1033.59	1033.58	0.18407.7	0.18405.4	-0.4	Ju.
			u	0.42	748	.57		407.2			
	30	14.8	Bo	25 0.26	3.75718	1033.60	1033.54	0.18409.4	0.18405.2	-1.2	Kr.
			u	0.45	786	.48		405.1			
Aug.	5	9.7	Bo	25 0.36	3.75687	1033.72	1033.66	0.18410.5	0.18407.0	0.2	Ju.
			u	0.44	740	.60		407.5			
	14	10.7	Bo	25 0.38	3.75706	1033.68	1033.71	0.18409.5	0.18407.0	-0.3	,,
			u	0.56	704	.74		408.5			
	21	10.5	Bo	25 0.37	3.75700	1033.69	1033.67	0.18409.8	0.18407.6	-0.2	,,
			u	0.34	712	.65		409.4			
	27	7.4	Bo	25 0.20	3.75702	1033.63	1033.58	0.18410.7	0.18407.8	-0.2	Kr.
			u	0.20	740	.53		408.9			
Sept.	3	13.4	Bo	25 0.34	3.75703	1033.67	1033.69	0.18409.8	0.18408.1	0.4	,,
			u	0.35	691	.71		410.4			
	11	11.6	Bo	25 0.36	3.75780	1033.47	1033.54	0.18405.9	0.18405.0	-1.4	,,
			u	0.42	730	.62		408.0			
	17	10.8	Bo	25 0.34	3.75736	1033.58	1033.62	0.18408.2	0.18406.4	0.9	Ju.
			u	0.42	722	.65		408.5			
	25	10.6	Bo	25 0.40	3.75744	1033.58	1033.55	0.18407.5	0.18404.1	-0.2	,,
			u	0.55	784	.52		404.7			
Okt.	2	10.1	Bo	25 0.58	3.75732	1033.67	1033.62	0.18407.0	0.18404.0	0.1	,,
			u	0.61	769	.58		405.0			
	8	10.4	Bo	25 0.60	3.75760	1033.60	1033.56	0.18405.6	0.18403.4	-0.3	,,
			u	0.52	775	.53		405.3			
	16	14.3	Bo	25 0.54	3.75756	1033.59	1033.63	0.18406.1	0.18404.6	1.1	,,
			u	0.57	730	.67		407.2			
	27	13.6	Bo	25 0.68	3.75776	1033.58	1033.56	0.18404.3	0.18402.1	-1.1	,,
			u	0.64	790	.53		403.9			
Nov.	6	14.2	Bo	25 0.44	3.75725	1033.64	1033.62	0.18408.2	0.18405.2	2.3	,,
			u	0.52	754	.59		406.3			
	17	14.7	Bo	25 0.70	3.75726	1033.72	1033.68	0.18406.7	0.18403.8	1.2	,,
			u	0.73	756	.65		405.0			
	26	15.7	Bo	25 0.61	3.75815	1033.45	1033.38	0.18402.8	0.18399.3	-3.1	,,
			u	0.66	872	.31		399.8			
Dez.	1	16.3	Bo	25 0.82	3.75777	1033.62	1033.59	0.18403.4	0.18401.3	-1.1	,,
			u	0.74	792	.56		403.2			
	6	10.6	Bo	25 0.84	3.75778	1033.62	1033.62	0.18403.3	0.18401.2	-1.2	,,
			u	0.83	782	.61		403.1			
	9	10.2	Bo	25 0.67	3.75758	1033.62	1033.57	0.18405.2	0.18402.4	-0.1	,,
			u	0.65	796	.52		403.5			
	18	11.3	Bo	25 0.67	3.75762	1033.61	1033.58	0.18405.0	0.18402.2	-0.6	,,
			u	0.72	792	.55		403.3			
	30	10.8	Bo	25 0.66	3.75771	1033.59	1033.62	0.18404.7	0.18403.1	-0.5	,,
			u	0.71	748	.66		405.5			

Mittel: 1033.60

[1]) Wert der Horizontalintensität nach Anbringung einer Korrektion zur Reduktion auf den Normallauf des Registriersystems unter Berücksichtigung der Papierausdehnung.

Tabelle 11

Absolute Messungen der Horizontalintensität mit Magnet I. Ostsystem

Hilfsbasen: D = 120; H = 20; $T_H = 60$

1953	Weltzeit	Lage	Reduzierter Ablenkungswinkel	Reduzierte Schwingungsdauer	Moment	Mittel	Reduzierte Horizontalintensität	Mittel[1])	Abweichung vom Basiswert	Beob.
	h			s	Γ cm³	Γ cm³	Γ γ	Γ γ	γ	
Jan. 16	11.0	Bo	27° 21ʹ.15	3.58450	1123.94	1123.84	0.18408.3	0.18404.6	0.1	Kr.
		u	21.19	516	.75		404.8			
April 29	10.1	Bo	27 21.28	3.58456	1123.97	1123.96	0.18407.4	0.18405.4	1.0	,,
		u	21.24	458	.94		407.4			
Juni 26	13.4	Bo	27 21.29	3.58448	1123.99	1123.98	0.18407.7	0.18407.2	1.5	,,
		u	21.36	460	.97		406.7			
Juli 30	16.2	Bo	27 21.15	3.58460	1123.91	1123.92	0.18407.8	0.18405.5	-0.9	,,
		u	21.23	464	.92		407.2			
Nov. 28	9.4	Bo	27 21.67	3.58481	1124.01	1123.98	0.18404.1	0.18401.7	-0.7	,,
		u	21.63	500	23.94		403.3			
Dez. 21	15.2	Bo	27 21.51	3.58470	1123.99	1124.00	0.18405.5	0.18403.8	1.0	,,
		u	21.49	462	24.02		406.0			
					Mittel:	1123.95				

[1]) Wert der Horizontalintensität nach Anbringung einer Korrektion zur Reduktion auf den Normallauf des Registriersystems unter Berücksichtigung der Papierausdehnung.

Tabelle 12

Absolute Messungen der Horizontalintensität mit Magnet II. Westsystem

Hilfsbasen: D = 40; H = 100; $T_Z = 60$

1953	Moment Mittel	Horizontalintensität Mittel	Abweichg. vom Basiswert	Beob.
	Γ cm³	Γ γ	γ	
Jan. 2	1033.54	0.18466.0	0.1	Kr.
8	.50	466.2	-0.8	,,
15	.58	467.7	-0.6	,,
23	.76	470.6	1.4	Ju.
29	.54	469.3	-0.5	Kr.
Febr. 5	.50	470.2	-0.6	,,
12	.62	475.6	0.5	,,
19	.62	475.8	-0.4	,,
26	.68	476.2	1.8	,,
März 5	.54	474.4	-0.8	,,
12	.64	477.1	-0.4	,,
24	.68	480.3	0.2	,,
April 2	.62	480.2	-0.5	,,
10	.57	480.9	-0.5	Ju.
16	.54	481.7	-0.4	,,
24	.62	482.8	-0.5	,,
29	.64	484.1	0.0	Kr.
Mai 7	.54	483.1	-2.3	,,
15	.60	485.8	-0.7	,,
21	.68	484.4	0.2	,,
29	.63	484.3	0.4	,,
Juni 5	.51	486.4	-1.0	,,
11	.62	485.8	-0.3	,,
18	.60	484.5	-1.1	,,

1953	Moment Mittel	Horizontalintensität Mittel	Abweichg. vom Basiswert	Beob.
	Γ cm³	Γ γ	γ	
Juni 25	1033.67	0.18483.9	0.3	Kr.
Juli 3	.67	480.6	-0.7	,,
9	.60	481.4	-0.2	,,
16	.58	485.4	0.4	,,
24	.54	484.7	-0.9	Ju.
30	.50	486.4	-0.2	Kr.
Aug. 5	.72	490.8	0.4	Ju.
21	.66	0.18375.7[2])	-0.4	,,
Sept. 3	.66	374.8[3])	0.8	Kr.
11	.56	372.1	-1.9	,,
17	.62	0.18392.5[4])	0.2	Ju.
25	.54	393.2	-0.4	,,
Okt. 2	.62	394.6	-0.1	Kr.
8	.56	395.2	-0.3	,,
16	.62	396.9	0.6	,,
27	.55	395.2	-2.3	,,
Nov. 6	.60	398.4	0.6	,,
17	.68	399.2	1.3	,,
26	.36	394.6	-3.4	,,
Dez. 1	.57	397.6	-0.3	,,
4	.62	397.0	-0.9	,,
9	.61	397.8	0.2	,,
18	.58	395.7	-1.3	,,
30	.64	397.6[5])	0.0	,,

[2]) August 6—15: Neujustierung.

[3]) August 27: Sprung um 1γ.9.

[4]) September 15: Sprung um 16γ.9.

[5]) Dezember 22: Sprung um 0γ.3.

Daraus ergibt sich eine Ablenkungsfunktion $k = 1{,}01785_6$ und $1{,}01795_0$, im Mittel $1{,}01790_3$, umgerechnet auf die WANSCHAFF-Entfernung

$$k = 1{,}01798$$

in guter Übereinstimmung mit dem benutzten Wert von 1,01805. Der Unterschied von 7 Einheiten in der letzten Dezimale würde im Endresultat der H-Messung 0,6 γ ausmachen. Mehr ist bei einer solchen Überprüfung mit wenigen Meßwerten nicht zu erwarten.

Bildet man das Verhältnis $\frac{M}{H}$ für die Messung am 12. 12. auf Theodolit SCHMIDT, so ergibt sich 5616,14 bzw. 5616,07, im Mittel 5616,10.

Gegenüber den WANSCHAFF-Werten vom

1. 12.	5616,30
4. 12.	5616,47
9. 12.	5615,87
18. 12.	5615,99
30. 12.	5615,96

0,61 Einheiten bei $\frac{M}{H}$ entsprechen einem Unterschied von 1 γ in der Horizontalintensität, so daß das Ergebnis äußerst befriedigend ist. Dadurch ist auch eine indirekte Überwachung der Ablenkungsentfernung des Theodoliten WANSCHAFF gewährleistet, da die Entfernungen auf Theodolit SCHMIDT ohne Schwierigkeit mit einer Komparator-Einrichtung überprüft werden kann.

Die Messungen mit M_1 und M_2 wurden in ausführlicher Reduktion auf das Ost-System (Tab. 10, 11), in Kurzreduktion auf das West-System bezogen (Tab. 12, 13). Für die an die Werte der Horizontalintensität angebrachte Korrektion wegen der Differenz der Abstände der Registrierkurven von der Basis bei 8 und 24 Stunden Trommelumlauf sowie wegen der Papierausdehnung gilt das gleiche wie bei den Deklinationsmessungen.

Die innere Genauigkeit der Messungen mit M_1 und M_2 kann wiederum beurteilt werden durch die halbe Differenz der Ergebnisse in den beiden Lagen Bo und Bu. Es ergaben sich folgende durchschnittliche Werte für die Differenzen:

	ΔM (Γ cm³)	ΔH (γ)	ΔT (10^{-5} sec)	$\Delta\varphi$ (′)
M_1	0,03	0,5	09	0,02
M_2	0,04	0,8	14	0,03

Diese Werte sind besser als die des Vorjahres, im wesentlichen wohl dadurch, daß für die Schwingungsbeobachtungen nach der Aug- und Ohr-Methode 200 statt 100 Durchgänge benutzt wurden.

Die senkrechte Stellung der Ablenkungsschiene zum Fernrohr wurde bei jeder Messung überprüft. Im Jahresmittel ergab sich der gleiche Wert wie im Vorjahr, nämlich 90° 00′0.

Der Torsionseinfluß des Fadens im neuen Schwingungskasten ergab sich zu:

M_1			M_2		
Januar	16.	0,005428	Januar	20.	0,005899
Juni	15.	0,005418	Juni	15.	0,005892

Benutzt wurden, wie auch im Vorjahr, für M_1 0,005426 und für M_2 0,005893.

Aus den Messungen der Tab. 10 bis 13 wurden die Basiswerte der Tab. 21, 22 durch graphische Ausgleichung gewonnen.

Der von Ende 1953 bis Anfang 1954 durchgeführte Vergleich des Niveaus der Horizontalintensität auf internationaler Basis mit QHMs wird im Jahrbuch 1954 beschrieben werden.

Tabelle 13

Absolute Messungen der Horizontalintensität mit Magnet I. Westsystem

Hilfsbasen: D = 40; H = 100; T_Z = 60

1953	Moment Mittel	Horizontal-intensität Mittel	Abweichg. vom Basiswert	Beob.	1953	Moment Mittel	Horizontal-intensität Mittel	Abweichg. vom Basiswert	Beob.
	Γ cm³	Γ γ				Γ cm³	Γ γ		
Jan. 16	1123.81	0.18468.4	0.0	Kr.	Juli 30	1123.90	0.18486.5	-0.1	Kr.
April 29	.93	483.7	-0.4	,,	Nov. 28	.98	397.6[1]	-0.4	,,
Juni 26	.96	481.9	-2.0	,,					

[1]) August 6—15: Neujustierung.
August 27: Sprung.
September 15: Sprung.

Tabelle 14

Absolute Messungen der Inklination. Ostsystem

Hilfsbasen: H = 20; Z = 100; T_H = 60

1953		Welt-zeit	Instru-ment	Kreis-lage	Nadir-punkt	Reduzierte Inklinations-richtung	Reduzierte Inklination	Mittel[1]	Abweichung vom Basiswert	Beob.
		h								
Januar	2	14.7	Sch.	Ost	89° 59′.98	157° 12′.34	67° 12′.36	67° 12′.41	-0′.34	Ju./Kr.
				West	59.82	22 47.52	12.30			
	3	10.4	Sch.	Ost	89 59.86	157 12.54	67 12.68	67 12.77	0.01	,,
				West	59.78	22 47.08	12.70			
	8	14.0	Sch.	Ost	90 0.12	157 12.73	67 12.61	67 12.76	-0.02	Kr./Zd.
				West	89 59.65	22 46.89	12.76			
	8	14.8	M. u. W.	Ost	90 0.30	157 12.88	67 12.58	67 12.65	-0.13	,,
				West	89 59.80	22 47.24	12.56			
	15	14.5	Sch.	Ost	90 0.10	157 13.31	67 13.21	67 13.12	0.31	,,
				West	89 59.72	22 46.69	13.03			
	22	10.2	Sch.	Ost	89 59.95	157 12.76	67 12.81	67 12.84	0.02	Ju./Zd.
				West	59.74	22 47.02	12.72			
								——[2]		
	29	14.2	Sch.	Ost	90 0.10	157 12.17	67 12.07	67 12.24	-0.07	Kr./Zd.
				West	89 59.45	22 47.21	12.24			
	29	15.2	M. u. W.	Ost	90 0.15	157 12.28	67 12.13	67 12.11	-0.20	,,
				West	89 59.90	22 47.98	11.92			
Februar	5	14.2	Sch.	Ost	90 0.15	157 12.38	67 12.23	67 12.34	0.05	Ju./Kr.
				West	89 59.75	22 47.45	12.30			
	5	14.8	M. u. W.	Ost	90 0.22	157 12.50	67 12.28	67 12.14	-0.15	,,
				West	89 59.85	22 48.00	11.85			
	12	14.1	Sch.	Ost	90 0.10	157 12.48	67 12.38	67 12.38	0.11	,,
				West	89 59.55	22 47.34	12.21			
	12	14.6	M. u. W.	Ost	90 0.32	157 12.37	67 12.05	67 12.15	-0.12	,,
				West	89 59.85	22 47.76	12.09			
	19	14.1	Sch.	Ost	90 0.23	157 12.30	67 12.07	67 12.12	-0.11	,,
				West	89 59.40	22 47.40	12.00			
	19	14.8	M. u. W.	Ost	90 0.20	157 12.28	67 12.08	67 12.18	-0.05	,,
				West	0.08	22 47.97	12.11			
	26	14.6	Sch.	Ost	90 0.00	157 12.14	67 12.14	67 12.17	-0.01	,,
				West	89 59.68	22 47.64	12.04			
	26	15.2	M. u. W.	Ost	90 0.12	157 12.22	67 12.10	67 12.22	0.04	,,
				West	0.00	22 47.81	12.19			
								——[3]		
März	5	13.8	Sch.	Ost	90 0.00	157 11.81	67 11.81	67 11.90	-0.22	,,
				West	89 59.78	22 47.94	11.84			
	5	14.4	M. u. W.	Ost	90 0.18	157 12.02	67 11.84	67 11.80	-0.32	,,
				West	0.05	22 48.44	11.61			
								——[4]		
	12	13.8	Sch.	Ost	90 0.00	157 12.07	67 12.07	67 12.12	0.04	,,
				West	89 59.80	22 47.79	12.01			
	12	14.4	M. u. W.	Ost	90 0.30	157 12.35	67 12.05	67 11.94	-0.14	,,
				West	0.02	22 48.34	11.68			
	24	14.0	Sch.	Ost	90 0.00	157 11.91	67 11.91	67 11.98	-0.05	,,
				West	89 59.84	22 47.94	11.90			
	24	14.9	M. u. W.	Ost	90 0.02	157 11.96	67 11.94	67 11.94	-0.09	,,
				West	89 59.98	22 48.19	11.79			
April	2	14.9	Sch.	Ost	90 0.00	157 11.91	67 11.91	67 12.02	0.00	,,
				West	89 59.78	22 47.82	11.96			
								——[5]		
	10	14.4	Sch.	Ost	89 59.95	157 11.88	67 11.93	67 12.00	0.03	Ju./Zd.
				West	59.78	22 47.86	11.92			
	10	15.0	M. u. W.	Ost	90 0.10	157 11.70	67 11.60	67 11.68	-0.29	,,
				West	0.10	22 48.50	11.60			

[1]) Wert der Inklination nach Anbringung einer Korrektion zur Reduktion auf den Normallauf des Registriersystems unter Berücksichtigung der Papierausdehnung.

[2]) Januar 28: Sprung um 0′.53.

[3]) März 5: ,, ,, 0.06.

[4]) ,, 8: ,, ,, 0.05.

[5]) April 5: ,, ,, 0.05.

Tabelle 14 (Fortsetzung)

1953	Welt-zeit	Instru-ment	Kreis-lage	Nadir-punkt	Reduzierte Inklinations-richtung	Reduzierte Inklination	Mittel[1])	Abweichung vom Basiswert	Beob.
April 16	h 14.4	Sch.	Ost	90° 0'.00	157° 11'.84	67° 11'.84	67° 11'.94	-0'.02	Ju./Zd.
			West	89 59.85	22 47.98	11.87			
16	15.2	M. u. W.	Ost	89 59.95	157 11.86	67 11.91	67 11.94	-0.02	,,
			West	90 0.10	22 48.29	11.81			
23	14.1	Sch.	Ost	90 0.00	157 11.90	67 11.90	67 11.95	0.01	,,
			West	89 59.72	22 47.88	11.84			
23	15.1	M. u. W.	Ost	90 0.08	157 12.15	67 12.07	67 11.95	0.01	,,
			West	0.30	22 48.63	11.67			
30	10.0	Sch.	Ost	90 0.02	157 11.86	67 11.84	67 11.98	0.08	Ju./Kr.
			West	89 59.78	22 47.82	11.96			
30	10.8	M. u. W.	Ost	89 59.75	157 11.43	67 11.68	67 11.72	-0.18	,,
			West	90 0.48	22 48.88	11.60			
Mai 7	9.1	Sch.	Ost	89 59.92	157 11.72	67 11.80	67 11.82	-0.02	,,
			West	59.82	22 48.15	11.67			
7	9.8	M. u. W.	Ost	89 59.62	157 11.44	67 11.82	67 11.84	0.00	,,
			West	90 0.50	22 48.80	11.70			
15	9.6	Sch.	Ost	89 59.94	157 11.79	67 11.85	67 11.98	0.20	,,
			West	59.92	22 47.97	11.95			
15	10.6	M. u. W.	Ost	89 59.80	157 11.46	67 11.66	67 11.76	-0.02	,,
			West	90 0.50	22 48.81	11.69			
21	9.1	Sch.	Ost	89 59.95	157 11.76	67 11.81	67 11.86	0.11	,,
			West	59.75	22 48.01	11.74			
21	10.0	M. u. W.	Ost	89 59.95	157 11.77	67 11.82	67 11.84	0.09	,,
			West	90 0.84	22 49.14	11.70			
29	9.2	Sch.	Ost	90 0.00	157 11.52	67 11.52	67 11.60	-0.11	,,
			West	89 59.78	22 48.26	11.52			
29	9.8	M. u. W.	Ost	89 59.25	157 11.37	67 11.62	67 11.63	-0.08	,,
			West	90 0.98	22 49.50	11.48			
Juni 5	15.2	Sch.	Ost	89 59.90	157 11.52	67 11.62	67 11.66	-0.01	Kr/Östr.
			West	59.88	22 48.34	11.54			
11	15.8	Sch.	Ost	90 0.00	157 11.46	67 11.46	67 11.56	-0.08	Ju./Kr.
			West	89 59.80	22 48.30	11.50			
11	16.7	M. u. W.	Ost	89 59.90	157 11.43	67 11.53	67 11.62	-0.02	,,
			West	90 0.93	22 49.40	11.55			
18	10.5	Sch.	Ost	90 0.00	157 11.44	67 11.44	67 11.52	-0.08	,,
			West	89 59.85	22 48.40	11.45			
18	11.0	M. u. W.	Ost	89 59.72	157 11.44	67 11.72	67 11.72	0.12	,,
			West	90 0.90	22 49.34	11.56			
25	9.7	Sch.	Ost	89 59.98	157 11.96	67 11.38	67 11.51	-0.05	,,
			West	59.86	22 48.38	11.48			
25	10.5	M. u. W.	Ost	89 59.75	157 11.32	67 11.57	67 11.56	0.00	,,
			West	90 0.90	22 49.50	11.40	[2])		
Juli 3	9.6	Sch.	Ost	89 59.75	157 14.74	67 14.99	67 15.26	-0.06	,,
			West	59.80	22 44.42	15.38			
3	10.4	M. u. W.	Ost	89 59.65	157 15.22	67 15.57	67 15.33	0.01	,,
			West	90 0.98	22 46.05	14.93			
9	9.4	Sch.	Ost	89 59.70	157 14.76	67 15.06	67 15.14	-0.09	,,
			West	59.65	22 44.44	15.21			
9	10.2	M. u. W.	Ost	89 59.65	157 14.68	67 15.03	67 15.27	0.04	,,
			West	90 1.02	22 45.67	15.35			
16	9.4	Sch.	Ost	89 59.95	157 15.00	67 15.05	67 15.11	-0.10	,,
			West	59.65	22 44.64	15.01			
16	10.0	M. u. W.	Ost	89 59.90	157 15.12	67 15.22	67 15.25	0.04	,,
			West	59.85	22 44.95	15.12			
24	13.4	Sch.	Ost	89 59.95	157 15.00	67 15.05	67 15.18	0.01	Ju./Zd.
			West	59.80	22 44.64	15.16			
24	13.9	M. u. W.	Ost	90 0.25	157 15.32	67 15.07	67 15.07	-0.10	,,
			West	89 59.22	22 44.31	14.91	[3])		

[1]) Siehe Fußnote 1, Seite 26. [2]) Juni 29: Sprung um 3'.83. 30: Sprung um 0'.06.

[3]) Juli 26: Sprung um 0'.11.

Tabelle 14 (Fortsetzung)

1953		Welt-zeit	Instru-ment	Kreis-lage	Nadir-punkt	Reduzierte Inklinations-richtung	Reduzierte Inklination	Mittel[1])	Abweichung vom Basiswert	Beob.
Juli	30	9h.6	Sch.	Ost	89° 59'.90	157° 14'.70	67° 14'.80	67° 14'.94	-0'.10	Ju./Kr.
				West	59.75	22 44.84	14.91			
	30	10.4	M. u. W.	Ost	89 59.88	157 14.80	67 14.92	67 15.01	-0.03	,,
				West	59.66	22 44.72	14.94			
August	5	15.2	Sch.	Ost	89 59.95	157 14.87	67 14.92	67 15.11	0.06	Ju./Östr.
				West	59.82	22 44.68	15.14			
	6	8.3	M. u. W.	Ost	89 59.72	157 14.82	67 15.10	67 15.06	0.01	Ju./Zd.
				West	59.78	22 44.91	14.87			
	14	13.4	Sch.	Ost	90 0.00	157 15.22	67 15.22	67 15.28	0.22	,,
				West	89 59.70	22 44.52	15.18			
	14	13.9	M. u. W.	Ost	89 59.95	157 14.95	67 15.00	67 15.14	0.08	,,
				West	59.80	22 44.69	15.11			
	21	13.4	Sch.	Ost	89 59.95	157 14.92	67 14.97	67 15.12	0.06	,,
				West	59.78	22 44.66	15.12			
	21	14.0	M. u. W.	Ost	89 59.98	157 14.75	67 14.77	67 14.90	-0.16	,,
				West	59.72	22 44.85	14.87			
	27	13.1	Sch.	Ost	90 0.02	157 14.88	67 14.86	67 15.06	-0.01	Kr./Zd.
				West	89 59.70	22 44.60	15.10			
	27	13.8	M. u. W.	Ost	89 59.88	157 14.77	67 14.89	67 15.06	-0.01	,,
				West	59.68	22 44.62	15.06			
Sept.	3	18.8	Sch.	Ost	90 0.00	157 14.84	67 14.84	67 14.99	-0.08	Ju./Kr.
				West	89 59.62	22 44.64	14.98			
	3	11.4	M. u. W.	Ost	89 59.75	157 14.84	67 15.09	67 15.08	0.01	,,
				West	59.58	22 44.66	14.92			
	11	9.9	Sch.	Ost	89 59.95	157 15.00	67 15.05	67 15.17	0.11	Kr./Zd.
				West	59.68	22 44.55	15.13			
	11	10.4	M. u. W.	Ost	89 59.80	157 14.72	67 14.92	67 15.06	0.00	,,
				West	59.68	22 44.64	15.04			
	17	13.6	Sch.	Ost	90 0.00	157 15.07	67 15.07	67 15.16	0.08	Ju./Le.
				West	89 59.78	22 44.70	15.08			
	17	14.6	M. u. W.	Ost	89 59.98	157 14.76	67 14.78	67 14.89	-0.19	,,
				West	59.68	22 44.84	14.84			
	25	13.3	Sch.	Ost	90 0.00	157 15.16	67 15.15	67 15.21	0.05	,,
				West	89 59.65	22 44.55	15.10			
	25	13.8	M. u. W.	Ost	89 59.83	157 14.75	67 14.92	67 15.02	-0.14	,,
				West	59.73	22 44.78	14.95			
Oktober	2	14.6	M. u. W.	Ost	89 59.88	157 14.95	67 15.07	67 15.20	0.01	Kr./Zd.
				West	59.60	22 44.43	15.17			
	8	14.7	Sch.	Ost	89 55.94	157 11.01	67 15.07	67 15.18	-0.01	,,
				West	55.92	22 40.78	15.14			
	8	15.4	M. u. W.	Ost	89 59.90	157 14.90	67 15.00	67 15.05	-0.14	,,
				West	59.62	22 44.68	14.94			
								[2])		
	16	10.9	Sch.	Ost	89 55.85	157 10.75	67 14.90	67 14.97	0.11	,,
				West	55.80	22 40.92	14.88			
	16	13.0	M. u. W.	Ost	89 59.88	157 14.72	67 14.84	67 14.98	0.12	,,
				West	59.75	22 44.79	14.96			
	27	10.6	Sch.	Ost	89 55.90	157 10.82	67 14.92	67 14.98	0.04	Ju./Kr.
				West	55.82	22 40.94	14.88			
	27	11.1	M. u. W.	Ost	89 59.92	157 14.66	57 14.74	67 14.85	-0.09	,,
				West	59.56	22 14.80	14.80			
Nov.	6	10.0	Sch.	Ost	89 55.91	157 10.81	67 14.90	67 14.96	-0.02	,,
				West	55.82	22 40.97	14.85			
	6	10.6	M. u. W.	Ost	90 1.08	157 15.84	67 14.76	67 14.80	-0.18	,,
				West	0.48	22 45.80	14.68			
	17	11.2	Sch.	Ost	89 55.82	157 10.74	67 14.92	67 15.02	-0.01	,,
				West	55.98	22 41.01	14.97			
	17	16.0	M. u. W.	Ost	90 0.95	157 16.01	67 15.06	67 15.06	0.03	,,
				West	0.58	22 45.68	14.90			

[1]) Siehe Fußnote 1, Seite 26.

[2]) Oktober 10: Sprung um 0'.36.

Tabelle 14 (Fortsetzung)

1953		Welt-zeit	Instru-ment	Kreis-lage	Nadir-punkt	Reduzierte Inklinations-richtung	Reduzierte Inklination	Mittel[1])	Abweichung vom Basiswert	Beob.
Nov.	26	10^h3	Sch.	Ost	89° 55'.82	157° 10'.84	67° 15'.02	67° 15'.06	0'.00	Ju./Kr.
				West	55.95	22 41.00	14.95			
	26	10.8	M. u. W.	Ost	90 0.12	157 15.21	67 15.09	67 15.08	0.02	,,
				West	0.02	22 45.10	14.92			
Dez.	10	10.0	Sch.	Ost	89 55.72	157 10.64	67 14.92	67 14.91	-0.07	,,
				West	55.80	22 41.06	14.74			
	10	10.6	M. u. W.	Ost	90 0.15	157 15.02	67 14.87	67 14.80	-0.18	,,
				West	89 59.90	22 45.32	14.58			
	18	9.4	Sch.	Ost	89 55.78	157 10.52	67 14.74	67 14.82	-0.11	,,
				West	55.94	22 41.20	14.74			
	18	10.2	M. u. W.	Ost	90 0.20	157 15.08	67 14.88	67 14.98	0.05	,,
				West	89 59.96	22 45.04	14.92			
	30	9.1	Sch.	Ost	89 55.82	157 10.65	67 14.83	67 14.93	0.00	,,
				West	55.99	22 41.26	14.73			
	30	8.8	M. u. W.	Ost	90 0.20	157 14.96	67 14.76	67 14.95	0.02	,,
				West	89 59.90	22 45.06	14.84			

[1]) Siehe Fußnote 1, Seite 26.

Inklination

Die Messungen der Inklination wurden mit dem bewährten Erdinduktor SCHULZE I und mit einem nach dem Kriege gebauten Erdinduktor der Firma MATING und WIESENBERG durchgeführt. Beide Instrumente ergaben im Jahresdurchschnitt eine befriedigende Übereinstimmung. Ihre Werte unterschieden sich im Jahresmittel um 0'.05.

Die Instrumentalkonstanten waren bei beiden Induktoren unter Angabe des mittleren Fehlers der Einzelmessung:

	ΔKE	ΔKW	Δ
SCHULZE I			
(48 Messungen)	$-0'.47 \pm 0'.20$	$0'.27 \pm 0'.20$	$-0'.01 \pm 0'.12$
WIESENBERG und MATING			
(43 Messungen)	$+0'.42 \pm 0'.34$	$-0'.08 \pm 0'.43$	$0'.07 \pm 0'.18$

Hierbei bedeutet ΔKE die Differenz zwischen Kurbeldrehung (+) und Kurbeldrehung (—) bei der Kreislage Ost, ΔKW dasselbe bei der Kreislage West. Δ ist die Differenz der Inklinationswerte zwischen Kreislage Ost und West. Die innere Genauigkeit der Inklinationsmessungen kann wieder beurteilt werden auf Grund des Fehlers der Differenz der Einzelmessungen in den Kreislagen Ost und West.

Die Ergebnisse der Messungen der Inklination, bezogen auf das Ostsystem, enthält Tab. 14, bezogen auf das West-System Tab. 15. Aus diesen Messungen wurden die Basiswerte der Tab. 21 bzw. 22 festgelegt.

Tabelle 15

Absolute Messungen der Inklination. Westsystem

Hilfsbasen: H = 100; Z = 60; T_z = 60

1953	Instrument	Inklinationsmittel	Abweichg. vom Basiswert	Beob.
Jan. 2	Sch.	67° 10'.23	-0'.29	Ju./Kr.
3	Sch.	10.60	0.08	,,
8	Sch.	10.51	0.00	Kr./Zd.
	M. u. W.	10.38	-0.13	,,
15	Sch.	10.73	0.26	Ju./Kr.
22	Sch.	10.46	0.03	Ju./Zd.
29	Sch.	10.44	0.04	Kr./Zd.
	M. u. W.	10.28	-0.12	,,
Febr. 5	Sch.	10.40	0.03	Ju./Kr.
	M. u. W.	10.16	-0.21	,,
12	Sch.	10.33	0.22	,,
	M. u. W.	10.06	-0.05	,,
19	Sch.	9.94	-0.12	,,
	M. u. W.	10.06	0.00	,,
26	Sch.	10.15	-0.06	,,
	M. u. W.	10.12	-0.09	,,
März 5	Sch.	10.22	0.02	,,
	M. u. W.	10.10	-0.10	,,
12	Sch.	10.20	0.10	,,
	M. u. W.	10.05	-0.05	,,
24	Sch.	9.96	-0.05	,,
	M. u. W.	9.92	-0.09	,,
April 2	Sch.	10.04	0.01	,,
	M. u. W.	10.20	0.17	,,
10	Sch.	10.10	0.06	Ju./Zd.
	M. u. W.	9.80	-0.24	,,
16	Sch.	10.05	0.02	,,
	M. u. W.	10.10	0.07	,,
23	Sch.	10.02	0.02	,,
	M. u. W.	10.04	0.04	,,
30	Sch.	10.10	0.15	Ju./Kr.
	M. u. W.	9.88	-0.07	,,
Mai 7	Sch.	10.04	0.14	,,
	M. u. W.	9.96	0.06	,,
15	Sch.	10.00	0.13	,,
	M. u. W.	9.84	-0.03	,,
21	M. u. W.	10.00	-0.05	,,
29	Sch.	10.12	0.01	,,
	M. u. W.	10.16	0.05	,,
Juni 5	Sch.	10.00	0.09	Kr./Östr.
11	Sch.	10.05	0.03	Ju./Kr.
	M. u. W.	10.12	0.10	,,
18	Sch.	10.06	-0.02	,,
	M. u. W.	10.26	0.18	,,
Juni 25	Sch.	67° 10'.28	0'.08	Ju./Kr.
	M. u. W.	10.31	0.11	,,
Juli 3	Sch.	10.44	0.05	,,
	M. u. W.	10.48	0.09	,,
9	Sch.	10.24	-0.11	,,
	M. u. W.	10.38	0.03	,,
16	Sch.	9.98	-0.14	,,
	M. u. W.	10.12	0.00	,,
24	Sch.	10.22	0.10	Ju./Zd.
	M. u. W.	10.11	-0.01	,,
30	Sch.	9.96	-0.12	Ju./Kr.
	M. u. W.	10.08	0.00	,,
Aug. 5	Sch.	9.96	0.11	Ju./Östr.
6	M. u. W.	9.94 [1]	0.09	Ju./Zd.
21	Sch.	17.22	0.06	,,
	M. u. W.	17.02 [2]	-0.14	,,
Sept. 3	Sch.	17.36	-0.02	Ju./Kr.
	M. u. W.	17.42	0.04	,,
11	Sch.	17.58	0.15	Kr./Zd.
	M. u. W.	17.47 [3]	0.04	,,
17	Sch.	16.32	0.18	Ju./Le.
	M. u. W.	16.00	-0.14	,,
25	Sch.	16.28	0.16	,,
	M. u. W.	15.99	-0.13	,,
Okt. 3	M. u. W.	16.14	0.03	Kr./Zd.
8	Sch.	16.12	0.02	,,
	M. u. W.	16.00	-0.10	,,
16	Sch.	16.27	0.18	,,
	M. u. W.	16.27	0.18	,,
27	Sch.	16.30	0.19	Ju./Kr.
	M. u. W.	16.16	0.05	,,
Nov. 6	Sch.	16.31	0.07	,,
	M. u. W.	16.21	-0.03	,,
17	Sch.	16.40	0.02	,,
	M. u. W.	16.42	0.04	,,
26	Sch.	16.54	0.08	,,
	M. u. W.	16.56	0.10	,,
Dez. 10	Sch.	16.56	-0.01	,,
	M. u. W.	16.50	-0.07	,,
18	Sch.	16.62	-0.03	,,
	M. u. W.	16.78	0.13	,,
30	Sch.	16.72	0.02	,,
	M. u. W.	16.75	0.05	,,

[1] August 6—15 Neujustierung.
[2] August 27 Sprung um 0'.13.
[3] September 15 Sprung um 1'.27.

Vertikalkomponente

Aus den Messungen der Horizontalintensität und der Inklination wurde die Vertikalkomponente errechnet. Die Werte streuen wesentlich mehr, da sowohl die Fehler der einzelnen H- als auch der einzelnen I-Messungen in das Resultat eingehen. Zur durchgreifenden Kontrolle wurden bis 30. Juni durch zehnstündige Vergleiche die Z-Werte des West-Systems auf das Ostsystem umgerechnet, da dieses bis dahin zur Ableitung der Z-Stundenmittel diente. Zur Festlegung des Basiswertes der Z-Registrierung wurden

Tabelle 16

Absolute Messungen der Vertikalkomponente. Ostsystem

Hilfsbasen: Z = 100; T_H = 60

1953	Magnet Instrument	Z-Ost direkt	Z-Ost aus West	Δ	Mittel	Abw. v. B-Wert
		Γ γ	Γ γ	γ	Γ γ	γ
Jan. 2	M II Sch.	0.43801.2	0.43801.1	0.1	0.43801.2	-12.6
3	,, ,,	814.1	814.3	-0.2	814.2	0.6
8	,, ,,	810.9	811.3	-0.4	811.1	-1.5
	,, M. u. W.	803.4	806.7	-3.3	805.0	-7.6
15	,, Sch.	821.8	920.2	1.6	821.0	9.4
23	,, ,,	815.1	815.3	-0.2	815.2 [1])	4.5
29	,, ,,	789.7	791.4	-1.7	790.6	-0.2
	,, M. u. W.	785.1	785.7	-0.6	785.4	-5.4
Febr. 5	,, Sch.	790.6	790.8	-0.2	790.7	0.7
	,, M. u. W.	783.6	782.2	1.4	782.9	-7.1
12	,, Sch.	797.4	797.2	0.2	797.3	8.7
	,, M. u. W.	789.1	787.5	1.6	788.3	-0.3
19	,, Sch.	781.0	781.0	0.0	781.0	-6.2
	,, M. u. W.	783.2	785.3	-2.1	784.2	-3.0
26	,, Sch.	784.4	785.9	-1.5	785.2	-0.6
	,, M. u. W.	786.2	784.7	1.5	785.4 [2])	-0.4
März 5	,, Sch.	777.8	779.8	-2.0	778.8	-4.1
	,, M. u. W.	774.2	775.4	-1.2	774.8 [3])	-8.1
12	,, Sch.	786.1	783.3	2.8	784.7	3.4
	,, M. u. W.	779.6	778.0	1.6	778.8	-2.5
24	,, Sch.	784.5	780.4	4.1	782.4	0.8
	,, M. u. W.	783.0	779.0	4.0	781.0	-0.6
April 2	,, Sch.	782.2	781.5	0.7	781.8 [4])	-0.1
10	,, ,,	779.2	782.4	-3.2	780.8	0.5
	,, M. u. W.	767.8	771.8	-4.0	769.8	-10.5
16	,, Sch.	778.5	781.4	-2.9	780.0	-0.4
	,, M. u. W.	778.5	783.0	-4.5	780.8	0.4
23	,, Sch.	778.3	779.8	-1.5	779.0	-1.0
	,, M. u. W.	778.3	780.5	-2.2	779.4	-0.6
29	,, Sch.	781.6	784.5	-2.9	783.0	4.0
	,, M. u. W.	772.4	776.7	-4.3	774.6	-4.4
Mai 7	,, Sch.	772.8	776.3	-3.5	774.6	-2.6
	,, M. u. W.	773.5	773.6	-0.1	773.6	-3.6
15	,, Sch.	782.3	779.6	2.7	781.0	5.4
	,, M. u. W.	774.5	773.8	0.7	774.0	-1.6
21	,, Sch.	782.8	—	—	782.8	8.6
	,, M. u. W.	782.0	777.9	4.1	780.0	5.4
29	,, Sch.	772.5	773.7	-1.2	773.1	-0.6
	,, M. u. W.	773.6	775.2	-1.6	774.4	0.7
Juni 5	,, Sch.	770.7	770.4	0.3	770.6	-2.1
11	,, ,,	769.4	772.7	-3.3	771.0	-0.8
	,, M. u. W.	771.6	775.1	-3.5	773.4	1.6
18	,, Sch.	765.9	767.8	-1.9	766.8	-3.9
	,, M. u. W.	773.1	774.9	-1.8	774.0	3.3
25	,, Sch.	768.8	772.0	-3.2	770.4	0.7
	,, M. u. W.	770.6	773.1	-2.5	771.8	2.1
26	M I Sch.	766.8	767.2	-0.4	767.0	-2.5
	,, M. u. W.	768.5	768.3	0.2	768.4 [5])	-1.1

1953	Magnet Instrument	Z-Ost	Abw. v. B-Wert
		Γ γ	γ
Juli 3	M II Sch.	0.43905.0	0.2
	,, M. u. W.	907.5	2.7
9	,, Sch.	897.2	-4.1
	,, M. u. W.	901.9	0.6
16	,, Sch.	894.4	-4.6
	,, M. u. W.	899.4	0.4
24	,, Sch.	898.4	-0.4
	,, M. u. W.	894.5 [6])	-4.3
30	,, Sch.	889.3	-6.4
	,, M. u. W.	891.9	-3.8
	M I Sch.	890.0	-5.7
	,, M. u. W.	892.6	-3.1
Aug. 5	M II Sch.	899.6	2.7
	,, M. u. W.	897.8	0.9
14	,, Sch.	905.7	7.2
	,, M. u. W.	900.8	2.3
21	,, Sch.	901.4	1.8
	,, M. u. W.	893.6	-6.0
27	,, Sch.	899.7	-0.6
	,, M. u. W.	899.7	-0.6
Sept. 3	,, Sch.	897.9	-1.9
	,, M. u. W.	901.2	1.4
11	,, Sch.	897.0	0.5
	,, M. u. W.	893.1	-3.4
17	,, Sch.	899.5	4.4
	,, M. u. W.	889.8	-5.3
25	,, Sch.	896.2	1.2
	,, M. u. W.	889.4	-5.6
Okt. 2	,, M. u. W.	895.7	0.9
8	,, Sch.	893.6	-1.0
	,, M. u. W.	888.9 [7])	-5.7
16	,, Sch.	888.8	6.4
	,, M. u. W.	889.2	6.8
27	,, Sch.	883.3	-1.1
	,, M. u. W.	878.6	-5.8
Nov. 6	,, Sch.	890.0	3.7
	,, M. u. W.	884.3	-1.0
17	,, Sch.	888.7	2.7
	,, M. u. W.	890.1	4.1
26/28	,, Sch.	885.3	-2.0
	,, M. u. W.	885.9	1.4
Dez. 10	,, Sch.	883.5	-0.9
	,, M. u. W.	879.7	-4.7
18	,, Sch.	877.8	-5.3
18/21	M I M. u. W.	883.6	0.3
	,, Sch.	881.6	-1.7
	,, M. u. W.	887.3	4.0
30	M II Sch.	883.9	-1.2
	,, M. u. W.	884.6	-0.5

1) Januar 28: Sprung in Z um $18^{\gamma}8$.

2) März 5: Sprung in Z um $2^{\gamma}1$.

3) März 8: Sprung in Z um $1^{\gamma}7$.

4) April 5: Sprung in Z um $1^{\gamma}9$.

5) Juni 29: Sprung in Z um $137^{\gamma}1$.

6) Juli 26: Sprung in Z um $4^{\gamma}0$.

7) Oktober 10: Sprung in Z um $12^{\gamma}7$.

Tabelle 17

Absolute Messungen der Vertikalkomponente. Westsystem

Hilfsbasen: Z = 60; T_Z = 60

1953	Magnet Instrument	Z-West	Abweichg. vom Basiswert	1953	Magnet Instrument	Z-West	Abweichg. vom Basiswert
		Γ γ	γ			Γ γ	γ
Jan. 2	M II Sch.	0.43865.6	-10.4	Juni 26	M I Sch.	0.43905.2	-2.6
3	,, ,,	878.8	2.6		,, M. u. W.	906.3	-1.5
8	,, ,,	876.2	-1.2	Juli 3	M II Sch.	907.8	-0.2
	,, M. u. W.	871.6	-5.8		,, M. u. W.	909.2	1.2
15	,, Sch.	887.5	8.5	9	,, Sch.	902.6	-4.4
22	,, ,,	884.8	4.6		,, M. u. W.	907.5	0.5
29	,, ,,	880.9	0.0	16	,, Sch.	902.8	-4.1
	,, M. u. W.	875.2	-5.7		,, M. u. W.	907.7	0.8
Febr. 5	,, Sch.	881.8	-0.1	24	,, Sch.	909.7	1.3
	,, M. u. W.	873.2	-8.7		,, M. u. W.	905.7	-2.7
12	,, Sch.	892.0	9.0	30	,, Sch.	904.4	-4.8
	,, M. u. W.	882.3	-0.7		,, M. u. W.	908.6	-0.6
19	,, Sch.	878.5	-5.5		M I Sch.	904.7	-4.5
	,, M. u. W.	882.8	-1.2		,, M. u. W.	908.9	-0.3
26	,, Sch.	882.5	-2.5	Aug. 5	M II Sch.	914.9	4.6
	,, M. u. W.	881.3	-3.7		,, M. u. W.	914.2	3.9
März 5	,, Sch.	885.2	-1.4	21	,, Sch.	900.6 [1]	0.9
	,, M. u. W.	880.8	-5.8		,, M. u. W.	893.4	-6.3
12	,, Sch.	890.8	2.4	Sept. 3	,, Sch.	903.3	0.7
	,, M. u. W.	885.5	-2.9		,, M. u. W.	905.5	2.9
24	,, Sch.	889.9	-1.5	11	,, Sch.	904.7	0.4
	,, M. u. W.	888.5	-2.9		,, M. u. W.	900.8	-3.5
April 2	,, Sch.	892.6	-1.1	17	,, Sch.	908.4 [2]	7.0
10	,, ,,	896.3	0.8		,, M. u. W.	896.9	-4.5
	,, M. u. W.	885.7	-9.8	25	,, Sch.	909.7	5.7
16	,, Sch.	896.5	-0.4		,, M. u. W.	898.2	-5.8
	,, M. u. W.	898.1	1.2	Okt. 2	,, ,,	906.9	0.6
23	,, Sch.	898.0	-0.1	8	,, Sch.	907.7	-0.1
	,, M. u. W.	898.7	0.6		,, M. u. W.	903.4	-4.4
30	,, Sch.	903.9	4.9	16	,, Sch.	917.2	7.8
	,, M. u. W.	896.1	-2.9		,, M. u. W.	917.2	7.8
Mai 7	,, Sch.	899.3	-0.8	27	,, Sch.	914.2	1.1
	,, M. u. W.	896.5	-3.6		,, M. u. W.	909.2	-3.9
15	,, Sch.	904.4	2.9	Nov. 6	,, Sch.	922.2	3.9
	,, M. u. W.	898.7	-2.8		,, M. u. W.	918.6	0.3
21	,, ,,	901.1	-1.4	17	,, Sch.	927.3	3.9
29	,, Sch.	905.1	1.2		,, M. u. W.	928.1	4.7
	,, M. u. W.	906.6	2.7	26/28	,, Sch.	928.5	1.5
Juni 5	,, Sch.	905.8	0.8		,, M. u. W.	929.2	2.2
11	,, ,,	906.2	0.3	Dez. 10	,, Sch.	929.7	0.3
	,, M. u. W.	908.6	2.7		,, M. u. W.	927.6	-1.8
18	,, Sch.	903.6	-3.3	18	,, Sch.	926.7	-4.6
	,, M. u. W.	910.7	3.8		,, M. u. W.	932.5	1.2
25	,, Sch.	910.0	2.3	30	,, Sch.	934.9	0.5
	,, M. u. W.	911.1	3.4		,, M. u. W.	936.0	1.6

[1] August 6—15: Neujustierung.

[2] September 15: Sprung in Z um 5γ0.

sowohl diese Messungen als auch die Berechnungen auf Grund der ausgeglichenen Basiswerte der Horizontalintensität und Inklination herangezogen.

Tab. 16 bringt die Messung der Vertikalkomponente, bezogen auf das Ost-System, und zwar bis 30. Juni ergänzt durch die von West auf Ost umgerechneten Messungen, Tab. 17 bezogen auf das West-System. In Tab. 16 bedeutet die Spalte Δ die Differenz zwischen dem direkt aus H-Ost und I-Ost berechneten Z-Wert und dem aus H-West und I-West durch Vergleich auf Z-Ost bezogenen Z-Wert.

Die absoluten Messungen, bezogen auf das Südsystem

Die absoluten Messungen, bezogen auf das West- und Ost-System, wurden mit Hilfe zehnstündiger Vergleiche auf das Süd-System umgerechnet, um so durch Übereinstimmung der auf beiden Wegen erhaltenen Basiswerte eine durchgreifende Kontrolle aller notwendigen Rechenoperationen zu ermöglichen. Die errechneten Basiswerte X, Y, Z für das Süd-System enthalten Tab. 18, 19, 20. Bis Ende Juni wurden die absoluten Messungen Z-Süd nur durch Vergleich aus Z-Ost errechnet.

In Tab. 18, 19, 20 ist Δ die Differenz zwischen den beiden Basiswerten, gewonnen aus Reduktion auf das Ostsystem bzw. Westsystem. Aus diesen Messungen wurden durch graphische Auswertung die Basiswerte der Tab. 23 festgelegt.

Tabelle 18

Absolute Messungen der Nordkomponente bezogen auf das Südsystem

Hilfsbasen: X = 100; T_x = 120

1953	Magnet	X-Süd aus Ost	X-Süd aus West	Δ	Mittel	Abw. v. B.-Wert
		Γ γ	Γ γ	γ	Γ γ	γ
Jan. 2/3	II	0.18329.3	0.18328.8	0.5	0.18329.0	-0.3
8	,,	327.6	327.5	0.1	327.6	-0.6
15/16	I	327.0	327.2	-0.2	327.1	0.1
15	II	326.5	326.5	0.0	326.5 [1]	-0.5
23	,,	326.9	326.8	0.1	326.8 [2]	2.0
29	,,	384.0	383.0	1.0	383.5	-0.5
Febr. 5	,,	382.8	382.2	0.6	382.5	-0.5
12	,,	383.4	382.1	-1.3	382.8	0.5
19	,,	381.0	381.1	-0.1	381.0	-0.5
26/27	,,	380.9	381.4	-0.5	381.2	0.3
März 5	,,	379.5	379.4	0.1	379.4	-0.7
12	,,	379.4	378.9	0.5	379.2	-0.1
24	,,	379.9	378.2	1.7	379.0	-1.1
April 2	,,	377.4	376.3	1.1	376.8	-0.1
10	,,	375.6	375.4	0.2	375.5	-0.4
16	,,	374.8	374.7	0.1	374.8	-0.5
23	,,	373.3	373.3	0.0	373.3	-1.2
29	,,	373.4	373.6	-0.2	373.5	-0.3
	I	374.4	373.2	1.2	373.8	0.0
Mai 7	II	371.4	371.7	-0.3	371.6	-1.3
15	,,	372.8	371.1	1.7	372.0	-0.4
21	,,	374.4	373.1	1.3	373.8	1.5
29	,,	374.4	374.9	-0.5	374.6	2.2
Juni 5	,,	372.0	370.8	1.2	371.4	-1.1
11	,,	372.7	372.7	0.0	372.7	0.2
18	,,	371.7	371.2	0.5	371.4	-1.3
25	,,	373.5	373.5	0.0	373.5	0.6
Juni 26	I	0.18372.6	0.18371.5	1.1	0.18372.0	-0.9
Juli 3	II	376.2	375.1	1.1	375.6 [3]	0.5
9	,,	375.5	375.5	0.0	375.5	0.2
16	,,	374.0	374.4	-0.4	374.2	-1.3
24	,,	375.3	375.2	0.1	375.2	-0.7
30	,,	375.8	376.5	-0.7	376.2	-0.2
	I	376.3	376.6	-0.3	376.4	0.0
Aug. 5	II	376.8	376.8	0.0	376.8	0.1
14	,,	376.9	—	—	376.9	0.2
21	,,	377.1	376.1	1.0	376.6	-0.1
27	,,	376.5	—	—	376.5	0.0
Sept. 3	,,	376.0	376.4	-0.4	376.2	0.4
11	,,	372.1	371.3	0.8	371.7	-2.4
17	,,	372.5	372.1	0.4	372.3	-0.3
25	,,	370.5	370.1	0.4	370.3	-0.5
Okt. 2	,,	369.9	370.3	-0.4	370.1	0.1
8	,,	369.6	369.7	-0.1	369.6	0.0
16	,,	368.5	368.0	0.5	368.2	-0.1
27	,,	364.3	363.3	1.0	363.8	-2.0
Nov. 5	,,	361.7	360.9	0.8	361.3	-0.7
17	,,	356.9	356.4	0.5	356.6	1.6
26/28	,,	350.5	349.9	0.6	350.2	-0.7
Dez. 10	,,	347.0	346.6	0.4	346.8	1.1
18	,,	343.3	341.8	1.5	342.6	0.1
21/23	I	344.8	—	—	344.8	3.6
30	II	338.9	339.3	-0.4	339.1	0.2

[1] Januar 20: Sprung in X um $0\overset{\gamma}{.}9$.

[2] Januar 24: Sprung in X um $60\overset{\gamma}{.}5$.

[3] Juni 30: Sprung in X um $1\overset{\gamma}{.}8$.

Tabelle 19

Absolute Messungen der Ostkomponente bezogen auf das Südsystem

Hilfsbasen: Y = 40; T_x = 120

1953	Magnet	Y-Süd aus Ost	Y-Süd aus West	Δ	Mittel	Abw. v. B.-Wert
		Γ γ	Γ γ	γ	Γ γ	γ
Jan. 2/3	II	-0.00879.3	-0.00878.9	-0.4	-0.00879.1	0.9
8	,,	879.8	880.2	0.4	880.0	0.0
15/16	I	879.5	880.5	-1.0	880.0	-0.3
15	II	879.5	880.5	-1.0	880.0	-0.3
23	,,	880.0	880.5	0.5	880.2 [1]	-0.7
29	,,	880.5	880.9	0.4	880.7	-2.2
Febr. 5	,,	878.2	879.8	1.6	879.0	-0.7
12	,,	879.3	880.6	1.3	880.0	-1.8
19	,,	877.4	877.5	0.1	877.4	0.6
26/27	,,	880.1	881.0	0.9	880.6	-2.7
März 5	,,	877.0	876.4	0.6	876.7	1.0
12	,,	877.5	877.4	-0.1	877.4	-0.1
24	,,	876.1	875.9	-0.2	876.0	0.8
April 2	,,	875.1	874.9	-0.2	875.0	2.0
10	,,	875.6	874.4	-1.2	875.0	2.1
16	,,	875.3	874.9	-0.4	875.1	2.1
23	,,	878.2	877.2	-1.0	877.7	-0.3
29	,,	877.6	876.2	-1.4	876.9	0.7
	I	877.6	876.2	-1.4	876.9	0.7
Mai 7	II	879.7	878.6	-1.1	879.2	-1.2
15	,,	879.1	878.6	-0.5	878.8	-0.2
21	,,	878.6	879.7	1.1	879.2	-0.4
29	,,	879.1	878.4	-0.7	878.8	-0.2
Juni 5	,,	880.1	880.6	0.5	880.4	-2.0
11	,,	877.1	876.7	-0.4	876.9	1.3
18	,,	877.5	878.8	1.3	878.2	-0.3
25	,,	877.3	877.5	0.2	877.4	0.2
Juni 26	I	-0.00877.2	-0.00877.4	0.2	-0.00877.3 [2]	0.3
Juli 3	II	788.6	787.8	-0.8	788.2	0.8
9	,,	788.9	789.5	0.6	789.2	0.0
16	,,	789.9	789.3	-0.6	789.6	-0.2
24	,,	789.5	789.7	0.2	789.6	0.0
30	,,	788.6	788.5	-0.1	788.6	1.3
	I	788.6	788.5	-0.1	788.6	1.3
Aug. 5	II	793.3	792.3	-1.0	792.8	-2.6
16	,,	791.2	—	—	791.2	0.4
21	,,	790.3	790.5	0.2	790.4	0.6
27	,,	791.1	—	—	791.1	-0.2
Sept. 3	,,	790.9	789.7	-1.2	790.3	1.5
11	,,	791.8	793.1	1.3	792.4	0.2
17	,,	793.1	793.4	0.3	793.2	-0.4
25	,,	792.8	791.0	-1.8	791.9	0.8
Okt. 2	,,	791.8	792.0	0.2	791.9	0.6
8	,,	792.7	791.7	-1.0	792.2	0.3
16	,,	792.6	792.2	-0.4	792.4	0.1
27	,,	793.3	792.6	-0.7	793.0	-0.5
Nov. 5	,,	792.4	792.3	-0.1	792.4	0.1
17	,,	793.5	792.3	-1.2	792.9	-0.4
26/28	,,	792.8	792.4	-0.4	792.6	-0.1
Dez. 10	,,	793.4	792.3	-1.1	792.8	-0.5
18	,,	791.6	791.0	-0.6	791.3	0.7
21/23	I	791.7	—	—	791.7	-0.2
30	II	792.9	791.1	-1.8	792.0	-0.4

[1] Januar 24: Sprung in Y um 0γ.8.

[2] Juni 30: Sprung in Y um 88γ.5.

IV. Basiswerte

Die Basiswerte wurden durch geeignete Ausgleichung der absoluten Messungen gewonnen, und zwar für alle Systeme unabhängig voneinander. Durch tägliche zweistündige Variationsvergleiche der verschiedenen Systeme wurden dann die Basiswerte aufeinander bezogen und zur Übereinstimmung gebracht. Den Basiswerten des Ost-Systems (Tab. 21) liegen die absoluten Messungen der Tab. 7, 10, 11, 14, 16 zugrunde, denen des West-Systems (Tab. 22) die absoluten Messungen der Tab. 8, 12, 13, 15, 17 und denen des Süd-Systemes (Tab. 23) die absoluten Messungen der Tab. 18, 19, 20.

In den Tab. 7, 8, 10 bis 20 sind in der letzten Spalte die Abweichungen der absoluten Messungen gegen den ausgeglichenen Basiswert gebildet, um so ein Maß für die wirklich erreichte äußere Genauigkeit zu haben.

Bildet man den Jahresdurchschnitt dieser Abweichungen unter Berücksichtigung des Vorzeichens, so kann man erkennen, inwieweit die ausgeglichenen Basiswerte durch die absoluten Messungen angenähert sind. Es ergaben sich folgende Werte:

D-Ost	− 0'.01	H-Ost	M_1	0γ.3	I-Ost	Sch.	0'.00	Z-Ost aus H und	Sch.	0γ.0
			M_2	0γ.0		M. u. W.	− 0'.05		M. u. W.	− 1γ.5
D-West	+ 0'.04	H-West	M_1	− 0γ.6	I-West	Sch.	0'.04	Z-West aus H und	Sch.	0γ.6
			M_2	0γ.0		M. u. W.	0'.00		M. u. W.	− 1γ.2
Y-Süd	0γ.0	X-Süd		0γ.1				Z-Süd aus H und	Sch.	− 0γ.3
									M. u. W.	− 1γ.9

Tabelle 20

Absolute Messungen der Vertikalkomponente bezogen auf das Südsystem

Hilfsbasen: Z = 80; T_x = 120

1953		Magnet Instrument		Z-Süd aus Ost	Abw. v. B.-Wert
				Γ γ	γ
Jan.	2	M II	Sch.	0.43787.2	-12.0
	3	,,	,,	800.1	0.9
	8	,,	,,	796.2	-2.8
		,,	M. u. W.	788.7	-10.3
	15	,,	Sch.	807.6	9.7
				[1]	
	23	,,	,,	663.5	1.6
				[2]	
	29	,,	,,	887.9	-2.0
		,,	M. u. W.	883.3	-6.6
Febr.	5	,,	Sch.	888.4	-0.8
		,,	M. u. W.	881.4	-7.8
	12	,,	Sch.	900.5	12.0
		,,	M. u. W.	892.2	3.7
	19	,,	Sch.	882.6	-5.2
		,,	M. u. W.	884.8	-3.0
	26/27	,,	Sch.	880.4	-6.6
		,,	M. u. W.	882.2	-4.8
März	5	,,	Sch.	880.0	-6.4
		,,	M. u. W.	876.4	-10.0
	12	,,	Sch.	889.7	4.0
		,,	M. u. W.	883.2	-2.5
	24	,,	Sch.	886.9	2.4
		,,	M. u. W.	885.4	0.9
April	2	,,	Sch.	883.7	0.2
	10	,,	,,	880.2	-2.2
		,,	M. u. W.	868.8	-13.6
	16	,,	Sch.	878.8	-2.3
		,,	M. u. W.	878.8	-2.3
	23	,,	Sch.	879.1	-1.2
		,,	M. u. W.	879.1	-1.2
	29	,,	Sch.	881.5	2.4
		,,	M. u. W.	872.3	-6.8
Mai	7	,,	Sch.	870.7	-6.8
		,,	M. u. W.	871.4	-6.1
	15	,,	Sch.	880.5	4.6
		,,	M. u. W.	872.7	-3.2
	21	,,	Sch.	878.0	3.1
		,,	M. u. W.	877.2	2.3
	29	,,	Sch.	871.9	-1.8
		,,	M. u. W.	873.0	-0.7
Juni	5	,,	Sch.	869.8	-3.2
	11	,,	,,	864.6	-7.8
		,,	M. u. W.	866.8	-5.6
	18	,,	Sch.	868.0	-3.7
		,,	M. u. W.	875.2	3.5
	25	,,	Sch.	869.4	-1.6
		,,	M. u. W.	871.2	0.2
	26	M I	Sch.	867.4	-3.5
		,,	M. u. W.	869.1	-1.8
				[3]	

1953		Magnet Instrument		Z-Süd aus Ost	Z-Süd aus West	Δ	Mittel	Abw. v. B.-Wert
				Γ γ	Γ γ	γ	Γ γ	γ
Juli	3	M II	Sch.	0.43872.3	4.03871.8	0.5	0.43872.0	1.5
		,,	M. u. W.	874.8	873.2	1.6	874.0	3.5
	9	,,	Sch.	866.4	867.0	-0.6	866.7	-2.8
		,,	M. u. W.	871.1	871.9	-0.8	871.5	2.0
	16	,,	Sch.	862.8	863.1	-0.3	863.0	-5.1
		,,	M. u. W.	867.8	868.0	-0.2	867.9	-0.2
	24	,,	Sch.	865.6	867.6	-2.0	866.6	-0.4
		,,	M. u. W.	861.6	863.6	-2.0	862.6	-4.4
	30	,,	Sch.	860.3	861.5	-1.2	860.9	-5.8
		,,	M. u. W.	862.9	865.7	-2.8	864.3	-2.4
		M I	Sch.	861.0	861.8	-0.8	861.4	-5.3
		,,	M. u. W.	863.6	866.0	-2.4	864.8	-1.9
Aug.	5	M II	Sch.	872.4	871.7	0.7	872.0	5.3
		,,	M. u. W.	870.6	871.0	-0.4	870.8	4.1
	14	,,	Sch.	873.5	—	—	873.5	6.8
		,,	M. u. W.	868.6	—	—	868.6	1.9
	21	,,	Sch.	867.6	867.6	0.0	867.6	0.6
		,,	M. u. W.	859.8	860.4	-0.6	860.1	-6.9
	27	,,	Sch.	868.8	—	—	868.8	1.2
		,,	M. u. W.	868.8	—	—	868.8	1.2
Sept.	3	,,	Sch.	868.1	869.5	-1.4	868.8	0.5
		,,	M. u. W.	871.4	871.7	-0.3	871.6	3.3
	11	,,	Sch.	866.9	867.4	-0.5	867.2	-1.9
		,,	M. u. W.	863.0	863.5	-0.5	863.2	-5.9
	17	,,	Sch.	874.8	876.1	-1.3	875.4	5.7
		,,	M. u. W.	865.1	864.6	0.5	864.8	-4.9
	25	,,	Sch.	871.8	875.9	-4.1	873.8	3.3
		,,	M. u. W.	865.0	864.4	0.6	864.7	-5.8
Okt.	2	,,	M. u. W.	871.6	871.7	-0.1	871.6	0.5
	8	,,	Sch.	871.6	871.9	-0.3	871.8	0.1
		,,	M. u. W.	866.9	867.6	-0.7	867.2	-4.5
	16	,,	Sch.	878.4	880.1	-1.7	879.2	6.7
		,,	M. u. W.	878.8	880.1	-1.3	879.4	6.9
	27	,,	Sch.	873.3	874.6	-1.3	874.0	0.2
		,,	M. u. W.	868.6	869.6	-1.0	869.1	-4.7
							[4]	
Nov.	5	,,	Sch.	886.8	886.3	0.5	886.6	5.3
		,,	M. u. W.	881.1	882.7	-1.6	881.9	0.6
	17	,,	Sch.	886.3	887.4	-1.1	886.8	2.1
		,,	M. u. W.	887.7	888.2	-0.5	888.0	3.3
	26/28	,,	Sch.	880.5	882.5	-2.0	881.5	-0.8
		,,	M. u. W.	881.1	883.2	-2.1	882.2	-0.1
Dez.	10	,,	Sch.	880.9	881.2	-0.3	881.0	0.0
		,,	M. u. W.	877.1	879.1	-2.0	878.1	-2.9
	18	,,	Sch.	877.8	876.2	1.6	877.0	-4.5
		,,	M. u. W.	883.6	882.0	1.6	882.8	1.3
	21/23	M I	Sch.	881.6	—	—	881.6	-0.6
		,,	M. u. W.	887.3	—	—	887.3	5.1
	30	M II	Sch.	883.3	884.1	-0.8	883.7	-0.4
		,,	M. u. W.	884.0	885.2	-1.2	884.6	0.5

[1] Januar 20: Sprung in Z um 133γ8.

[2] Januar 24: Sprung in Z um 229γ7.

[3] Juni 30: Sprung in Z um 0γ5.

[4] Oktober 29: Sprung in Z um 5γ2.

Tabelle 21

Ausgeglichene Basiswerte. Ostsystem

Hilfsbasen: D = 120, H = 20, Z = 100, $T_H = 60$

Tag	D	H	I	Z	Tag	D	H	I	Z
1952									
		Γ γ		Γ γ			Γ γ		Γ γ
Dez. 28	-2° 37'.51	0.18406.7	67° 12'.73	0.43814.0	Juli 1	-2° 37'.93	0.18406.5	67° 15'.36	0.43906.0
1953					6	37.93	406.1	15.26	903.0
Jan. 2	-2° 37'.50	0.18406.1	67° 12'.75	0.43813.8	11	37.92	405.6	15.21	900.1
7	37.50	405.5	12.78	812.8	16	37.92	405.1	15.21	899.0
12	37.50	404.9	12.80	812.0	21	37.91	405.5	15.19	898.7
17	37.50	404.4	12.81	811.3	26	37.89	406.0	15.15	898.8 [7]
22	37.50	403.9	12.82	810.8	31	37.88	406.5	15.04	895.9
27	37.50	403.4	12.84	810.3 [1]	Aug. 5	37.83	406.8	15.05	896.9
Febr. 1	37.50	403.2	12.31	790.8	10	37.78	407.1	15.05	897.9
6	37.50	403.1	12.29	789.8	15	37.77	407.4	15.06	898.7
11	37.50	403.0	12.27	788.8	20	37.76	407.7	15.06	899.5
16	37.50	403.0	12.25	787.8	25	37.75	408.0	15.07	900.2
21	37.50	403.0	12.22	786.8	30	37.75	407.9	15.07	900.4
26	37.50	403.1	12.18	785.8	Sept. 4	37.75	407.6	15.07	899.7
März 3	37.49	403.3	12.15	785.1 [2]	9	37.75	406.8	15.06	897.3
8	37.47	403.5	12.08	782.9 [3]	14	37.75	405.9	15.06	895.2
13	37.44	403.6	12.03	781.3	19	37.74	405.3	15.10	895.0
18	37.42	403.7	12.03	781.4	24	37.72	404.4	15.15	895.0
23	37.40	403.8	12.03	781.6	29	37.70	404.0	15.18	894.9
28	37.41	403.9	12.02	781.8	Okt. 4	37.66	403.8	15.19	894.7
April 2	37.44	403.9	12.02	781.9 [4]	9	37.61	403.7	15.19	894.6 [8]
7	37.49	404.0	11.97	780.2	14	37.58	403.5	14.85	882.0
12	37.54	404.1	11.97	780.4	19	37.55	403.4	14.88	882.9
17	37.58	404.2	11.96	780.4	24	37.50	403.3	14.92	883.9
22	37.62	404.3	11.95	780.1	29	37.45	403.1	14.95	884.8
27	37.66	404.4	11.92	779.5	Nov. 3	37.42	403.0	14.97	885.2
Mai 2	37.71	404.5	11.88	778.3	8	37.40	402.8	14.99	885.4
7	37.77	404.6	11.84	777.2	13	37.38	402.7	15.01	885.7
12	37.83	404.6	11.80	776.2	18	37.37	402.6	15.03	886.1
17	37.88	404.7	11.77	775.2	23	37.35	402.5	15.05	886.7
22	37.92	404.9	11.75	774.4	28	37.32	402.4	15.07	887.5
27	37.92	405.0	11.72	773.9	Dez. 3	37.29	402.4	15.07	887.1
Juni 1	37.93	405.1	11.69	773.3	8	37.27	402.5	15.00	885.0
6	37.95	405.3	11.67	772.5	13	37.25	402.6	14.95	883.4
11	37.95	405.4	11.64	771.8	18	37.23	402.8	14.93	883.1
16	37.95	405.5	11.61	771.0	23	37.21	403.0	14.92	883.5
21	37.94	405.6	11.58	770.3	28	37.20	403.4	14.93	884.6
26	37.94	405.7	11.56	769.5 [5/6]	1954				
					Jan. 2	-2° 37'.19	0.18403.8	67° 14'.93	0.43885.9

[1] Januar 28: Sprung in I um 0'.53, in Z um 18γ.8.
[2] März 5: „ „ I „ 0'.06, „ Z „ 2γ.1.
[3] „ 8: „ „ I „ 0'.05, „ Z „ 1γ.7.
[4] April 5: „ „ I „ 0'.05, „ Z „ 1γ.9.
[5] Juni 29: Sprung in I um 3'.83, in Z um 137γ.1
[6] „ 30: „ „ H „ 0γ.8, „ I „ 0'.06
[7] Juli 26: „ „ I „ 0'.11, „ Z „ 4γ.0.
[8] Oktober 10: „ „ I „ 0'.36, „ Z „ 12γ.7

Tabelle 22

Ausgeglichene Basiswerte. Westsystem

Hilfsbasen: D = 40, H = 100, Z = 60, T_Z = 60

Tag		D	H	I	Z
1952			Γ γ		Γ γ
Dez.	28	-2° 43.'96	0.18465.2	67° 10.'53	0.43874.8
1953			Γ γ		Γ γ
Jan.	2	-2° 43.'96	0.184659.	67° 10.'52	0.43876.0
	7	43.94	466.8	10.51	877.2
	12	43.93	467.8	10.49	878.4
	17	43.91	468.6	10.46	879.4
	22	43.89	469.1	10.43	880.2
	27	43.88	469.6	10.41	880.7
Febr.	1	43.85	470.1	10.39	881.3
	6	43.84	471.0	10.36	882.1
	11	43.82	474.8	10.13	882.8
	16	43.81	476.4	10.04	883.6
	21	43.80	476.0	10.08	884.3
	26	43.78	474.4	10.21	885.0
März	3	43.77	474.5	10.23	886.0
	8	43.76	476.2	10.16	887.4
	13	43.74	477.8	10.09	888.7
	18	43.73	479.2	10.03	889.9
	23	43.73	480.0	10.01	891.2
	28	43.77	480.3	10.03	892.4
April	2	43.81	480.7	10.03	893.7
	7	43.85	481.1	10.04	894.9
	12	43.90	481.6	10.04	896.1
	17	43.94	482.2	10.03	897.1
	22	43.99	482.9	10.01	898.0
	27	44.04	483.8	9.97	898.6
Mai	2	44.07	484.5	9.93	899.2
	7	44.07	485.4	9.90	900.1
	12	44.08	487.1	9.82	901.0
	17	44.08	486.1	9.90	901.8
	22	44.09	483.7	10.09	902.7
	27	44.10	483.1	10.15	903.6
Juni	1	44.10	485.0	10.05	904.4
	6	44.10	488.0	9.87	905.2
	11	44.09	486.1	10.02	905.9
	16	44.09	485.8	10.06	906.7
	21	44.08	485.4	10.10	907.3
	26	44.08	483.9	10.22	907.8

Tag		D	H	I	Z
			Γ γ		Γ γ
Juli	1	-2° 44.'08	0.18482.0	67° 10.'35	0.43908.2
	6	44.08	480.2	10.46	907.8
	11	44.07	482.5	10.27	906.4
	16	44.06	485.0	10.12	906.9
	21	44.05	485.5	10.11	907.9
	26	44.02	485.7	10.12	908.7
	31	44.00	486.8	10.07	909.3
Aug.	5	43.98	490.4	9.85	910.3 [1]
	10	—	—	—	—
	15	22.68	378.6	16.89	894.0
	20	22.25	376.2	17.15	899.5
	25	22.11	375.9	17.21 [2]	900.7
	30	22.16	374.0	17.36	901.7
Sept.	4	22.22	374.0	17.39	902.8
	9	22.30	374.0	17.42	903.9
	14	22.35	374.1	17.44 [3]	904.8
	19	22.39	392.3	16.14	901.4
	24	22.40	393.4	16.12	903.6
	29	22.38	394.3	16.12	905.6
Okt.	4	22.36	394.9	16.11	906.8
	9	22.33	395.6	16.10	908.1
	14	22.32	396.1	16.09	909.0
	19	22.31	396.7 [4]	16.08	909.9
	24	24.86	397.4	16.08	911.5
	29	24.62	397.6	16.13	914.1
Nov.	3	24.60	397.7	16.20	916.7
	8	24.59	397.8	16.27	919.3
	13	24.57	397.8	16.33	921.6
	18	24.55	397.9	16.39	923.9
	23	24.53	397.9	16.44	925.7
	28	24.51	398.0	16.48	927.3
Dez.	3	24.49	397.9	16.52	928.6
	8	24.47	397.7	16.55	929.2
	13	24.46	397.4	16.59	929.7
	18	24.45	397.0	16.65	931.3
	23	24.44	397.4	16.62	930.9 [5]
	28	24.43	397.5	16.68	933.3
1954			Γ γ		Γ γ
Jan.	2	-2° 24.'42	0.18397.7	67° 16.'74	0.43936.1

[1]) August 6—15: Neujustierung D, H und Z.

[2]) ,, 27: Sprung in H um 1.γ9, in I um 0.'13.

[3]) September 15: ,, ,, H ,, 16.γ9, ,, Z ,, 5.γ0 und in I um 12.'7.

[4]) Oktober 23: ,, ,, D ,, 2.'55.

[5]) Dezember 22: ,, ,, H ,, 0.γ3, in Z um 2.γ2 und in I um 0.'08.

Tabelle 23

Ausgeglichene Basiswerte. Südsystem

Hilfsbasen: X = 100, Y = 40, Z = 80, TX = 120

Tag		X	Y	Z
1952		Γ γ	Γ γ	Γ γ
Dez.	28	0.18330.3	-0.00880.0	0.43798.9
1953		Γ γ	Γ γ	Γ γ
Jan.	2	0.18329.3	-0.00880.0	0.43799.2
	7	328.4	880.0	799.1
	12	327.5	879.8	798.4
	17	326.7	879.7	797.5 [1]
	22	324.8	879.5	661.9 [2]
	27	384.3	878.6	890.1
Februar	1	383.5	878.4	889.6
	6	382.9	878.3	889.1
	11	382.4	878.2	888.6
	16	381.9	878.1	888.1
	21	381.4	878.0	887.6
	26	380.9	877.9	887.1
März	3	380.3	877.8	886.6
	8	379.7	877.5	886.1
	13	379.2	877.3	885.6
	18	378.5	877.0	885.1
	23	378.0	876.8	884.6
	28	377.5	877.0	884.1
April	2	376.9	877.0	883.5
	7	376.3	877.0	882.8
	12	375.7	877.1	882.1
	17	375.2	877.2	881.3
	22	374.6	877.4	880.5
	27	374.0	877.5	879.5
Mai	2	373.4	877.7	878.5
	7	372.9	878.0	877.5
	12	372.5	878.4	876.5
	17	372.3	878.7	875.5
	22	372.3	878.8	874.7
	27	372.4	878.7	873.9
Juni	1	372.4	878.5	873.4
	6	372.5	878.4	872.9
	11	372.5	878.2	872.4
	16	372.6	878.0	871.9
	21	372.8	877.7	871.4
	26	372.9	877.6	870.9 [3]
Juli	1	375.0	789.0	870.8

Tag		X	Y	Z
		Γ γ	Γ γ	Γ γ
Juli	6	0.18375.2	-0.00789.1	0.43870.1
	11	375.4	789.2	869.1
	16	375.5	789.4	868.1
	21	375.7	789.5	867.3
	26	376.0	789.7	866.8
	31	376.5	789.9	866.7
August	5	376.7	790.2	866.7
	10	376.7	790.5	866.7
	15	376.7	790.7	866.7
	20	376.7	791.0	866.9
	25	376.6	791.2	867.4
	30	376.4	791.5	867.9
Sept.	4	375.7	791.9	868.4
	9	374.6	792.4	868.9
	14	373.4	792.9	869.4
	19	372.0	792.8	869.9
	24	370.9	792.7	870.4
	29	370.3	792.5	870.8
Oktober	4	369.8	792.5	871.3
	9	369.5	792.5	871.8
	14	368.9	792.5	872.3
	19	367.4	792.5	872.8
	24	366.3	792.5	873.4
	29	365.4	792.5	874.0 [4]
Nov.	3	363.6	792.5	880.7
	8	359.6	792.5	882.2
	13	356.5	792.5	883.7
	18	354.6	792.5	885.0
	23	352.5	792.5	884.1
	28	350.5	792.5	882.6
Dez.	3	348.3	792.5	881.5
	8	346.5	792.3	881.0
	13	344.5	792.2	881.0
	18	342.5	792.0	881.5
	23	340.9	791.9	882.4
	28	339.5	791.7	883.5
1954		Γ γ	Γ γ	Γ γ
Jan.	2	0.18338.1	-0.00791.5	0.43884.9

[1] Januar 20: Sprung in X um $0\overset{\gamma}{.}9$, in Z um $133\overset{\gamma}{.}8$.
[2] ,, 24: ,, ,, X ,, $60\overset{\gamma}{.}5$, ,, Y ,, $0\overset{\gamma}{.}8$, in Z um $229\overset{\gamma}{.}7$.
[3] Juni 30: ,, ,, X ,, $1\overset{\gamma}{.}8$, ,, Y ,, $88\overset{\gamma}{.}5$, ,, Z ,, $0\overset{\gamma}{.}5$.
[4] Oktober 29: ,, ,, Z ,, $5\overset{\gamma}{.}2$.

Bildet man im Jahresdurchschnitt die Abweichungen der absoluten Messungen ohne Berücksichtigung des Vorzeichens gegen den ausgeglichenen Basiswert, so bekommt man für die äußere Genauigkeit der absoluten Messungen folgende Zahlen:

D-Ost	$0\overset{\prime}{.}14$	H-Ost M_1	$0\overset{\gamma}{.}9$	I-Ost	Sch.	$0\overset{\prime}{.}07$	Z-Ost aus	Sch.	$3\overset{\gamma}{.}0$
		M_2	$0\overset{\gamma}{.}8$		M. u. W.	$0\overset{\prime}{.}09$		M. u. W.	$3\overset{\gamma}{.}2$
D-West	$0\overset{\prime}{.}18$	H-West M_1	$0\overset{\gamma}{.}6$	I-West	Sch.	$0\overset{\prime}{.}09$	Z-West aus	Sch.	$2\overset{\gamma}{.}8$
		M_2	$0\overset{\gamma}{.}7$		M. u. W.	$0\overset{\prime}{.}08$		M. u. W.	$3\overset{\gamma}{.}2$
Y-Süd	$0\overset{\gamma}{.}8$	X-Süd	$0\overset{\gamma}{.}7$				Z-Süd aus	Sch.	$3\overset{\gamma}{.}5$
								M. u. W.	$3\overset{\gamma}{.}8$

Diese Genauigkeiten sind bei H, I und Z besser als im Vorjahr, während sie bei D nahezu unverändert sind.

V. Bemerkungen zu den Tabellen und zu den zeichnerischen Darstellungen

Die Anordnung in den Tabellen ist die gleiche wie in früheren Jahrbüchern. Im besonderen ist zu den Tabellen folgendes zu sagen:

X ist nach Norden, Y nach Osten und Z nach unten positiv gerechnet.

Dementsprechend ist eine östliche Deklination positiv, ebenso eine nördliche Inklination. Zur Zeit ist die Deklination in Niemegk westlich, also negativ. Alle Zeitangaben beziehen sich auf Weltzeit (MGZ). 0 Uhr ist Mitternacht. Der jährliche Gang aller Elemente und Komponenten ist in Tab. 24 angegeben. Die in dieser Tabelle abgedruckten Zahlen — die Abweichungen der Monatsmittel vom Jahresmittel — enthalten auch noch den Anteil der Säkularvariation.

Tabelle 24

Abweichung der Monats- vom Jahresmittel

1953	Jan.	Febr.	März	April	Mai	Juni	Juli	Aug.	Sept.	Okt.	Nov.	Dez.
D	− 2'.80	−2.44	− 1.49	− 1.76	− 0.83	− 0.65	− 0.05	+ 0.65	+ 1.57	+ 2.22	+ 2.71	+ 2.92
I	+ 0'.54	−0.19	+ 0.28	− 0.26	− 0.23	− 0.61	− 0.32	− 0.03	+ 0.42	+ 0.42	+ 0.27	− 0.31
H	−10.1 γ	− 2.5	− 7.2	+ 0.4	+ 1.0	+ 8.2	+ 4.5	+ 1.4	− 3.6	− 2.6	+ 1.9	+ 9.1
F	− 8.3 γ	−12.9	− 9.3	− 7.6	− 4.9	+ 0.9	+ 0.9	+ 2.5	+ 4.2	+ 7.1	+13.8	+13.2
X	−10.8 γ	− 3.2	− 7.6	− 0.1	+ 0.8	+ 8.0	+ 4.4	+ 1.5	− 3.3	− 2.2	+ 2.5	+ 9.7
Y	−14.6 γ	−13.0	− 7.7	− 9.5	− 4.5	− 3.9	− 0.5	+ 3.4	+ 8.5	+12.0	+14.4	+15.2
Z	− 4.6 γ	−12.9	− 6.9	− 8.3	− 5.7	− 2.4	− 0.8	+ 2.2	+ 6.2	+ 8.8	+14.3	+10.7

Die Tabellen der Aktivitätszahlen enthalten unter n die in Niemegk geschätzten Charakterzahlen der Skala 0, 1, 2, unter f die Charakterzahlen in der fünfstufigen Skala 0, 0,5, 1, 1,5, 2. ν sind die internationalen Charakterzahlen, K_1 sind die dreistündigen in Niemegk geschätzten Kennziffern, ΣK_1 deren Tagessummen. K_2 sind die 4 Ziffern für jedes Dreistundenintervall zur morphologischen Beschreibung des Kurvenverlaufes nach G. FANSELAU[1]). Dabei wurden die Schätzungsintervalle ab 1. 1. 53 etwas verändert, um eine bessere Häufigkeitsverteilung der einzelnen Stufen zu bekommen (s. JUST[2])). Wie bisher charakterisiert die erste Ziffer die Größe der Elementarwellen, die zweite die Bays, die dritte den Z-Störungsgang und die vierte den allgemeinen Störpegel. Im einzelnen haben die Ziffern folgende Bedeutung:

	0 bis	1 bis	2 bis	3 über
Elementarwellen	1 γ	5 γ	10 γ	10 γ
Baytörungen	20 γ	50 γ	100 γ	100 γ
Z-Störungsgang	10 γ	30 γ	100 γ	100 γ
Allgemeiner Störpegel . .	5 γ	25 γ	100 γ	100 γ

Neu aufgenommen wurden dieses Jahr Tabellen der Häufigkeit der Kennziffern in den einzelnen Monaten und im Tagesgang.

Die Aktivität als interdiurne Veränderlichkeit von X[3]) ergibt:

1953	Januar	Februar	März	April	Mai	Juni
u	1.18	0.84	1.24	0.93	1.04	0.74

1953	Juli	August	September	Oktober	November	Dezember
u	0.83	0.84	1.28	1.01	0.84	0.69

Jahr
0.96

[1]) G. FANSELAU, Zeitschr. f. Met. (1949) S. 238 (die in obiger Art geschätzten Kennziffern der Jahre 1935—44 wurden in einer Abh. des Geophys. Inst. Potsdam, Nr. 15, von H. JUST behandelt).

[2]) H. JUST, Umstellung der Schätzskala der zweiten erdmagnetischen Kennziffern am 1. Jan. 1953. Zeitschr. f. Met. (1953) S. 35.

[3]) AD. SCHMIDT, Ergebnisse der magnetischen Beobachtungen in Potsdam und Seddin im Jahre 1921.

Der Reduktionsfaktor hat für Niemegk mit den geomagnetischen Koordinaten $\Phi = 52° 15'$, $\Lambda = 96° 34'$, $\psi = -18° 48'$ den Wert 0,01725.

Die nach dem caractère magnétique als ruhig bezeichneten Tage tragen in den Tabellen das Kennzeichen *, die als gestört bezeichneten Tage das Kennzeichen †. Von der üblichen Ableitung der täglichen Gänge an den fünf ruhigen und gestörten Tagen eines Monats wurde wie in den Vorjahren abgegangen. Dafür wurden die täglichen Gänge an ruhigen, mäßig gestörten und stark gestörten Tagen berechnet, wobei das ganze Tagesintervall einen gleichmäßig ruhigen oder gestörten Charakter zeigen muß, der nach den dreistündlichen Kennziffern bestimmt wird. Es sind natürlich in den einzelnen Gruppen ganz verschieden viele Tage vorhanden, aber bei einer Bearbeitung mehrerer Jahre lassen sich auf diese Art ganz charakteristische Gänge herausarbeiten[1]).

In den diesbezüglichen Tabellen (S. 77ff.) ist die mittlere Züricher Sonnenfleckenrelativzahl — SFR — für diese Tage angegeben und bei den ruhigen Tagen außerdem die Differenz der Tagesmittel zum Mittel aus den 6 Nachtstunden (21 Uhr bis 3 Uhr MGZ), da häufig die Abweichung des täglichen Ganges vom Nachtniveau bei der Darstellung bevorzugt wird. Unter n ist jeweils die Anzahl der zur Mittelbildung verwendeten Tage angegeben. Das Auswahlprinzip für die Gruppen von Tagen ist in Tab. 25 aufgeführt. Eine gesonderte Tab. 26 zeigt, welche Tage 1953 den obigen Bedingungen entsprachen.

Wie in den vorhergehenden Jahren wurden wiederum typische Variationen (Sonneneruptionseffekte, plötzliche Sturmausbrüche, Baystörungen, plötzliche Impulse), Störungskurven und die Tagesmittel der Komponenten in Abweichung vom Normalwert zur Darstellung gebracht. Erstmalig wurden in diesem Jahr Beispiele von Registrierungen der zeitlichen Gradienten des erdmagnetischen Feldes mit einer neuerbauten Anlage aufgezeichnet. Die Anlage wird im Anhang gesondert beschrieben werden.

Tabelle 25

Auswahlprinzip für tägliche Gänge an ruhigen und gleichmäßig gestörten Tagen durch dreistündige Kennziffern:

Gruppe I: Sehr ruhige Tage		
	K = 0, 1	kein K ≥ 2
Gruppe II: Ruhige Tage		
	K = 0, 1, 2	kein K ≥ 3
Gruppe III: Leicht gestörte Tage		
	Mindestens viermal K = 2 oder 3	
	höchstens zweimal K = 4	kein K ≥ 5
	höchstens einmal K = 1	kein K = 0
Gruppe IV: Gestörte Tage		
	Mindestens viermal K = 4 oder 5	kein K ≥ 6
	höchstens einmal K = 2	kein K ≤ 1
Gruppe V: Stark gestörte Tage		
	Mindestens viermal K = 5 oder 6 oder 7	kein K ≥ 8
	höchstens einmal K = 3	kein K ≤ 2

Die Tagessummen der dreistündigen Kennziffern sind also von folgender Größe:

Gruppe		
I	$K_1 =$	0 bis 8
II	$K_1 =$	0 bis 16
III	$K_1 =$	15 bis 26
IV	$K_1 =$	27 bis 40
V	$K_1 =$	35 bis 56

[1]) H. Wiese, l. c.

Tabelle 26

Verwendete Daten zur Berechnung der täglichen Gänge 1953

Gruppe	Jan.	Febr.	März	April	Mai	Juni	Juli	Aug.	Sept.	Okt.	Nov.	Dez.
I	—	7.	18.	—	13.	—	17.	21.	14.	5. 14.	10. 30.	1.
II	—	3. 7.	17. 18.	6. 7. 14. 28.	2. 3. 4. 12. 13. 14. 24.	1. 8. 9. 15. 16. 18. 19. 23. 26. 27.	16. 17. 18. 20.	18. 19. 20. 21. 22.	14. 29.	3. 5. 6. 13. 14.	2. 10. 28. 30.	1. 2. 16. 24. 30. 31.
III	1. 20. 21. 31.	2. 17. 19.	1. 7. 10. 16. 28. 30.	1. 2. 10. 11. 12. 15. 18. 22. 26. 27. 30.	5. 18. 20. 21. 28.	4. 6. 7. 10. 11. 13. 17. 21.	1. 3. 4. 5. 8. 9. 13. 15. 24. 30.	2. 10. 14. 15. 16.	1. 7. 12. 13. 17. 25.	1. 23. 29.	18. 24. 25.	22. 25. 28. 30.
IV	19. 29.	25. 27.	3. 9. 23. 25. 27.	20. 21. 23.	6. 8.	2. 3. 30.	2. 23. 27. 28. 29.	25. 26. 27. 28. 29. 30.	20. 21. 24.	16. 19. 20.	13. 14. 16. 19. 20.	12.
V	26.	—	2.	—	16.	2.	—	24.	19.	19.	—	—

VI. Tabellen

enthaltend die

Ergebnisse der Beobachtungen im Jahre 1953 in Niemegk

Astronomische Koordinaten: $\varphi = 52^\circ\,4'.3$, $\lambda = 12^\circ\,40'.5$ E. v. Grw.
$= 0^h\,50^m\,42^s.0$ E. v. Grw.

Geomagnetische Koordinaten: $\Phi = 52^\circ\,15'$, $\Lambda = 96^\circ\,34'$, $\psi = -18^\circ\,48'$

Höhe über N. N.: 78 m

Monats- und Jahresmittel

1953		Jan.	Febr.	März	April	Mai	Juni	Juli	Aug.	Sept.	Okt.	Nov.	Dez.	Jahr
D	— 2° —	34'.97	34.61	33.66	33.93	33.00	32.82	32.22	31.52	30.60	29.95	29.46	29.25	32.16
I	+ 67° +	12'.62	11.89	12.36	11.82	11.85	11.47	11.76	12.05	12.50	12.50	12.35	11.77	12.07
H	Γ + 0.18 +	γ 422.4	430.0	425.3	432.9	433.5	440.7	437.0	433.9	428.9	429.9	434.4	441.6	432.6
F	Γ + 0.47 +	γ 560.2	555.6	559.2	560.9	563.6	569.4	569.4	571.0	572.7	575.6	582.3	581.7	568.4
X	Γ + 0.18 +	γ 403.7	411.3	406.9	414.4	415.3	422.5	418.9	416.0	411.2	412.3	417.0	424.2	414.5
Y	Γ — 0.00 —	γ 830.2	828.6	823.3	825.1	820,1	819.5	816.1	812.2	807.1	803.6	801.2	800.4	815.6
Z	Γ + 0.43 +	γ 847.4	839.1	845.1	843.7	846.3	849.6	851.2	854.2	858.2	860.8	866.3	862.7	852.0

Nordkomponente

Niemegk — $X = 0.18300\,\Gamma + \text{Tafelwert}$ — **1953**

Weltzeit

Tag	0h–1h	1h–2h	2h–3h	3h–4h	4h–5h	5h–6h	6h–7h	7h–8h	8h–9h	9h–10h	10h–11h	11h–12h	12h–13h	13h–14h	14h–15h	15h–16h	16h–17h	17h–18h	18h–19h	19h–20h	20h–21h	21h–22h	22h–23h	23h–24h	Tagesmittel	Max.	Min.
Januar																									γ		
1	98	103	101	105	106	100	110	110	105	94	97	86	99	98	107	101	107	92	106	113	94	103	104	117	102.3	117	86
2	98	100	103	102	104	110	112	104	95	102	97	102	94	99	81	97	89	88	102	77	89	102	101	101	97.9	112	77
3	96	101	94	95	99	104	104	107	111	106	108	110	102	96	92	101	99	98	111	105	105	106	104	101	102.3	111	92
4*	102	102	102	106	106	109	112	116	119	119	113	111	110	108	106	104	112	110	104	109	110	112	111	113	109.4	119	102
5†	114	117	114	116	114	112	123	92	41	34	30	33	20	36	54	65	60	23	28	44	60	79	107	83	70.8	123	**20**
6	64	72	75	78	81	85	85	92	89	90	86	86	80	76	76	50	65	64	58	68	64	80	87	92	76.8	92	50
7	91	92	91	95	96	96	95	96	97	104	105	100	82	81	73	64	61	74	98	98	101	98	101	101	91.2	105	61
8	101	96	101	119	117	117	110	105	102	103	108	108	114	115	109	106	107	108	100	104	102	104	101	101	106.6	119	96
9	106	109	105	108	110	113	110	106	108	115	121	118	110	106	101	101	107	112	112	109	127	108	104	104	109.6	127	101
10*	103	105	109	115	116	119	116	113	113	106	105	111	116	116	112	112	116	120	120	117	112	120	122	110	113.5	122	103
11	110	116	113	116	117	123	119	120	113	107	101	104	107	110	112	111	112	110	112	113	113	107	106	107	111.2	120	101
12	106	113	112	117	113	114	116	112	112	113	117	122	122	114	100	109	117	117	112	112	112	112	111	108	113.0	122	100
13	110	112	114	115	117	119	120	120	115	107	107	117	122	108	99	102	109	113	113	106	75	79	96	97	108.0	122	75
14	102	104	108	110	108	109	109	115	108	101	103	111	117	117	113	110	111	108	106	110	108	107	110	108	108.9	117	101
15*	108	108	112	112	115	119	118	119	116	112	109	113	120	120	114	112	116	115	116	115	116	114	118	111	114.5	120	108
16*	108	111	112	118	120	122	123	121	120	120	124	128	126	124	117	107	107	116	116	118	116	116	114	118	117.6	128	107
17*	113	114	114	118	120	124	124	127	128	129	122	118	120	120	118	116	118	120	122	119	118	115	140	120	**120.7**	**140**	113
18	116	116	120	124	127	128	127	131	132	124	109	107	102	83	84	82	79	95	90	94	100	107	108	112	108.2	132	79
19†	116	115	112	96	134	137	136	122	121	98	70	86	86	86	72	75	90	95	95	81	91	84	97	94	99.5	137	70
20	122	99	91	99	111	111	110	102	87	83	88	101	100	96	102	102	106	106	101	104	104	102	106	110	101.8	122	83
21	108	108	108	113	118	119	120	124	124	113	114	111	109	114	115	111	110	106	106	106	106	112	114	109	112.4	124	106
22	106	109	110	110	122	119	117	114	114	112	110	109	108	112	111	109	111	114	116	115	114	123	117	107	112.9	123	106
23	117	125	117	114	117	111	112	114	115	114	108	108	110	115	115	113	112	114	114	116	117	115	115	114	114.2	125	108
24	117	118	121	123	124	129	129	123	119	106	90	88	95	101	96	76	71	84	76	71	95	108	108	105	103.0	129	71
25	105	105	106	109	113	120	124	125	122	117	96	44	65	101	97	76	78	92	96	89	89	110	99	113	99.6	125	44
26†	120	88	127	110	108	116	117	110	106	96	86	81	85	88	80	77	95	126	92	99	92	120	113	98	101.2	127	77
27†	88	72	70	97	97	95	100	94	100	98	92	81	50	60	55	80	78	76	137	69	76	87	94	96	**85.1**	137	50
28†	99	96	102	96	103	100	105	109	96	88	84	80	93	93	94	92	76	85	110	127	109	94	92	98	96.7	127	76
29	99	107	122	93	113	107	100	100	101	97	89	104	98	78	69	92	93	83	112	123	101	102	102	100	99.4	123	69
30	106	95	108	98	117	115	114	100	110	103	96	100	108	104	94	82	92	112	97	101	113	103	101	101	102.9	117	82
31	96	106	106	100	105	114	114	112	109	100	90	83	101	108	107	103	102	100	104	110	104	107	112	106	104.1	114	83
Mittel	105	104	106	107	112	113	114	111	108	104	99	99	99	99	96	95	97	99	103	101	101	104	107	105	103.7	122	84

Februar

Tag	0h–1h	1h–2h	2h–3h	3h–4h	4h–5h	5h–6h	6h–7h	7h–8h	8h–9h	9h–10h	10h–11h	11h–12h	12h–13h	13h–14h	14h–15h	15h–16h	16h–17h	17h–18h	18h–19h	19h–20h	20h–21h	21h–22h	22h–23h	23h–24h	Tagesmittel	Max.	Min.
																									γ		
1*	104	104	106	107	108	112	108	108	112	116	118	118	118	115	109	106	104	105	107	111	107	119	111	108	110.0	119	104
2	107	109	107	113	111	113	120	123	116	104	103	108	112	112	113	105	91	102	108	111	116	110	112	107	109.7	123	91
3	107	110	120	116	116	116	121	126	123	123	115	110	115	115	110	105	104	104	113	117	112	115	122	116	114.6	126	104
4	115	118	115	117	113	118	122	124	124	119	117	116	115	116	96	100	102	110	101	113	116	115	114	113	113.7	124	96
5*	113	113	115	116	117	118	119	120	117	110	104	103	106	110	111	110	111	116	116	114	119	118	119	117	113.8	120	103
6*	116	116	117	118	120	123	124	124	117	112	111	113	113	111	116	116	114	114	111	114	115	115	115	115	115.8	124	111
7*	117	117	118	121	122	123	127	125	123	112	111	111	113	116	117	116	116	117	119	123	122	119	117	117	118.3	127	111
8	116	115	117	121	126	129	128	128	126	118	113	111	111	118	124	122	124	126	125	123	118	115	116	118	120.3	129	111
9	111	131	122	123	118	131	135	137	131	126	118	109	98	95	105	106	98	110	119	114	109	119	116	107	116.2	137	95
10	107	107	108	111	114	115	116	117	118	122	121	121	123	116	104	111	101	95	96	92	77	111	106	114	109.3	123	77
11	110	121	121	112	110	111	115	110	106	104	107	107	100	107	107	107	110	113	114	116	115	114	109	107	110.5	121	100
12	107	107	110	115	114	118	118	119	118	111	102	98	102	104	102	102	102	105	109	110	111	114	113	113	109.3	119	98
13*	113	114	114	115	116	117	120	122	121	118	116	118	122	125	123	119	118	120	122	122	119	128	125	115	119.2	128	113
14	117	126	125	119	118	123	133	129	115	121	122	120	119	116	112	106	101	112	108	116	109	115	115	114	117.1	133	101
15	114	123	121	120	124	133	131	127	130	127	123	125	124	118	112	111	110	116	119	125	127	126	125	119	**122.1**	133	110
16	132	99	102	106	112	116	120	116	114	98	95	102	101	94	91	86	104	82	85	105	115	119	120	119	105.5	132	82
17	115	118	114	114	120	135	136	130	122	109	110	115	112	113	110	112	112	114	118	114	109	112	112	114	116.2	136	109
18	114	114	113	116	118	119	120	121	122	118	120	120	122	120	119	119	120	119	122	123	122	120	121	125	119.5	125	113
19	112	113	113	113	120	119	121	118	118	121	118	120	108	112	116	108	114	114	114	113	117	118	118	122	115.8	122	108
20	124	117	111	114	117	116	115	115	114	115	117	119	125	129	126	120	116	122	115	112	115	121	120	120	118.1	129	111
21	118	138	127	115	119	112	115	118	107	109	115	118	117	116	116	114	103	112	110	123	118	117	118	139	117.2	139	103
22†	118	112	122	117	120	122	118	121	116	110	116	123	121	121	124	122	120	105	102	97	86	133	91	74	113.0	133	74
23†	116	92	95	100	100	103	114	105	71	79	102	103	99	91	64	72	77	132	137	93	109	105	101	121	99.2	137	64
24†	102	119	112	121	114	119	112	89	69	94	98	93	78	86	95	92	115	98	103	117	161	140	105	110	105.9	**161**	69
25†	100	90	90	100	111	94	89	72	61	66	79	90	88	85	102	100	98	97	128	106	96	103	95	110	93.8	128	61
26†	123	112	102	100	97	106	100	82	83	88	68	61	53	95	80	98	64	80	113	93	119	113	103	96	**92.9**	123	**53**
27	93	84	90	98	100	99	100	89	76	66	82	76	98	104	100	94	87	98	97	107	106	115	147	93	95.8	147	66
28	91	94	102	90	102	129	108	96	94	96	101	104	105	105	101	87	101	120	101	119	117	103	105	111	103.4	129	87
Mittel	112	112	112	112	114	118	118	115	109	108	108	108	108	110	107	106	105	109	112	112	114	117	114	113	111.3	130	94

Nordkomponente

Niemegk — $Y = 0.18300 + \text{Tafelwert}$ (γ) — 1953

Weltzeit: 0h 1h 2h 3h 4h 5h 6h 7h 8h 9h 10h 11h 12h 13h 14h 15h 16h 17h 18h 19h 20h 21h 22h 23h 24h

März

Tag	0h–1h	1h–2h	2h–3h	3h–4h	4h–5h	5h–6h	6h–7h	7h–8h	8h–9h	9h–10h	10h–11h	11h–12h	12h–13h	13h–14h	14h–15h	15h–16h	16h–17h	17h–18h	18h–19h	19h–20h	20h–21h	21h–22h	22h–23h	23h–24h	Tagesmittel γ	Max.	Min.
1	109	108	102	101	102	102	105	105	99	81	100	102	106	109	105	102	100	108	108	113	115	128	110	107	105.3	128	81
2†	121	104	109	97	119	130	113	96	57	47	46	51	40	48	39	42	63	33	44	72	86	91	108	117	**78.0**	130	**33**
3	112	102	104	96	128	138	119	111	107	92	82	78	88	102	104	107	104	109	109	107	129	118	119	104	107.0	138	78
4	104	106	122	112	114	116	117	114	108	104	101	101	104	105	104	106	105	104	112	112	117	117	116	116	109.9	122	101
5	117	116	117	122	127	120	120	116	110	107	104	104	104	104	105	114	105	97	109	116	128	125	112	108	112.8	128	97
6	111	112	112	112	113	117	121	117	111	107	102	103	105	104	104	108	111	115	114	116	123	125	111	103	111.5	125	102
7	99	100	98	97	108	104	100	98	99	96	85	87	87	88	92	96	100	101	118	95	95	101	108	108	98.3	118	85
8	111	112	120	120	115	114	116	115	113	96	86	94	106	110	102	99	72	79	99	114	126	104	119	114	106.5	126	72
9†	61	76	85	82	92	87	85	91	94	90	87	52	76	79	92	82	97	90	88	103	142	90	94	93	87.8	142	52
10	108	80	90	88	92	88	88	95	87	84	90	87	81	88	101	96	85	88	92	107	104	106	110	96	93.0	110	80
11*	102	108	104	110	109	108	106	100	98	98	100	103	107	108	109	110	110	111	114	111	108	110	106	108	106.6	114	98
12*	108	120	110	109	111	112	115	109	104	98	99	100	109	115	118	119	117	117	114	115	117	116	114	113	111.6	120	98
13*	112	115	114	116	117	118	117	113	102	96	94	100	106	111	117	120	119	122	125	127	128	134	132	132	116.1	134	94
14	126	124	122	124	127	132	132	127	120	111	109	108	105	104	112	116	119	117	115	120	116	123	143	114	119.4	143	104
15	114	115	122	120	123	130	126	122	119	98	102	95	78	99	103	106	107	103	114	116	119	122	122	123	112.4	130	78
16	131	123	121	109	123	123	122	115	111	104	103	103	100	109	112	112	107	117	121	120	121	140	120	111	115.8	140	100
17*	112	114	113	120	124	128	126	119	108	102	95	99	107	112	112	113	115	115	119	122	117	118	119	117	114.4	128	95
18*	116	117	118	123	126	130	133	132	124	114	107	102	105	109	113	115	118	120	124	132	136	132	129	134	**121.2**	136	102
19	137	138	129	131	111	118	131	130	120	114	108	99	94	102	106	96	93	90	106	108	137	113	119	110	114.2	138	90
20	115	109	103	106	107	106	107	108	105	101	94	95	101	103	106	109	112	117	110	109	110	102	102	114	106.3	117	94
21	109	112	134	129	113	126	119	114	95	101	102	79	104	112	108	107	96	102	96	131	121	113	112	112	110.3	134	79
22	117	99	125	130	118	98	102	109	107	90	87	94	103	107	101	103	100	98	99	110	107	132	95	108	105.8	132	87
23†	111	116	110	113	117	113	93	115	113	98	80	94	89	104	104	127	110	86	137	111	82	99	103	99	105.2	137	80
24†	103	110	124	120	101	98	112	67	94	53	57	70	74	80	94	96	90	96	139	132	82	132	106	83	96.4	139	53
25†	81	82	109	96	89	96	94	64	58	76	77	77	64	85	79	95	100	106	108	101	122	128	108	104	91.6	128	58
26	100	102	106	102	106	112	110	101	102	102	102	87	100	94	98	103	108	101	107	122	155	151	110	94	107.3	**155**	87
27	114	117	102	99	98	108	106	94	84	86	82	79	99	98	98	98	107	110	110	116	134	126	122	112	104.1	134	79
28	107	117	114	126	112	109	102	102	97	89	91	91	84	85	95	111	91	114	109	116	129	117	110	117	105.6	129	84
29	118	110	113	112	109	109	113	107	98	96	97	98	100	102	106	110	110	109	115	124	146	124	142	132	112.5	146	96
30	135	121	113	117	101	118	122	120	110	109	108	106	106	94	98	96	102	107	141	122	125	120	118	122	113.8	141	94
31	118	117	121	116	114	118	123	123	120	111	106	108	100	96	102	105	109	114	118	115	113	102	109	117	112.3	123	96
Mittel	111	110	112	112	112	114	113	108	102	95	93	92	95	99	101	104	103	103	111	114	119	118	114	111	106.9	131	85

April

Tag	0h–1h	1h–2h	2h–3h	3h–4h	4h–5h	5h–6h	6h–7h	7h–8h	8h–9h	9h–10h	10h–11h	11h–12h	12h–13h	13h–14h	14h–15h	15h–16h	16h–17h	17h–18h	18h–19h	19h–20h	20h–21h	21h–22h	22h–23h	23h–24h	Tagesmittel γ	Max.	Min.
1	110	115	114	114	116	120	114	105	105	89	90	96	89	106	110	110	110	113	113	120	121	118	118	122	109.9	122	89
2	121	135	130	124	117	112	111	108	95	83	82	90	93	103	102	108	105	105	109	114	130	123	116	124	110.0	135	82
3	110	111	109	119	117	114	117	109	105	104	106	112	111	106	106	101	110	117	127	150	118	124	133	128	115.2	150	101
4†	86	119	105	122	113	113	119	104	96	89	88	91	87	79	97	92	85	106	109	105	102	108	117	109	**101.7**	122	79
5*	110	102	106	112	115	116	115	112	111	108	104	104	113	120	119	111	108	110	116	118	118	124	121	113	112.8	124	102
6*	116	109	113	113	118	116	113	105	94	89	90	98	100	100	104	109	113	115	114	112	113	116	124	121	109.0	124	89
7*	114	112	112	113	116	118	120	116	107	99	96	94	96	104	106	116	116	120	126	124	122	120	115	116	112.4	126	94
8	124	112	113	117	121	127	124	117	104	99	97	89	92	95	104	117	125	127	126	127	125	145	138	123	116.2	145	89
9	130	128	121	115	119	124	121	117	109	107	104	104	108	108	118	123	125	135	136	143	148	142	140	144	123.7	148	104
10	140	136	132	136	144	138	132	129	119	109	102	86	96	105	113	108	116	120	119	124	120	136	143	124	122.0	144	86
11	121	124	128	124	115	123	105	102	87	84	72	90	94	99	102	99	114	98	124	121	131	132	129	123	110.0	132	72
22	118	125	120	125	127	128	122	110	104	93	93	76	108	100	110	114	117	120	126	124	133	127	134	128	115.9	134	76
13	124	133	134	124	124	128	127	118	100	80	100	109	106	86	90	101	105	137	124	138	130	123	124	125	116.2	138	80
14*	122	124	118	119	120	128	128	125	111	100	100	96	96	109	115	119	123	128	128	128	128	126	128	124	118.5	128	96
15	122	120	111	120	124	139	141	134	121	100	92	93	92	96	107	122	126	133	134	140	141	142	140	140	122.1	142	92
16†	132	139	145	109	110	144	116	100	88	85	75	72	63	80	85	75	79	112	108	123	130	180	119	119	107.8	**180**	**63**
17	118	110	115	113	121	122	116	100	104	107	100	84	74	74	85	107	112	126	124	127	128	128	128	124	110.3	128	74
18	120	115	118	117	122	115	110	99	100	98	96	105	106	108	102	114	114	125	122	119	123	121	125	127	113.4	127	96
19	128	116	121	106	121	123	118	112	108	96	93	104	79	88	97	95	85	105	115	120	123	135	144	125	110.7	144	79
20†	97	110	120	98	108	95	82	101	74	99	91	78	91	79	79	86	98	114	116	126	116	154	163	105	103.3	163	74
21†	113	109	113	115	112	110	108	80	72	91	86	83	87	89	99	123	126	119	142	111	111	120	139	122	107.5	142	72
22	119	110	111	111	122	121	110	98	87	83	80	82	91	102	104	110	104	107	123	137	124	123	130	123	108.8	137	80
23†	117	115	121	103	136	110	110	94	75	71	68	71	86	96	104	115	108	112	124	135	114	119	110	127	105.9	136	68
24	121	119	116	119	115	116	111	107	103	102	104	110	108	113	117	116	126	129	150	150	144	151	148	146	122.5	151	102
25	139	129	127	126	131	133	130	123	115	115	114	111	110	115	127	139	129	136	144	134	130	133	130	134	**127.2**	144	110
26	130	127	118	124	126	128	123	130	123	117	110	106	99	100	105	105	123	122	123	127	128	127	155	132	121.2	155	99
27	118	115	116	118	118	114	103	99	103	96	102	96	102	107	106	115	122	126	133	133	127	125	126	130	114.6	133	96
28*	135	131	127	127	123	122	115	114	113	103	105	101	99	106	110	118	124	129	130	131	130	128	128	127	119.8	135	99
29	127	127	127	131	132	134	133	126	126	119	108	98	107	118	116	113	120	127	130	130	127	125	126	126	123.0	134	98
30	127	125	130	130	137	134	140	128	130	122	106	94	92	103	107	107	126	114	119	121	121	114	114	114	119.0	140	92
Mittel	120	120	120	118	121	122	118	111	103	98	95	94	96	100	105	110	113	120	124	127	125	130	130	125	114.4	139	88

Nordkomponente

Niemegk — $X = 0.18\,300\ \gamma + \text{Tafelwert}$ — 1953

0h 1h 2h 3h 4h 5h 6h 7h 8h 9h 10h 11h 12h 13h 14h 15h 16h 17h 18h 19h 20h 21h 22h 23h 24h Weltzeit

Mai

Tag	0h	1h	2h	3h	4h	5h	6h	7h	8h	9h	10h	11h	12h	13h	14h	15h	16h	17h	18h	19h	20h	21h	22h	23h	Tagesmittel γ	Max.	Min.
1	115	115	116	114	114	113	110	110	106	101	91	99	100	106	117	104	116	123	126	126	126	127	126	125	113.6	127	91
2*	123	127	122	118	122	119	118	112	103	95	98	93	106	118	120	120	123	124	124	124	124	124	122	122	116.7	127	93
3*	124	125	126	125	126	125	121	118	111	105	110	113	112	118	123	130	127	122	122	126	128	132	126	125	121.7	132	105
4	124	121	122	121	130	128	129	123	118	108	115	121	122	124	125	130	127	126	130	131	130	132	130	130	124.9	132	108
5	134	130	126	123	135	138	138	129	114	107	108	93	99	96	109	114	127	127	129	138	131	138	134	134	123.0	138	93
6†	136	148	155	142	142	145	163	143	121	112	70	44	58	67	88	98	95	111	119	131	127	165	122	116	117.4	**165**	44
7	128	127	106	102	115	102	83	104	105	101	105	77	70	89	90	99	109	118	119	126	126	131	137	135	108 5	137	70
8†	133	117	120	130	106	98	83	93	111	113	100	117	121	116	102	106	106	118	151	125	129	137	140	142	117.2	151	83
9	110	116	119	120	125	105	96	98	102	98	89	101	98	96	113	121	117	133	144	125	129	127	128	133	114.3	144	89
10	119	118	116	114	116	112	106	103	96	90	100	100	108	102	100	120	119	124	130	133	131	132	128	128	114.4	133	90
11	128	121	124	125	124	120	121	121	109	102	120	120	113	125	125	125	129	129	129	132	134	137	130	125	123.7	137	102
12*	122	123	125	121	119	115	114	114	107	101	103	102	105	(114)	(118)	(126)	(130)	(136)	(135)	137	133	132	132	130	120.6	137	101
13*	129	128	130	133	133	128	124	119	115	111	112	113	116	118	119	120	120	124	129	133	133	134	134	134	124.5	134	111
14*	134	131	128	129	130	129	121	116	112	106	106	109	112	117	122	128	130	136	134	142	141	137	135	143	126.6	143	106
15†	135	137	138	138	148	150	131	119	118	116	106	117	128	112	93	89	119	127	122	108	77	102	165	124	121.6	**165**	77
16†	108	93	84	134	98	57	63	71	54	46	25	31	55	103	96	82	100	85	96	116	91	89	86	127	**82.9**	134	**25**
17	112	106	86	92	83	81	78	70	68	73	77	80	86	88	92	102	95	115	122	114	115	120	112	126	95.5	126	68
18	131	112	102	96	101	80	86	(90)	90	78	65	79	90	83	94	105	114	120	122	127	125	120	111	114	101.5	131	65
19†	130	123	130	116	100	104	109	97	87	91	73	79	91	89	100	114	115	120	123	128	138	138	137	133	111.0	138	73
20	120	111	107	109	112	112	108	101	85	100	99	92	93	98	105	107	108	122	125	134	121	113	112	117	108.8	134	85
21	114	110	112	111	105	100	100	105	97	95	101	98	94	101	106	105	127	127	130	129	141	121	120	121	111.2	141	94
22	125	122	116	100	118	124	124	120	114	109	109	107	106	96	116	121	124	129	131	137	124	121	112	116	117.5	137	96
23	120	119	116	117	116	116	114	112	102	91	99	102	107	105	106	116	121	133	129	128	140	139	134	133	117.3	140	91
24	123	121	119	123	121	114	114	117	121	122	126	123	115	114	116	118	126	131	132	132	125	125	126	127	122.1	132	114
25	124	124	125	126	125	117	113	114	118	116	116	112	116	112	113	116	129	138	137	139	138	140	141	149	124.9	149	112
26	140	135	133	133	133	124	117	114	107	101	105	110	113	114	115	111	115	125	138	148	157	158	156	153	**127.3**	158	101
27	146	149	135	127	140	121	101	78	69	66	63	75	88	85	85	91	109	105	116	122	121	125	123	124	106.8	149	63
28	123	121	120	116	120	117	114	109	100	97	93	89	91	98	107	112	117	108	128	137	121	119	118	116	112.1	137	89
29	116	117	120	119	115	109	101	101	98	100	98	108	111	100	96	108	116	119	125	126	125	124	124	118	112.2	126	96
30	129	121	120	120	120	116	111	105	102	101	105	101	107	114	118	117	113	116	122	129	126	129	138	124	116.8	138	101
31	121	124	128	126	128	124	114	106	99	94	92	103	107	117	111	129	117	119	132	124	139	122	124	128	117.8	139	92
Mittel	125	122	120	120	120	114	110	108	102	98	96	97	101	104	108	112	117	122	128	129	127	129	128	128	115.3	139	88

Juni

Tag	0h	1h	2h	3h	4h	5h	6h	7h	8h	9h	10h	11h	12h	13h	14h	15h	16h	17h	18h	19h	20h	21h	22h	23h	Tagesmittel γ	Max.	Min.
1	124	124	128	132	124	121	112	105	105	106	108	108	110	116	121	125	129	132	138	128	130	131	126	129	121.3	138	105
2†	133	135	135	166	137	132	124	100	96	77	63	73	92	95	92	94	122	116	128	129	126	104	132	116	113.2	166	63
3†	115	127	129	116	94	105	99	46	82	85	86	90	86	85	84	117	129	136	145	132	123	131	127	129	**108.2**	145	**46**
4†	125	116	114	127	108	89	100	114	105	88	66	68	86	104	119	120	125	134	124	125	130	128	125	125	111.0	134	66
5	124	121	123	119	120	117	112	99	109	103	100	104	107	113	119	127	132	134	141	172	140	122	126	127	121.3	**172**	99
6	128	129	128	118	112	110	109	112	105	103	100	90	103	107	109	115	123	141	128	133	131	124	127	125	117.1	141	90
7	122	121	114	128	132	130	115	93	73	85	92	100	104	106	111	112	123	126	129	131	130	130	133	130	115.4	133	73
8	127	124	123	122	121	119	120	116	104	101	107	107	103	102	106	118	128	130	135	135	134	134	133	133	120.1	135	101
9	130	131	133	134	135	128	117	103	101	99	103	97	111	119	119	118	121	130	141	138	137	139	137	134	123.1	141	97
10	134	133	130	134	129	125	125	118	101	104	100	97	105	117	121	128	132	139	139	142	152	142	136	135	125.8	152	97
11	129	126	125	131	136	128	121	106	98	97	101	102	114	116	115	119	121	134	143	142	142	144	156	130	124.0	156	97
12	130	131	133	137	141	139	130	113	101	96	106	124	125	121	133	130	150	156	137	135	142	156	121	121	129.5	156	96
13	122	117	147	131	115	113	106	101	97	91	101	106	111	106	114	118	128	134	141	144	130	128	133	146	120.0	147	91
14	133	122	127	123	124	121	109	101	97	99	102	112	119	112	113	122	130	133	146	135	134	133	133	128	121.2	146	97
15	123	122	123	122	120	117	115	113	107	103	101	99	99	108	121	129	133	135	138	137	136	134	131	132	120.8	138	99
16*	127	129	130	133	133	127	119	111	103	97	99	112	113	123	124	134	131	136	135	135	137	141	144	146	125.8	146	97
17	142	142	141	142	138	133	133	127	116	110	106	101	110	117	110	126	121	133	132	135	136	136	132	135	127.2	142	101
18	129	129	133	125	127	120	112	104	104	103	109	109	114	114	122	129	130	132	144	145	147	147	141	139	125.3	147	103
19*	139	137	140	142	139	127	120	115	115	113	113	120	126	134	131	136	136	139	137	139	139	139	137	136	131.2	142	113
20	136	135	135	139	136	133	134	136	133	129	131	122	119	138	126	121	128	147	158	149	144	148	132	122	**134.6**	158	119
21	121	124	126	126	123	114	104	111	113	100	106	110	97	108	116	118	131	130	149	141	130	126	142	121	120.3	149	97
22	122	123	125	127	124	121	118	109	103	108	120	115	104	112	124	120	130	131	124	133	129	133	139	124	121.6	139	103
23*	122	118	121	125	125	124	118	111	104	103	105	106	107	108	120	128	131	132	133	131	131	129	125	126	120.1	133	103
24	125	129	126	130	133	129	125	121	118	114	114	119	121	122	126	121	125	133	142	140	134	135	128	123	126.4	142	114
25	128	131	126	131	132	130	121	110	100	96	98	104	118	126	131	129	128	135	138	139	142	133	126	127	124.1	142	96
26*	127	127	128	128	128	128	124	119	117	113	113	114	116	121	130	129	128	131	142	133	129	127	125	127	125.2	142	113
27*	129	132	132	133	130	126	123	121	116	113	118	126	129	127	130	127	122	131	133	133	138	134	138	134	128.1	138	113
28	130	130	130	128	130	130	125	118	118	116	110	112	119	125	130	133	134	137	140	147	148	144	145	154	130.5	154	110
29†	154	154	154	155	154	145	136	138	127	86	59	82	111	150	87	112	128	147	138	130	140	131	127	128	128.0	155	59
30†	126	160	135	111	118	101	101	93	71	64	96	95	114	110	126	118	131	124	118	137	128	138	132	123	115.4	160	64
Mittel	128	129	130	130	127	123	118	110	105	100	101	104	110	115	118	122	129	134	137	138	136	134	133	130	122.5	146	94

Nordkomponente

Niemegk — $X = 0.18\,300 + \text{Tafelwert}$ (Γ) — 1953

Weltzeit

Juli

Tag	0–1h	1–2h	2–3h	3–4h	4–5h	5–6h	6–7h	7–8h	8–9h	9–10h	10–11h	11–12h	12–13h	13–14h	14–15h	15–16h	16–17h	17–18h	18–19h	19–20h	20–21h	21–22h	22–23h	23–24h	Tagesmittel	Max.	Min.
1†	116	126	117	119	128	120	115	121	102	55	81	89	87	107	118	115	119	122	121	126	130	148	131	130	γ 114.3	148	55
2†	127	127	112	131	136	119	90	108	99	88	83	76	83	104	119	119	117	138	137	138	126	130	151	128	116.1	151	76
3	131	120	115	126	129	123	112	105	99	91	93	84	86	95	121	120	127	126	127	134	133	129	127	127	115.8	134	84
4	140	135	130	121	108	108	112	107	103	100	95	70	106	115	117	123	126	120	138	127	131	130	131	127	117.5	140	70
5	124	126	121	128	132	128	96	107	108	104	93	91	91	106	115	120	128	126	128	135	134	130	124	128	117.6	135	91
6	119	133	136	132	124	123	116	106	100	99	112	114	115	116	111	112	116	120	124	129	128	132	140	146	121.0	146	99
7	128	129	118	135	135	128	137	122	114	104	95	98	98	105	121	118	128	140	134	126	131	133	126	136	122.5	140	95
8	150	120	116	119	111	115	111	98	95	103	108	104	120	116	119	127	124	124	138	125	127	115	121	120	117.8	150	95
9	122	118	118	123	122	115	108	112	112	121	120	120	120	115	115	132	137	140	146	148	146	143	129	128	125.4	148	108
10	120	128	130	131	128	115	99	95	94	98	100	108	116	117	122	118	114	122	128	130	131	131	132	131	118.2	132	94
11*	131	133	131	137	133	128	121	110	96	81	84	96	111	121	130	137	136	134	139	140	139	134	130	132	123.5	140	81
12	132	132	132	137	138	130	118	110	106	108	111	114	125	132	136	139	144	137	143	142	171	157	128	132	**131.4**	**171**	106
13	134	136	130	137	141	133	104	91	91	86	80	97	103	106	99	110	121	125	128	136	132	134	121	119	116.4	141	80
14	120	119	122	123	122	120	116	111	109	105	100	106	117	127	142	143	139	154	148	162	153	148	144	143	128.9	162	100
15	141	145	133	130	125	107	117	121	103	95	91	96	105	84	106	109	117	127	126	134	130	128	125	125	117.5	145	84
16*	123	126	129	123	128	124	118	108	100	102	105	108	111	113	119	119	124	128	129	129	128	128	128	125	119.8	129	100
17*	124	128	129	133	136	131	122	110	100	104	108	108	112	116	120	122	125	133	137	139	137	139	137	137	124.5	139	100
18*	140	137	141	139	134	126	122	117	109	104	105	118	120	124	137	143	139	142	143	140	140	139	135	138	130.5	143	104
19	141	152	148	138	136	133	128	121	116	112	103	107	112	118	128	132	131	136	139	142	140	136	136	128	129.7	152	103
20	134	128	128	130	133	130	128	121	112	108	104	108	111	120	124	125	122	127	128	128	128	129	129	129	123.5	134	104
21*	126	129	128	128	124	123	117	106	99	96	103	105	103	107	115	117	125	129	133	131	132	131	141	127	119.8	141	96
22	122	123	124	125	128	126	116	109	96	93	103	106	114	122	128	124	130	134	133	137	141	142	136	139	123.0	142	93
23†	143	140	132	116	137	128	113	109	108	79	79	73	99	79	93	123	99	110	114	109	100	102	142	120	110.3	143	73
24	114	108	103	103	106	104	101	96	93	94	90	75	85	100	113	124	120	117	131	130	135	133	132	126	109.7	135	75
25	120	120	120	120	120	116	112	109	100	94	95	101	111	120	126	127	118	117	123	132	125	130	133	130	117.5	133	94
26	140	139	134	125	118	121	110	99	92	94	96	89	99	90	73	101	109	114	128	140	161	151	144	134	116.7	161	73
27†	156	144	143	104	138	119	97	103	60	66	54	56	78	100	98	105	124	123	132	137	127	124	126	127	110.0	156	54
28	115	125	120	135	109	104	103	90	48	75	80	84	102	115	119	124	124	126	112	126	130	132	155	131	111.8	155	**48**
29†	113	124	134	101	109	101	103	103	88	80	68	89	94	108	103	113	112	128	123	116	142	131	125	119	**109.5**	142	68
30	130	127	131	124	118	115	97	76	69	80	89	91	102	120	111	108	124	121	116	123	123	142	131	148	113.3	148	69
31	133	117	102	116	124	122	113	92	100	91	70	94	89	86	106	125	125	124	124	129	124	121	123	123	111.4	133	70
Mittel	129	129	126	126	126	120	112	106	98	94	94	96	104	110	116	122	124	128	131	133	134	133	132	130	118.9	144	85

August

Tag	0–1h	1–2h	2–3h	3–4h	4–5h	5–6h	6–7h	7–8h	8–9h	9–10h	10–11h	11–12h	12–13h	13–14h	14–15h	15–16h	16–17h	17–18h	18–19h	19–20h	20–21h	21–22h	22–23h	23–24h	Tagesmittel	Max.	Min.
1	122	117	115	115	120	120	116	109	102	97	99	101	109	103	124	123	129	133	138	123	135	149	121	120	γ 118.3	149	97
2	117	123	123	124	128	122	113	105	108	101	93	108	112	116	118	127	121	122	121	138	128	125	125	131	118.7	138	93
3	136	121	119	121	123	114	102	104	105	108	110	109	109	110	107	109	113	126	128	132	130	135	132	130	118.0	136	102
4	127	129	133	135	129	126	120	118	110	108	110	114	121	128	134	119	113	109	127	132	140	131	126	122	123.4	140	108
5	126	130	124	124	126	124	117	114	105	109	109	112	114	113	120	127	126	128	132	140	152	129	134	134	123.7	152	105
6	136	136	133	133	132	127	120	110	103	92	99	113	125	124	125	127	116	132	138	144	149	143	133	128	125.8	149	92
7	132	129	128	137	138	124	118	104	96	88	93	103	107	118	130	132	126	122	128	134	132	131	132	130	121.3	138	88
8	132	132	126	125	122	120	108	100	102	107	113	118	123	122	129	129	125	128	131	133	132	134	138	134	123.5	138	100
9	132	129	137	124	130	120	128	121	114	108	112	122	117	126	112	130	143	136	138	142	168	132	136	138	**129.0**	**168**	108
10	129	133	136	132	133	135	127	98	65	94	108	95	103	104	115	113	109	128	129	137	125	130	125	136	118.3	137	65
11	130	122	120	138	128	137	120	106	85	73	79	92	92	98	104	101	109	107	117	140	120	109	116	114	110.7	140	73
12†	126	148	150	144	132	88	82	67	47	23	35	60	80	107	110	117	94	96	118	120	139	124	124	115	101.9	150	23
13	112	118	126	124	118	111	105	101	100	78	78	89	106	118	132	124	141	132	136	142	157	122	126	121	117.4	157	78
14	118	110	118	118	109	122	109	97	89	86	84	94	105	117	118	120	129	119	133	137	129	129	129	127	114.4	137	84
15	134	131	126	128	129	132	128	112	101	103	106	102	108	116	121	129	128	133	126	121	157	125	121	121	122.4	157	101
16	133	124	122	121	122	125	118	108	97	88	76	101	112	128	127	111	112	112	124	125	129	134	125	123	116.5	134	76
17*	117	122	124	124	123	122	120	111	105	108	114	114	117	109	113	125	121	126	129	128	128	129	126	122	119.9	129	105
18	122	123	128	128	125	120	114	106	101	101	106	114	118	120	121	132	130	124	130	130	128	128	129	126	121.0	132	101
19*	131	128	126	128	128	125	117	109	102	97	91	93	103	112	121	127	130	130	139	138	137	135	132	137	121.5	139	91
20*	130	125	121	124	124	121	117	111	108	107	113	117	117	115	118	125	129	136	138	138	136	136	139	139	124.3	139	107
21*	136	137	134	129	130	126	115	99	92	88	101	111	116	122	121	124	129	133	134	134	134	133	132	132	123.0	137	92
22*	133	133	133	133	128	123	118	109	102	109	110	116	120	122	118	124	125	128	129	133	134	135	131	129	124.0	135	102
23†	137	142	155	157	149	141	132	122	107	100	107	75	76	105	82	107	90	91	111	128	140	118	156	145	119.7	157	75
24†	127	117	133	134	99	85	71	65	59	69	80	91	79	103	100	101	118	130	103	149	120	125	123	103	103.5	149	59
25	121	121	111	103	109	116	87	84	62	21	56	68	77	77	106	100	108	117	120	126	136	133	117	119	**99.8**	136	**21**
26	121	122	122	118	104	112	103	88	81	97	103	105	93	94	108	114	123	135	126	117	133	143	144	121	113.6	144	81
27†	120	107	121	113	117	101	95	85	79	68	78	86	100	98	110	127	84	144	109	131	109	117	141	134	107.2	144	68
28	130	106	100	116	99	84	100	84	72	56	72	65	89	94	106	125	121	112	118	116	136	150	132	114	104.0	150	56
29	124	124	125	104	104	77	71	86	79	77	46	73	81	93	106	112	106	126	141	124	154	141	130	125	105.4	154	46
30†	121	91	129	126	113	93	60	64	60	59	61	80	98	108	107	95	111	113	123	141	122	124	120	128	102.0	141	59
31	122	129	109	113	116	98	91	87	79	73	92	99	78	87	74	88	111	109	114	128	137	120	123	132	104.5	137	73
Mittel	127	124	126	126	122	116	108	100	91	87	91	98	103	110	114	118	118	123	127	132	136	131	130	127	116.0	143	82

Nordkomponente

Niemegk — X = 0.18 300 Γ + Tafelwert — **1953**

Weltzeit

September

Tag	0–1h	1–2h	2–3h	3–4h	4–5h	5–6h	6–7h	7–8h	8–9h	9–10h	10–11h	11–12h	12–13h	13–14h	14–15h	15–16h	16–17h	17–18h	18–19h	19–20h	20–21h	21–22h	22–23h	23–24h	Tagesmittel	Max.	Min.
																									γ		
1	118	111	109	113	119	114	101	103	79	80	92	87	89	103	104	92	101	115	132	124	119	125	127	121	107.4	132	79
2	120	112	132	122	112	100	84	77	90	92	89	93	101	105	109	125	108	109	109	111	134	112	128	127	108.4	134	77
3†	116	116	122	127	118	112	107	101	91	95	99	107	108	111	107	97	112	158	158	118	130	115	99	157	115.9	158	91
4†	133	96	88	77	105	88	63	50	29	51	84	77	91	88	71	68	86	89	120	128	107	116	104	88	**87.4**	133	**29**
5	111	122	106	108	104	98	104	98	87	86	94	96	104	109	116	115	120	116	120	129	148	139	114	115	110.8	148	86
6	116	116	118	114	112	100	99	59	92	101	104	102	98	92	107	108	110	114	118	114	132	125	128	133	109.2	133	59
7	122	117	114	114	111	105	99	105	106	83	78	96	104	117	117	118	111	114	114	116	118	122	128	124	110.5	128	78
8	142	127	115	114	112	114	110	104	94	75	97	107	111	115	113	113	111	114	119	125	122	124	123	124	113.5	142	75
9*	129	123	116	131	132	122	117	110	107	106	110	113	121	124	124	122	121	123	127	129	127	125	128	131	121 6	132	106
10	126	126	126	126	125	124	124	118	109	104	110	118	123	136	140	134	121	121	122	127	133	133	151	132	125.4	151	104
11	118	151	134	126	126	125	114	103	84	94	93	106	124	128	129	126	126	128	130	128	130	124	128	133	121.2	151	84
12	130	134	128	126	130	130	125	117	115	93	103	114	118	123	127	123	126	127	131	134	128	125	140	126	123.9	140	93
13	129	117	120	113	123	120	117	98	89	86	102	109	114	117	122	122	122	122	125	128	126	141	124	124	117.1	141	86
14*	124	122	122	124	126	128	124	112	104	102	105	112	122	125	122	121	126	129	130	131	129	129	128	129	121.9	131	102
15	128	128	129	140	138	138	138	131	117	122	117	117	128	133	129	126	133	140	102	116	110	120	121	121	**125.9**	140	102
16	117	124	121	121	125	118	112	108	109	113	118	117	118	119	124	123	114	103	116	104	108	113	117	117	115.8	125	104
17	120	120	109	120	125	124	105	100	106	104	106	112	108	98	99	102	107	113	120	145	134	122	129	123	114.6	145	98
18	120	120	122	124	124	118	113	117	113	112	112	115	117	119	120	124	128	137	137	111	110	124	118	164	121.6	164	110
19†	169	135	104	110	112	104	56	36	75	69	30	78	66	86	69	68	69	127	66	100	106	127	105	102	90.4	**169**	30
20†	100	91	84	105	95	93	91	77	79	80	67	68	72	82	89	77	78	91	104	120	145	128	115	135	94.4	145	67
21	112	113	101	104	110	115	104	67	75	81	66	84	88	94	94	93	98	122	103	113	116	119	115	112	100.0	122	66
22	111	104	134	135	135	121	110	75	72	76	74	94	106	111	106	109	111	111	132	116	126	148	115	114	110.2	148	72
23†	127	111	112	117	110	108	98	93	94	76	50	72	91	99	93	103	124	98	102	109	94	112	112	106	100.5	127	50
24	106	108	93	110	111	104	79	39	85	93	80	71	77	77	92	93	99	92	104	104	148	111	110	106	95.5	148	39
25	107	107	112	110	108	103	96	85	68	79	88	97	101	108	99	106	110	117	104	124	101	114	118	112	103.1	124	68
26	112	114	111	115	117	117	111	97	92	93	98	103	103	103	101	106	104	114	122	126	123	139	120	119	110.8	139	92
27	130	122	120	152	142	110	99	103	94	86	77	67	78	86	99	97	94	103	109	129	114	112	115	114	106.3	152	67
28*	114	123	122	114	118	121	119	106	98	90	91	98	102	110	109	110	110	110	112	117	119	118	115	114	110.8	123	90
29*	115	115	117	118	123	125	122	118	112	105	101	106	112	119	125	126	130	133	132	132	129	127	128	126	120.7	133	101
30*	126	125	124	127	131	134	135	133	130	118	106	109	116	121	120	119	119	108	92	106	129	129	129	129	121.5	135	92
Mittel	122	118	116	119	119	115	106	95	93	92	91	98	104	109	109	109	111	117	117	120	123	124	121	123	111.2	140	80

Oktober

Tag	0–1h	1–2h	2–3h	3–4h	4–5h	5–6h	6–7h	7–8h	8–9h	9–10h	10–11h	11–12h	12–13h	13–14h	14–15h	15–16h	16–17h	17–18h	18–19h	19–20h	20–21h	21–22h	22–23h	23–24h	Tagesmittel	Max.	Min.
																									γ		
1	125	129	136	116	144	128	128	123	108	100	97	96	87	90	101	100	98	107	116	143	122	120	114	117	114.4	144	87
2	118	117	118	119	120	121	120	116	111	110	107	106	112	116	115	110	117	107	105	119	127	123	126	125	116.0	127	105
3	126	123	126	128	126	123	126	115	107	100	98	94	98	107	119	123	121	123	126	126	128	127	126	130	118.6	130	94
4	131	129	126	124	124	122	118	112	104	100	104	113	118	123	122	125	127	128	126	126	140	134	134	132	122.6	140	100
5*	130	128	126	127	129	126	124	121	118	114	108	110	116	120	122	122	123	126	132	138	137	136	134	131	124.9	138	108
6*	136	134	126	126	125	127	128	128	125	122	118	117	117	119	118	122	126	132	134	141	137	138	136	134	**127.8**	141	117
7	139	140	140	139	138	138	138	114	116	108	117	111	97	94	102	104	114	121	122	121	123	128	129	119	121.3	140	94
8	118	121	118	114	118	124	124	127	128	126	116	107	108	106	98	113	124	130	127	127	122	160	131	120	121.1	**160**	98
9	122	124	127	127	132	131	139	125	115	105	105	110	110	114	118	121	124	128	131	129	129	128	128	126	122.8	139	105
10	124	129	133	122	122	124	125	120	114	107	102	104	109	114	112	107	108	122	132	128	126	118	123	138	119.3	138	102
11	124	123	125	123	127	129	128	126	115	109	106	106	99	97	104	117	110	118	126	125	127	127	130	129	118.8	130	97
12*	125	124	123	124	126	125	124	118	110	103	101	102	110	118	124	126	127	130	128	117	111	118	121	124	119.1	130	101
13*	124	123	125	126	126	129	131	128	118	109	106	109	116	121	121	118	114	122	121	123	126	129	130	127	121.8	131	106
14*	126	125	126	126	126	124	124	122	113	106	109	116	120	122	125	126	124	124	124	129	132	133	132	131	123 5	133	106
15†	130	130	130	133	133	134	132	124	120	125	121	126	131	149	110	34	29	21	70	72	103	137	123	106	109.3	149	**21**
16†	75	98	89	93	82	89	79	86	86	82	80	82	89	87	78	66	96	86	102	78	110	100	75	110	87.4	110	66
17	102	79	90	92	104	113	104	104	90	73	97	101	96	82	76	85	96	90	92	93	96	91	122	124	95.5	124	73
18†	114	110	102	86	106	103	97	72	72	53	38	51	61	57	38	68	47	62	74	83	108	94	84	93	**78.0**	114	38
19†	115	118	148	89	94	88	65	48	53	26	29	71	43	65	80	85	66	107	127	97	116	118	96	102	85.2	148	26
20†	102	115	123	120	96	100	97	102	73	64	71	73	64	74	81	72	102	120	100	146	120	138	101	102	98.2	146	64
21	89	95	96	101	108	112	110	105	71	27	40	61	93	79	85	105	110	111	114	113	113	116	113	112	95.0	116	27
22	114	111	115	107	124	127	102	96	91	80	80	87	90	99	98	101	114	119	130	116	101	113	118	116	106.2	130	80
23	115	106	116	124	117	108	113	111	108	97	87	84	84	91	98	101	108	117	122	115	115	115	115	111	107.4	124	84
24	111	111	114	115	118	123	124	124	109	92	94	102	106	70	96	97	111	116	118	118	121	121	124	117	110.5	124	70
25	119	116	109	125	114	119	128	122	117	110	105	108	113	112	112	112	114	118	121	122	120	123	125	123	117.0	128	105
26	122	118	122	128	126	126	130	122	106	102	102	106	108	110	114	117	122	125	121	116	119	123	125	120	117.9	130	102
27	112	127	126	121	127	136	114	111	98	104	102	94	88	90	87	105	101	96	96	112	104	113	126	109	108.3	136	87
28	109	130	122	121	126	122	119	118	112	105	97	96	102	110	114	114	111	118	117	120	119	127	123	118	115.4	130	96
29	120	122	114	116	126	137	136	132	126	122	116	113	111	115	118	122	127	134	123	114	116	139	132	121	123.0	139	111
30	106	110	110	113	119	118	123	121	119	110	109	112	105	105	111	116	119	122	123	122	122	120	120	120	115.6	123	105
31	135	127	110	113	119	119	118	122	119	114	111	111	111	114	115	118	121	122	122	122	123	122	122	122	118.8	135	110
Mittel	118	119	120	117	120	121	118	113	106	97	96	99	100	102	104	105	108	113	117	118	120	124	121	120	112.3	133	87

Nordkomponente

Niemegk $X = 0.18\,300\ \Gamma + \text{Tafelwert}$ 1953

November

Tag	0h	1h	2h	3h	4h	5h	6h	7h	8h	9h	10h	11h	12h	13h	14h	15h	16h	17h	18h	19h	20h	21h	22h	23h	Tagesmittel γ	Max.	Min.
1	120	119	120	122	122	124	121	118	115	111	105	110	118	122	121	114	115	115	129	116	116	118	122	119	118.0	129	105
2*	119	121	126	129	130	133	129	126	124	117	109	111	113	116	118	119	121	121	127	131	132	128	125	123	122.8	133	109
3	122	125	128	129	132	132	132	130	123	118	119	118	120	118	112	109	121	128	130	130	128	128	129	134	124.8	134	109
4	126	120	122	131	132	132	130	128	122	112	109	119	124	127	127	124	126	130	131	130	129	125	128	121	125.2	132	109
5	122	124	118	128	129	127	134	120	108	102	98	92	80	75	60	59	63	78	98	110	115	115	114	114	103.5	134	59
6	114	120	119	119	126	129	130	123	116	117	121	124	124	114	114	114	119	126	128	126	126	123	121	121	121.4	130	114
7	121	120	122	123	125	125	124	118	109	102	102	104	112	117	119	122	128	127	123	121	122	120	123	123	118.8	128	102
8	123	124	124	125	128	128	128	124	112	108	104	104	112	114	114	112	115	123	128	132	133	134	130	145	121.8	145	104
9*	126	119	122	127	128	128	133	131	128	122	119	119	123	126	126	125	128	129	130	128	127	125	127	127	126.0	133	119
10*	125	125	125	127	130	130	131	130	126	121	118	118	122	126	126	127	128	130	131	132	132	133	132	132	127.4	133	118
11	130	130	131	133	135	138	138	136	130	122	119	118	122	127	126	134	130	128	121	112	114	118	122	122	126.5	138	118
12	130	139	118	114	119	126	132	132	124	113	109	104	106	114	98	98	114	118	105	104	105	153	122	111	117.0	**153**	98
13†	116	116	151	146	134	117	101	105	100	99	83	80	54	50	102	105	112	126	93	108	141	131	117	106	108.0	151	50
14†	103	113	119	131	141	124	101	100	92	85	81	85	48	86	104	108	99	121	109	74	107	111	131	97	102.9	141	**48**
15†	102	104	109	116	117	115	115	86	74	84	82	58	49	54	82	71	96	92	136	109	108	101	109	109	**94.9**	136	49
16†	110	104	102	125	141	112	106	98	99	91	91	95	102	104	110	98	92	84	90	106	106	118	110	118	104.7	141	84
17	113	112	109	120	120	124	116	118	119	114	113	107	108	106	114	116	99	100	99	104	125	144	135	108	114.3	144	99
18	105	110	119	109	110	123	118	115	111	106	83	86	108	113	111	115	116	109	117	115	114	125	115	126	111.6	126	83
19†	127	127	123	111	134	132	115	115	112	111	95	105	91	54	79	105	95	103	107	107	145	122	104	104	109.3	145	54
20	110	112	123	131	125	110	117	112	91	98	102	107	106	106	105	86	94	111	138	118	108	133	101	106	110.4	138	86
21	98	108	108	110	117	122	115	108	103	98	86	93	94	107	111	112	116	118	118	126	116	110	112	112	109.1	126	86
22	113	108	111	114	118	120	120	117	113	110	109	112	112	117	117	116	120	122	120	111	113	117	117	123	115.4	123	108
23	120	117	119	120	123	125	140	138	122	112	96	104	117	115	113	123	121	131	124	107	127	101	92	109	117.3	140	92
24	125	113	121	121	121	123	122	129	131	122	111	108	111	111	111	113	103	102	108	117	118	114	115	121	116.3	131	102
25	116	114	116	119	120	137	132	132	128	126	122	113	104	110	114	120	124	122	123	120	117	132	130	113	121.0	137	104
26	121	119	116	116	118	123	120	123	123	122	120	119	121	122	119	119	121	123	119	121	120	121	119	116	120.0	123	116
27	116	118	123	127	125	125	124	115	124	120	116	115	117	126	126	124	120	119	116	117	122	124	124	131	121.4	131	115
28*	124	123	123	124	127	129	132	135	131	125	123	124	125	127	127	128	128	130	130	131	131	127	124	122	127.1	135	122
29	117	117	128	125	125	124	127	125	122	119	117	122	122	123	123	125	126	129	129	130	129	128	127	126	124.4	130	117
30*	122	126	123	125	127	130	129	128	130	130	129	130	130	130	128	131	134	134	135	132	126	125	125	125	**128.5**	135	122
Mittel	118	118	121	123	126	126	124	120	115	111	106	107	106	109	112	112	114	118	120	118	122	124	120	119	117.0	135	97

Dezember

Tag	0h	1h	2h	3h	4h	5h	6h	7h	8h	9h	10h	11h	12h	13h	14h	15h	16h	17h	18h	19h	20h	21h	22h	23h	Tagesmittel γ	Max.	Min.
1*	124	123	126	127	131	136	137	139	140	138	135	133	130	131	130	130	132	134	134	134	133	131	133	133	**132.2**	140	123
2*	131	129	132	132	132	132	131	134	134	134	130	130	130	132	133	133	130	126	129	127	125	127	128	126	130.3	134	125
3	125	124	123	126	126	130	134	134	134	132	128	121	117	115	114	119	118	118	117	119	123	129	125	116	123.6	134	114
4	146	120	119	121	127	127	128	132	131	129	126	127	132	131	130	130	132	129	121	125	128	124	123	134	128.0	146	119
5	131	133	131	121	121	129	129	130	129	126	125	125	125	127	124	123	122	126	129	130	129	129	129	127	127.1	133	121
6	124	122	125	128	132	134	136	136	137	141	142	140	131	116	108	112	118	126	127	126	126	123	123	116	127.0	142	108
7	118	119	132	131	128	134	131	130	129	124	118	117	124	124	125	125	128	128	126	125	124	125	132	128	126.0	134	117
8	124	123	123	122	124	127	133	134	132	129	127	131	133	134	130	119	123	126	126	123	126	119	121	143	127.2	143	119
9	133	121	121	125	127	128	128	127	123	119	119	122	123	121	123	124	119	112	112	122	142	120	127	124	123.4	142	112
10	121	119	122	123	127	127	126	126	121	116	110	117	121	118	115	119	122	132	134	135	132	133	138	121	124.0	138	110
11†	124	122	122	128	131	135	143	146	141	132	108	107	103	47	81	100	93	78	82	92	96	107	105	106	109.5	146	**47**
12†	101	110	114	107	121	112	105	112	109	113	110	100	87	95	94	91	107	118	117	97	98	106	109	114	**106.1**	121	87
13†	122	112	112	119	118	121	124	118	113	107	106	109	101	98	105	115	120	120	109	109	125	103	111	115	113.0	125	98
14	114	117	116	120	122	128	126	126	120	112	112	116	117	117	120	120	115	113	113	118	123	117	116	124	118.4	128	112
15	120	118	119	121	125	130	133	129	128	126	125	120	117	118	122	126	126	124	123	116	120	121	111	112	122.1	133	111
16	114	117	121	124	128	129	131	132	125	117	118	120	122	123	122	124	125	120	121	124	127	126	134	128	123.8	134	114
17	124	120	124	127	130	138	140	139	136	130	130	125	123	123	124	128	124	132	130	128	121	124	135	120	128.1	140	120
18	120	125	124	124	125	128	131	132	128	128	129	131	127	124	118	118	120	128	127	122	124	123	128	127	125.5	132	118
19	125	123	125	128	130	132	135	136	138	136	138	135	128	128	127	126	126	116	110	115	118	123	116	118	126.3	138	110
20	116	119	123	129	127	130	133	132	130	130	131	130	126	122	118	123	117	118	124	124	124	126	123	118	124.7	133	116
21	124	123	122	122	124	127	128	129	126	127	132	132	132	134	130	128	126	126	126	126	127	122	127	140	127.5	140	122
22†	130	130	133	136	136	135	140	146	150	144	140	131	130	126	124	114	117	118	115	126	122	113	117	120	128.9	150	113
23*	118	120	121	121	123	126	127	126	122	122	123	123	126	125	122	123	130	125	125	109	122	126	128	126	123.3	130	109
24	118	118	117	124	125	130	140	130	125	124	118	115	120	124	124	124	126	126	123	127	123	118	119	120	123.2	140	115
25	125	123	124	126	126	130	129	138	138	135	130	128	127	126	121	125	121	124	121	125	125	116	125	110	125.8	138	110
26	118	118	118	121	122	122	121	121	123	126	133	138	144	142	134	130	126	129	129	131	133	126	120	112	126.5	144	112
27	116	117	121	126	126	127	125	123	125	130	130	134	137	132	128	127	120	128	132	122	130	151	132	112	127.1	**151**	112
28	109	113	121	124	121	125	124	123	123	121	125	132	130	121	120	122	123	123	124	125	126	121	124	121	122.5	132	109
29†	125	121	120	123	125	128	128	125	124	121	127	133	136	132	132	128	135	123	132	128	128	128	148	117	127.8	148	117
30*	116	120	124	126	124	124	128	128	124	124	128	132	132	130	129	128	129	126	120	122	122	124	123	126	125.4	132	116
31*	124	126	125	125	128	128	131	128	125	124	122	130	132	128	124	126	129	131	131	129	126	125	123	119	126.6	132	119
Mittel	122	121	123	124	126	129	130	130	128	126	125	125	125	121	121	122	122	123	122	122	124	123	124	122	124.2	137	112

Weltzeit

Ostkomponente

Niemegk $Y = -0.00800\,\Gamma + \text{Tafelwert}$ **1953**

Weltzeit (0h … 24h)

Januar

Tag	0h	1h	2h	3h	4h	5h	6h	7h	8h	9h	10h	11h	12h	13h	14h	15h	16h	17h	18h	19h	20h	21h	22h	23h	Tagesmittel γ	Max.	Min.
1	-19	-17	-28	-44	-25	-33	-34	-35	-37	-42	-41	-49	-37	-39	-37	-27	-37	-40	-07	02	-15	-13	-16	-23	-28.9	02	-49
2	-25	-29	-33	-33	-36	-37	-35	-36	-41	-42	-32	-44	-37	-32	-36	03	-35	01	33	00	-26	-14	-20	-17	-25.1	33	-44
3	-19	-26	-30	-32	-34	-34	-34	-37	-38	-37	-38	-39	-41	-40	-35	-25	-37	-32	-13	-21	-22	-25	-35	-25	-30.8	-13	-41
4*	-26	-34	-36	-28	-30	-32	-32	-34	-36	-38	-39	-40	-38	-39	-39	-38	-40	-48	-48	-39	-35	-33	-30	-29	-35.9	-26	-48
5†	-29	-29	-32	-34	-34	-38	-48	-44	-68	-68	-51	-45	-55	-23	-20	-21	-20	-21	08	-21	-19	-01	-01	-08	-30.1	08	**-68**
6	-12	-13	-18	-22	-26	-26	-26	-31	-30	-36	-32	-36	-30	-17	-28	01	-45	-24	-24	-16	-14	-21	-25	-23	-23.9	01	-45
7	-25	-25	-28	-29	-33	-33	-33	-38	-40	-48	-47	-39	-34	-33	-41	-38	-33	-24	-24	-27	-25	-25	-23	-29	-32.2	-24	-48
8	-26	-27	-38	-21	-25	-30	-29	-30	-34	-41	-43	-40	-36	-30	-28	-29	-29	-29	-25	-17	-21	-25	-24	-28	-29.4	-17	-43
9	-43	-27	-31	-33	-30	-28	-26	-29	-36	-45	-42	-42	-41	-33	-33	-30	-32	-33	-33	-29	-16	-28	-28	-27	-32.3	-16	-45
10*	-30	-32	-36	-34	-33	-32	-30	-31	-36	-41	-48	-48	-39	-31	-26	-34	-37	-37	-37	-36	-33	-29	-23	-22	-34.0	-22	-48
11	-02	-06	-24	-28	-29	-33	-29	-29	-31	-39	-46	-48	-45	-33	-32	-33	-33	-34	-32	-29	-20	-30	-26	-27	-29.9	-02	-48
12	-25	-23	-24	-22	-25	-28	-24	-25	-29	-37	-43	-43	-40	-38	-32	-30	-31	-35	-34	-34	-34	-33	-32	-30	-31.3	-22	-43
13	-30	-30	-30	-30	-34	-34	-33	-32	-33	-37	-44	-52	-58	-52	-47	-37	-31	-30	-32	-35	-19	-14	-27	-32	-34.7	-14	-58
14	-23	-29	-26	-16	-22	-25	-23	-27	-30	-36	-40	-45	-43	-34	-33	-33	-29	-29	-20	-24	-27	-25	-28	-34	-29.2	-16	-45
15*	-32	-36	-31	-32	-33	-32	-29	-29	-32	-33	-36	-43	-44	-36	-32	-35	-33	-34	-31	-29	-28	-25	-12	-21	-31.6	-12	-44
16*	-27	-31	-32	-31	-33	-33	-32	-29	-29	-32	-37	-44	-45	-36	-41	-44	-42	-38	-33	-30	-29	-28	-27	-29	-33.8	-27	-45
17*	-30	-35	-37	-36	-35	-33	-33	-35	-36	-36	-36	-42	-46	-45	-42	-41	-40	-38	-37	-37	-27	-28	-33	-32	**-36.2**	-27	-46
18	-35	-39	-38	-41	-34	-33	-33	-34	-37	-42	-41	-45	-50	-53	-42	-54	-31	-16	-26	03	-08	-19	-21	-29	-33,2	03	-54
19†	-33	-31	-29	-56	-61	-61	-58	-61	-41	-41	-51	-48	-44	-45	-51	-34	-26	-25	-23	-11	20	-16	-20	-24	**-36.2**	20	-61
20	-50	-29	-33	-32	-26	-29	-29	-29	-37	-43	-42	-46	-41	-35	-33	-33	-33	-30	-27	-18	-11	-18	-23	-29	-31.5	-11	-50
21	-34	-25	-24	-32	-36	-37	-36	-34	-35	-38	-39	-42	-36	-37	-33	-34	-33	-32	-21	-26	-21	-23	-09	-19	-30.7	-09	-42
22	-29	-37	-34	-37	-29	-32	-22	-29	-32	-36	-34	-35	-36	-35	-37	-38	-37	-36	-34	-29	-28	-21	-26	-24	-32.4	-21	-38
23	-36	-15	-14	-22	-31	-31	-29	-29	-33	-33	-37	-40	-41	-40	-35	-34	-35	-34	-33	-27	-37	-28	-29	-30	-31.0	-14	-41
24	-34	-35	-35	-36	-37	-36	-34	-33	-40	-42	-42	-49	-53	-47	-46	-45	-52	-38	-29	-07	-01	-17	-22	-28	-34.9	-01	-53
25	-29	-30	-33	-34	-34	-35	-33	-32	-32	-37	-42	-43	-65	-45	-48	-47	-28	-34	-23	-09	08	-09	-13	16	-29.6	16	-65
26†	-14	-01	-03	-16	-10	-26	-28	-30	-34	-42	-49	-61	-38	-44	-33	-22	08	14	00	08	-11	-09	05	15	**-17.5**	15	-61
27†	-06	-24	-47	-33	-29	-28	-28	-23	-27	-36	-40	-49	-35	-45	-34	-11	-20	-13	62	18	-24	-20	-24	-29	-22.7	**62**	-49
28†	-29	-28	-26	-33	-29	-26	-32	-28	-24	-34	-45	-51	-43	-45	-33	04	16	-33	-17	03	15	-11	-57	-18	-25.2	16	-57
29	01	-24	-01	-22	-28	-28	-25	-30	-37	-45	-44	-44	-51	-40	-40	-11	-13	-16	-05	-17	-24	-21	-17	-28	-25.4	01	-51
30	-38	-33	-16	-13	-20	-29	-28	-37	-42	-42	-44	-38	-42	-44	-32	-32	-12	-04	-25	-14	-25	-26	-22	-22	-28.3	-04	-44
31	-43	-25	-17	-15	-36	-16	-27	-26	-31	-38	-45	-49	-53	-31	-34	-29	-28	-27	-24	-18	-25	-23	-23	-22	-29.4	-15	-53
Mittel	-27	-27	-28	-30	-31	-32	-32	-32	-35	-40	-42	-44	-43	-38	-36	-29	-29	-27	-20	-18	-18	-21	-23	-23	-30.2	-04	-49

Februar

Tag	0h	1h	2h	3h	4h	5h	6h	7h	8h	9h	10h	11h	12h	13h	14h	15h	16h	17h	18h	19h	20h	21h	22h	23h	Tagesmittel γ	Max.	Min.
1*	-25	-29	-28	-25	-22	-22	-25	-28	-33	-40	-44	-44	-42	-37	-33	-30	-30	-30	-29	-29	-25	-16	-19	-27	-29.7	-16	-44
2	-29	-24	-26	-35	-24	-25	-29	-32	-32	-34	-40	-30	-54	-45	-37	-33	-30	-32	-32	-28	-22	-21	-20	-22	-30.7	-20	-54
3	-24	-24	-29	-16	-24	-29	-29	-30	-30	-34	-42	-44	-40	-40	-37	-35	-35	-30	-32	-29	-27	-26	-28	-30	-31.0	-16	-44
4	-31	-32	-28	-29	-28	-32	-32	-32	-31	-32	-45	-50	-50	-54	-46	-31	-37	-32	-19	-31	-28	-27	-28	-29	-33.9	-19	-54
5*	-30	-31	-32	-32	-32	-30	-29	-26	-24	-25	-38	-47	-46	-44	-40	-37	-32	-34	-28	-23	-29	-29	-29	-29	-32.3	-23	-47
6*	-31	-32	-32	-32	-33	-32	-30	-29	-26	-30	-40	-47	-48	-45	-37	-36	-36	-27	-29	-28	-28	-28	-28	-28	-33.0	-26	-48
7*	-30	-32	-34	-34	-34	-32	-31	-28	-27	-30	-41	-48	-53	-50	-43	-38	-36	-36	-35	-34	-32	-31	-28	-28	**-35.2**	-27	-53
8	-30	-32	-34	-33	-34	-33	-32	-32	-30	-34	-39	-48	-50	-49	-44	-39	-37	-37	-34	-33	-31	-29	-26	-10	-34.6	-10	-50
9	-33	-24	-26	-26	-31	-38	-32	-29	-22	-25	-35	-50	-56	-58	-46	-43	-21	-25	-28	-30	-22	18	-04	-10	-29.0	18	-58
10	-11	-16	-27	-29	-29	-27	-27	-25	-26	-34	-43	-48	-44	-44	-35	-40	-51	-50	-44	-42	-26	-30	-21	-23	-33.0	-11	-51
11	-14	-26	-09	-19	-27	-26	-26	-25	-28	-30	-39	-43	-42	-37	-33	-31	-30	-28	-28	-29	-20	-14	-27	-24	-27.3	-09	-43
12	-25	-23	-25	-24	-27	-26	-27	-26	-24	-30	-41	-50	-49	-42	-34	-31	-27	-21	-16	-27	-23	-23	-25	-28	-28.9	-16	-50
13*	-30	-30	-30	-28	-27	-25	-25	-28	-29	-36	-44	-48	-46	-40	-36	-38	-40	-40	-36	-33	-30	-12	-13	-21	-31.9	-12	-48
14	-32	-30	-11	-13	-20	-25	-28	-32	-34	-45	-56	-51	-47	-42	-36	-36	-41	-35	-36	15	-26	-31	-29	-24	-31.0	15	-56
15	-27	-31	-19	-19	-26	-25	-31	-36	-41	-44	-48	-53	-50	-47	-33	-34	-37	-38	-36	-28	-36	-31	-32	05	-33.2	05	-53
16	09	-09	-24	-21	-25	-28	-31	-32	-34	-41	-45	-47	-46	-46	-48	-41	23	-05	-20	-28	-29	-30	-29	-28	-27.3	23	-48
17	-27	-26	-26	-31	-32	-30	-33	-33	-30	-41	-45	-47	-42	-40	-35	-32	-36	-36	-32	-28	-23	-21	-24	-24	-32.2	-21	-47
18	-28	-28	-28	-28	-28	-28	-31	-32	-32	-34	-44	-49	-47	-43	-37	-35	-35	-32	-31	-28	-28	-26	-20	-07	-31.6	-07	-49
19	-28	-28	-20	-28	-27	-23	-28	-28	-30	-33	-38	-44	-45	-37	-36	-25	-30	-28	-23	-13	-20	-22	-25	-36	-29.0	-13	-45
20	-42	-26	-25	-26	-26	-25	-24	-24	-27	-32	-41	-48	-45	-41	-37	-31	-32	-25	-21	-23	-24	-28	-30	-28	-30.5	-21	-48
21	-30	-57	-18	-13	-12	-21	-32	-25	-29	-32	-39	-41	-42	-38	-37	-40	-41	-36	-35	-28	-18	-12	-15	-14	-29.4	-12	-57
22†	-20	-39	-18	-20	-18	-20	-23	-25	-26	-32	-46	-57	-63	-59	-67	-70	-68	-58	-37	02	02	30	46	-02	-28.7	46	**-70**
23†	-06	28	10	09	10	-06	-25	-22	-39	-51	-32	-41	-44	-54	-38	-25	-19	51	23	17	-22	-21	-17	-39	**-14.7**	**51**	-54
24†	-44	-17	-01	00	-17	-61	-36	-38	-42	-34	-34	-38	-23	-37	-29	-24	26	-16	20	-01	-07	-17	23	-17	-19.3	26	-61
25†	-17	-46	-40	-25	-13	-24	-37	-37	-20	-33	-29	-33	-43	-14	-19	-33	-19	07	27	14	15	02	-12	-53	-20.1	27	-53
26†	-24	-08	-20	-15	-11	-16	-30	-40	-25	-29	-35	-38	-55	-33	-40	-01	-22	08	13	12	-12	-10	02	-05	-18.1	13	-55
27	-30	-25	-29	-18	-18	-18	-14	-16	-24	-28	-46	-44	-38	-43	-38	-11	-26	-33	-19	-21	-25	-01	-12	-10	-24.5	-01	-46
28	-13	-15	-10	-15	-32	-07	-23	-25	-25	-29	-34	-38	-39	-38	-34	-30	-17	-04	-21	06	-14	-24	-22	-29	-22.2	06	-39
Mittel	-25	-25	-23	-22	-24	-26	-29	-29	-29	-34	-41	-45	-46	-43	-38	-33	-29	-25	-22	-19	-22	-18	-18	-22	-28.6	-18	-51

Ostkomponente

Niemegk $Y = -0.00800\,\Gamma + \text{Tafelwert}$ 1953

0^h 1^h 2^h 3^h 4^h 5^h 6^h 7^h 8^h 9^h 10^h 11^h 12^h 13^h 14^h 15^h 16^h 17^h 18^h 19^h 20^h 21^h 22^h 23^h 24^h Weltzeit

März

Tag	0h	1h	2h	3h	4h	5h	6h	7h	8h	9h	10h	11h	12h	13h	14h	15h	16h	17h	18h	19h	20h	21h	22h	23h	Tagesmittel	Max.	Min.
																									γ		
1	-23	-21	-17	-18	-18	-23	-22	-19	-26	-33	-49	-54	-56	-48	-35	-29	-21	-26	-26	-26	-09	-17	-15	-17	-27.0	-09	-56
2†	-21	-06	-08	-26	-27	-13	-24	-22	-33	-39	-28	-27	-32	-12	-04	-21	85	16	93	67	19	03	-26	-15	**-4.2**	**93**	-39
3	-14	-08	-22	-61	-34	-26	-19	-23	-19	-30	-38	-40	-37	-45	-46	-43	-37	-37	-34	-20	-08	-24	-22	-13	-29.2	-08	-61
4	-10	-23	-26	-13	-21	-24	-22	-17	-16	-25	-38	-48	-48	-45	-41	-33	-28	-14	-18	-23	-26	-27	-25	-25	-29.5	-10	-48
5	-25	-26	-30	-32	-26	-25	-22	-17	-17	-25	-35	-46	-49	-47	-41	-34	-30	-28	-29	-29	-13	-11	-15	-25	-28.2	-11	-49
6	-26	-25	-23	-22	-21	-22	-18	-14	-16	-23	-29	-37	-45	-46	-40	-33	-34	-33	-38	-34	-34	-28	-05	-06	-27.2	-05	-46
7	20	14	-14	-14	-13	-17	-21	-25	-21	-27	-31	-43	-48	-42	-45	-37	-35	-31	10	-09	-16	-16	-14	-19	-20.6	20	-48
8	-20	-16	-09	-07	-14	-21	-17	-13	-14	-23	-34	-45	-45	-54	-53	-51	-37	-43	-38	-28	44	48	48	68	-15.6	68	-54
9†	20	12	02	-08	03	-04	-23	-20	-25	-31	-39	-44	-45	-57	-52	-34	-14	-28	-24	-12	-08	02	00	-13	-18.4	20	-57
10	24	06	14	16	-04	-14	-15	-16	-19	-24	-36	-44	-46	-48	-40	-40	-19	-20	-23	-28	-26	-09	-10	-09	-17.9	24	-48
11*	-07	-10	-11	-18	-16	-16	-14	-13	-17	-25	-35	-42	-46	-44	-38	-31	-28	-29	-28	-26	-20	-20	-21	-18	-23.9	-07	-46
12*	-21	-29	-20	-18	-18	-17	-16	-13	-13	-23	-40	-49	-59	-57	-52	-42	-42	-40	-34	-27	-28	-24	-20	-18	-30.0	-13	-59
13*	-22	-23	-24	-21	-21	-20	-16	-10	-05	-12	-32	-50	-56	-51	-41	-36	-31	-36	-34	-32	-32	-20	-21	-23	-27.9	-05	-56
14	-27	-14	-20	-21	-28	-29	-21	-13	-13	-23	-39	-55	-59	-54	-48	-40	-36	-35	-22	-30	-03	-17	-03	-17	-27.8	-03	-59
15	-24	-24	-24	-24	-27	-27	-32	-23	-16	-26	-39	-68	-56	-57	-48	-35	-28	-16	-24	-24	-28	-24	-24	-21	-30.8	-16	**-68**
16	-19	-16	-07	-16	-31	-32	-24	-15	-18	-19	-28	-40	-44	-40	-37	-31	-18	-26	-28	-25	-15	02	-13	-16	-23.2	02	-44
17*	-27	-28	-29	-28	-26	-25	-22	-12	-04	-16	-30	-49	-57	-57	-49	-36	-30	-29	-19	-16	-24	-23	-24	-24	-28.5	-04	-57
18*	-25	-26	-27	-28	-29	-29	-24	-16	-12	-20	-34	-48	-54	-54	-49	-40	-35	-36	-34	-35	-34	-31	-27	-26	**-32.2**	-12	-54
19	-33	-34	-14	-14	-09	-22	-22	-23	-21	-27	-43	-63	-62	-66	-56	-39	-41	-25	-16	-14	-08	-08	14	-08	-27.2	14	-66
20	-12	-12	-24	-17	-16	-16	-12	-09	-13	-22	-37	-42	-45	-45	-39	-31	-29	-34	-21	-10	08	27	05	-05	-18.8	27	-45
21	-16	-04	-11	-02	-12	-14	-20	-26	-22	-23	-43	-42	-41	-48	-42	-38	-20	-27	00	15	-15	-24	-22	-33	-22.1	15	-48
22	-37	-37	-34	-02	-08	-13	-22	-13	-13	-18	-34	-46	-48	-46	-40	-26	-28	-21	-28	-28	-16	23	-17	-26	-24.1	23	-48
23†	-18	-24	-20	-55	-25	-04	-12	-12	-28	-33	-46	-52	-61	-49	-31	44	09	-18	26	50	-01	-09	-13	-29	-17.1	50	-61
24†	-38	-22	-46	-18	02	-18	-22	-26	-17	-29	-29	-49	-47	-62	-46	-38	-02	-01	63	67	56	-06	08	19	-12.5	67	-62
25†	-16	-36	-24	-05	-10	-05	-06	-26	-44	-31	-37	-50	-54	-48	-47	-20	-32	04	20	12	-18	-29	-34	-24	-23.3	20	-54
26	-28	-22	-15	-22	-31	-20	-22	-14	-18	-27	-39	-45	-42	-42	-25	-14	-05	-13	-12	-13	-13	-04	07	-13	-20.5	07	-45
27	-29	-03	-16	-18	-34	-20	-12	-08	-20	-31	-46	-40	-47	-43	-36	-23	-21	-26	-25	-05	-01	-17	-13	-23	-23.2	-01	-47
28	-22	-21	-29	-32	-10	-13	-21	-10	-13	-22	-40	-50	-60	-56	-42	-33	-25	-12	-01	01	-22	-17	-22	-22	-24.8	01	-60
29	-05	-10	-12	-09	-12	-18	-13	-03	-09	-21	-37	-47	-54	-49	-46	-46	-40	-37	-33	30	-11	-18	-34	-19	-25.5	-03	-54
30	-06	-08	-25	-22	-14	-33	-17	-10	-10	-13	-30	-46	-53	-49	-50	-46	-41	-35	-02	05	17	-06	-21	-22	-22.4	17	-53
31	-24	-22	-23	-18	-21	-23	-13	-08	-06	-14	-30	-52	-64	-60	-56	-39	-32	-27	-26	-06	10	21	-02	01	-22.2	21	-64
Mittel	-17	-17	-19	-19	-18	-19	-19	-16	-17	-24	-36	-47	-50	-49	-42	-32	-23	-25	-13	-10	-09	-10	-12	-14	-23.3	12	-53

April

Tag	0h	1h	2h	3h	4h	5h	6h	7h	8h	9h	10h	11h	12h	13h	14h	15h	16h	17h	18h	19h	20h	21h	22h	23h	Tagesmittel	Max.	Min.
																									γ		
1	-44	-22	-10	-11	-15	-10	-04	-01	-11	-26	-48	-64	-67	-50	-48	-37	-30	-15	-16	-23	-21	-23	-26	-20	-26.8	-01	-67
2	-33	-35	-19	-10	-09	-14	-10	-04	-05	-18	-30	-51	-55	-50	-42	-31	-26	-11	-13	00	-02	-12	-15	02	-20.5	02	-55
3	03	-20	-27	-08	-11	-10	-08	02	-07	-22	-38	-54	-62	-59	-53	-37	-36	-38	-34	-10	-14	-06	-04	13	-22.5	13	-62
4†	-04	07	-04	06	-08	-05	-04	01	-03	-15	-33	-54	-61	-70	-45	-43	-43	-36	-20	34	10	-11	-39	-18	**-19.1**	**34**	-70
5*	-18	-22	-22	-16	-15	-16	-16	-14	-20	-28	-44	-55	-55	-52	-44	-25	-21	-24	-25	-16	-20	-11	-13	-13	-25.2	-11	-55
6*	-05	-01	02	-02	-02	-09	-06	-07	-15	-22	-39	-52	-66	-59	-51	-39	-32	-28	-26	-20	-25	-26	-24	-22	-24.0	02	-66
7*	-18	-17	-18	-16	-16	-14	-07	-03	-06	-17	-30	-43	-51	-51	-42	-33	-26	-23	-26	-27	-27	-22	-18	-18	-23.7	-03	-51
8	-04	-08	-13	-08	-07	-10	-03	-05	-12	-26	-46	-52	-59	-59	-49	-40	-34	-30	-31	-31	-28	-17	00	-02	-23.9	00	-59
9	-21	-05	-01	-06	-17	-13	-05	-02	-06	-21	-41	-58	-66	-59	-51	-50	-48	-37	-40	-40	-42	-35	-31	-23	-29.9	-01	-66
10	-21	-17	-15	-16	-18	-23	-18	-09	-11	-20	-45	-53	-62	-59	-50	-46	-35	-33	-26	-28	-26	-02	-05	-17	-27.3	-02	-62
11	-20	-19	-18	-21	-44	-42	-42	-32	-14	-20	-27	-42	-43	-40	-36	-30	-22	12	-24	-23	-28	-30	-19	-12	-26.5	12	-44
12	-32	-40	-29	-18	-10	-09	-06	-13	-22	-25	-43	-59	-59	-54	-47	-36	-26	-23	-26	-25	-10	-21	-17	-24	-28.1	-06	-59
13	-22	-42	-30	-10	-10	-06	-02	-02	-13	-31	-32	-42	-58	-45	-26	-35	-26	-06	-18	03	-17	-25	-24	-24	-22.6	03	-58
14*	-27	-26	-21	-18	-19	-15	-06	-04	-06	-13	-28	-48	-50	-50	-46	-39	-34	-31	-26	-18	-20	-21	-23	-20	-25.4	-04	-50
15	-24	-22	-35	-29	-22	-17	-08	-01	-01	-10	-25	-47	-61	-63	-54	-50	-46	-42	-38	-33	-32	-31	-27	-24	-30.9	-01	-63
16†	-25	-42	-46	-64	-86	-51	-38	-35	-23	-19	-19	-35	-44	-43	-61	-54	05	-20	-31	-28	05	-17	-16	-11	**-33.2**	05	**-86**
17	-19	-19	-05	-11	-06	-02	05	02	-04	-13	-32	-50	-56	-55	-46	-39	-26	-26	-26	-30	-30	-16	-16	-16	-22.3	05	-56
18	-13	-08	-19	-22	-20	-23	-27	-17	-25	-27	-38	-41	-50	-43	-34	-29	-29	-33	-27	-14	-18	-17	-17	-19	-25.4	-08	-50
19	-18	-13	-16	-40	-39	-19	-17	-08	-08	-15	-26	-49	-48	-48	-55	-47	-38	-38	-29	-27	-23	-09	-05	15	-25.8	15	-55
20†	-10	-20	-06	-12	-14	-34	-38	-21	-26	-30	-43	-47	-55	-57	-36	-41	-38	-26	-10	-18	-07	-12	02	-04	-25.1	02	-57
21†	-30	-13	-06	-19	-14	-06	-12	-11	-18	-19	-27	-38	-46	-46	-43	-23	-29	-13	22	-14	-17	-32	-34	-25	-21.4	22	-46
22	-15	-21	-26	-25	-13	-04	01	02	-05	-16	-33	-40	-54	-48	-29	-32	-26	-31	-20	-24	-19	-06	-10	-04	-20.8	02	-54
23†	-22	-11	-10	-38	-51	-50	-05	01	-02	-15	-27	-35	-39	-41	-19	-19	-22	-19	00	-16	-18	-15	-19	-43	-22.3	01	-51
24	-26	-14	-15	-11	-14	-13	-12	-11	-11	-22	-37	-52	-53	-44	-40	-36	-34	-32	-43	-39	-34	-31	-27	-23	-28.1	-11	-53
25	-16	-16	-17	-15	-15	-10	-05	01	-10	-23	-42	-52	-56	-53	-57	-64	-50	-41	-26	-22	-18	-14	-22	-35	-28.2	01	-64
26	-20	-19	-20	-17	-15	-07	-12	-09	-07	-18	-29	-44	-52	-49	-55	-51	-45	-35	-27	-24	-23	-18	-14	01	-25.4	01	-55
27	-02	-17	-22	-07	-08	-06	-07	-03	-11	-17	-31	-38	-47	-49	-44	-40	-36	-23	-15	-22	-25	-23	-19	-31	-22.6	-02	-49
28*	-23	-18	-14	-11	-10	-12	-11	-13	-16	-16	-26	-39	-44	-40	-40	-39	-35	-31	-28	-28	-27	-24	-23	-21	-24.5	-10	-44
29	-20	-18	-16	-17	-16	-17	-08	-12	-08	-11	-29	-44	-55	-61	-59	-43	-35	-28	-26	-26	-24	-21	-22	-20	-26.5	-08	-61
30	-20	-24	-24	-30	-24	-19	-07	01	-04	-07	-19	-40	-55	-64	-72	-64	-24	-28	-20	-19	-32	-04	-10	-16	-26.0	01	-72
Mittel	-19	-19	-17	-17	-19	-16	-11	-08	-11	-19	-34	-47	-54	-52	-46	-40	-32	-26	-23	-20	-20	-18	-18	-16	-25.1	02	-58

Ostkomponente

Niemegk Y = − 0.00800 Γ + Tafelwert **1953**

Tag	0^h	1^h	2^h	3^h	4^h	5^h	6^h	7^h	8^h	9^h	10^h	11^h	12^h	13^h	14^h	15^h	16^h	17^h	18^h	19^h	20^h	21^h	22^h	23^h 24^h Weltzeit	Tages-mittel γ	Max.	Min.
Mai																											
1	-15	-18	-20	-19	-16	-12	-08	-03	-01	-10	-20	-34	-41	-43	-45	-42	-32	-27	-25	-24	-24	-24	-21	-21	-22.7	-01	-45
2*	-19	-13	-15	-15	-10	-04	00	03	-03	-12	-28	-44	-47	-47	-41	-34	-28	-27	-22	-24	-19	-20	-20	-19	-21.2	03	-47
3*	-20	-20	-19	-17	-15	-12	-08	-07	-08	-13	-32	-52	-56	-52	-47	-41	-36	-28	-26	-27	-12	-17	-21	-20	-25.2	-07	-56
4	-17	-17	-15	-17	-15	-14	-15	-15	-19	-23	-31	-46	-56	-55	-45	-37	-28	-24	-28	-29	-27	-19	-21	-17	-26.2	-14	-56
5	-13	-08	-10	-16	-24	-06	-01	-08	-12	-27	-31	-48	-59	-57	-45	-37	-31	-26	-22	03	-10	-11	-09	01	-21.1	03	-59
6†	19	40	12	04	01	03	06	-02	-06	-22	-38	-40	-61	-52	-41	-52	-38	-24	-23	-07	-21	21	07	-26	-14.2	40	-61
7	-18	-09	-28	-19	-04	-04	-02	02	-11	-19	-34	-44	-44	-42	-39	-28	-28	-23	-24	-26	-21	-23	-16	-24	-22.0	02	-44
8†	-11	-35	-20	-09	-14	-22	-10	-06	-05	-12	-24	-30	-34	-38	-40	-36	-33	-28	07	-22	-22	26	-31	-16	-21.5	07	-40
9	-11	-38	-13	-08	-06	-05	-04	-04	-17	-26	-33	-46	-43	-37	-22	-13	-28	-19	-09	-20	-26	-14	-38	-14	-20.6	-04	-46
10	-12	-13	-13	-13	-08	-04	02	03	-09	-22	-37	-41	-49	-50	-29	-32	-28	-14	-27	-28	-23	-14	-23	-21	-21.0	03	-50
11	-25	-26	-21	-14	-03	00	02	-05	-14	-21	-27	-41	-42	-37	-31	-25	-20	-20	-22	-24	-26	-20	-22	-21	-21.0	02	-42
12*	-18	-18	-18	-13	-01	11	18	16	07	-09	-26	-42	-49	(-52)	(-42)	(-31)	(-25)	(-24)	(-26)	-27	-24	-13	-20	-20	-18.6	18	-52
13*	-21	-21	-19	-14	-08	-03	00	00	-02	-13	-29	-42	-48	-44	-37	-30	-27	-26	-27	-25	-25	-25	-25	-23	-22.2	00	-48
14*	-21	-21	-18	-12	-04	02	05	04	-02	-21	-34	-43	-47	-44	-38	-37	-34	-33	-31	-33	-29	-25	-23	-25	-23.5	05	-47
15†	-21	-19	-21	-27	-27	-12	-13	-02	-12	-23	-35	-48	-71	-75	-91	-64	-60	-40	-24	17	-30	03	55	22	-25.8	55	**-91**
16†	25	06	-01	-26	-25	-11	-10	06	-05	-25	-29	-62	-70	-34	-58	-42	-30	-02	37	-14	-02	-06	100	117	-6.7	**117**	-70
17	100	58	24	23	22	22	21	11	01	-17	-30	-43	-48	-43	-39	-39	-31	-30	-26	-19	-12	-15	03	-08	**-4.8**	100	-48
18	-15	-03	-08	-11	-16	-23	-26	(-14)	-14	-20	-31	-40	-42	-44	-32	-35	-31	-22	-14	-14	-13	06	00	06	-19.0	06	-44
19†	-25	-16	00	10	-07	-16	06	08	06	-08	-28	-38	-55	-58	-46	-39	-32	-26	-22	-15	01	-12	-03	02	-17.2	10	-58
20	14	-10	-09	-07	-06	-05	00	01	-05	-16	-24	-44	-47	-49	-46	-37	-27	-19	02	13	08	01	-13	-25	-14.6	14	-49
21	-13	-13	-18	-06	-07	-04	-08	-03	-10	-19	-30	-42	-42	-42	-43	-34	-17	-22	-23	-16	-02	-20	-19	-16	-19.5	-02	-43
22	-18	-16	-17	-22	-18	-02	01	03	-06	-23	-39	-51	-55	-48	-37	-34	-20	-21	-13	16	04	-02	-03	-15	-18.0	16	-55
23	-22	-19	-13	-06	-04	03	10	10	01	-13	-26	-34	-31	-34	-27	-22	-18	-19	-19	-24	-28	-26	-23	-20	-16.8	10	-34
24	-16	-18	-15	-11	-03	03	05	-01	-13	-26	-38	-53	-60	-50	-42	-30	-26	-21	-23	-11	-18	-21	-20	-17	-21.9	05	-60
25	-18	-18	-16	-07	03	13	15	10	-02	-23	-49	-67	-74	-66	-51	-39	-27	-24	-30	-30	-28	-27	-25	-26	-25.2	15	-74
26	-18	-17	-15	-06	-02	03	02	-01	-18	-39	-57	-67	-63	-53	-42	-35	-31	-27	-23	-27	-32	-30	-25	-22	-26.9	03	-67
27	-19	-14	-10	-35	-48	-36	-28	-17	-25	-30	-50	-56	-64	-58	-44	-15	-10	-20	-21	-23	-22	-24	-14	-11	**-28.9**	-10	-64
28	-13	-13	-09	-13	08	19	20	15	07	-13	-35	-55	-58	-54	-45	-34	-29	-19	-14	-07	-22	-20	-16	-16	-17.3	20	-58
29	-15	-15	-12	-06	-01	01	-01	-06	-13	-26	-38	-54	-67	-57	-48	-41	-29	-22	-22	-23	-20	-19	-18	-08	-23.3	01	-67
30	-04	-04	-04	02	05	06	08	10	-01	-14	-30	-39	-43	-49	-47	-43	-38	-30	-24	-23	-23	-24	-16	-10	-18.1	10	-49
31	-09	-14	-10	-02	-01	06	-10	08	00	-18	-34	-54	-57	-61	-46	-45	-35	-30	-25	-22	06	-07	-08	-07	-19.0	10	-61
Mittel	-09	-12	-12	-11	-08	-03	00	00	-07	-19	-33	-46	-52	-49	-43	-36	-29	-24	-19	-17	-18	-15	-11	-10	-20.1	14	-54
Juni																									γ		
1	-06	-02	-06	-02	-02	-03	-03	-06	-17	-26	-39	-51	-55	-54	-46	-38	-34	-30	-19	-22	-24	-24	-21	-19	-22.9	-02	-55
2†	-14	-08	-06	15	19	30	22	00	-20	-28	-43	-68	-71	-78	-84	-54	-45	-49	-33	21	30	-03	09	04	-18.9	**30**	**-84**
3†	-42	-19	01	01	-07	01	-17	-11	-14	-15	-20	-26	-34	-46	-34	-39	-36	-26	07	-03	-12	-21	-20	-22	-18.9	07	-46
4†	-11	-42	-22	-27	-12	-11	-18	08	04	-02	-11	-26	-41	-46	-43	-37	-30	-33	-18	-22	-18	-12	-17	-12	-20.8	08	-46
5	-13	-13	-14	-08	-22	06	-08	03	02	-10	-17	-27	-34	-37	-34	-32	-30	-25	-23	13	-14	-18	-13	-16	-16.0	13	-37
6	-13	-14	-12	03	-18	-02	03	-02	-12	-24	-35	-36	-42	-45	-34	-29	-31	-11	-24	-16	-21	-20	-21	-20	-19.8	03	-45
7	-16	-16	-22	-14	-02	02	06	01	-05	-18	-26	-40	-47	-48	-42	-32	-27	-20	-18	-23	-18	-19	-18	-20	-20.1	06	-48
8	-21	-24	-16	-08	-01	07	10	07	01	-10	-24	-39	-47	-47	-43	-40	-34	-31	-28	-26	-24	-24	-19	-19	-20.8	10	-47
9	-19	-19	-18	-13	-05	03	10	09	00	-15	-31	-44	-44	-44	-42	-38	-34	-30	-28	-30	-27	-23	-21	-20	-21.8	10	-44
10	-18	-13	-12	-12	-16	-20	-24	-12	-15	-23	-31	-43	-47	-54	-50	-42	-30	-32	-35	-29	-02	-06	-08	-08	**-24.2**	-02	-54
11	-09	-10	-16	-18	-07	07	09	08	-04	-24	-44	-58	-56	-52	-45	-36	-28	-27	-20	-26	-26	-18	-06	-15	-21.7	09	-58
12	-21	-19	-16	-09	-01	03	02	-01	-04	-12	-25	-49	-61	-59	-52	-44	-40	-34	-08	-10	-20	01	09	-06	-19.8	09	-61
13	-07	-16	-15	00	02	09	13	03	-03	-17	-26	-39	-52	-48	-43	-40	-36	-31	-10	-06	-12	-19	-19	-14	-17.8	13	-52
14	00	-08	-04	02	05	10	07	02	-02	-12	-28	-39	-50	-45	-38	-37	-35	-29	-12	-27	-27	-20	-13	-11	-17.1	10	-50
15	-11	-11	-05	02	01	09	04	01	-03	-12	-21	-30	-39	-44	-39	-32	-29	-28	-27	-25	-24	-18	-19	-16	-17.5	09	-44
16*	-17	-16	-15	-10	00	05	07	03	-07	-23	-36	-47	-54	-55	-51	-40	-32	-30	-23	-27	-25	-23	-23	-18	-23.2	07	-55
17	-14	-12	-09	-07	05	04	05	07	-02	-15	-25	-41	-54	-59	-52	-44	-28	-25	-28	-27	-28	-15	-17	-11	-20.5	07	-59
18	-07	-04	02	01	10	14	06	-04	-13	-21	-32	-43	-46	-46	-46	-43	-38	-35	-31	-25	-25	-12	-13	-10	-19.2	14	-46
19*	-11	-11	-15	-05	00	03	04	08	04	-10	-25	-38	-44	-45	-39	-36	-36	-33	-25	-23	-21	-20	-18	-14	-18.8	08	-45
20	-13	-09	-07	01	09	05	01	00	-08	-19	-37	-48	-51	-62	-61	-56	-57	-46	-42	-25	-04	23	16	03	-20.3	23	-62
21	-11	-10	-01	04	10	08	-01	-10	-16	-29	-38	-44	-49	-42	-37	-32	-32	-26	-12	-03	-14	-18	-10	-12	-17.7	10	-49
22	-13	-12	-11	-05	00	00	-01	-05	-08	-20	-30	-44	-39	-43	-30	-25	-24	-24	-17	-19	-20	-19	-14	-13	-18.2	00	-44
23*	-16	-12	-12	-01	06	09	09	09	06	-07	-22	-34	-38	-36	-29	-25	-24	-22	-21	-18	-20	-13	-08	-09	**-13.7**	09	-38
24	-10	-11	-07	-06	-02	08	08	03	-03	-13	-26	-37	-42	-42	-39	-31	-29	-34	-30	-09	-11	-17	-07	-10	-16.5	08	-42
25	-08	-10	03	04	12	14	11	02	-09	-19	-30	-36	-39	-41	-37	-33	-28	-27	-26	-24	-15	-13	-14	-15	-15.8	14	-41
26*	-14	-13	-12	-06	02	04	05	05	-06	-20	-27	-32	-38	-41	-41	-33	-28	-32	-26	-23	-23	-23	-15	-13	-18.8	05	-41
27*	-09	-09	-09	-06	00	03	01	00	-08	-25	-47	-59	-63	-59	-53	-42	-29	-25	-22	-20	-21	-17	-21	-08	-22.8	03	-63
28	-09	-10	-07	-02	00	03	04	03	-07	-16	-31	-43	-51	-51	-45	-38	-33	-29	-26	-29	-29	-22	-20	-18	-21.1	04	-51
29†	-12	-11	-05	-02	-02	01	04	06	-09	-16	-53	-50	-59	-63	-80	-53	-58	02	-32	-14	-24	07	04	-05	-21.8	07	-80
30†	-31	-07	-19	00	11	-16	-01	-02	-12	-16	-19	-24	-31	-48	-44	-29	-23	-22	-19	-20	-12	-15	-10	-06	-17.3	11	-48
Mittel	-14	-13	-10	-04	00	04	03	01	-06	-17	-30	-41	-47	-49	-45	-38	-33	-28	-22	-18	-18	-15	-12	-12	-19.5	09	-51

Ostkomponente

Niemegk $\quad Y = -0.00\,800^{\Gamma} +$ Tafelwert $\quad$ **1953**

Weltzeit

Tag	0h–1h	1h–2h	2h–3h	3h–4h	4h–5h	5h–6h	6h–7h	7h–8h	8h–9h	9h–10h	10h–11h	11h–12h	12h–13h	13h–14h	14h–15h	15h–16h	16h–17h	17h–18h	18h–19h	19h–20h	20h–21h	21h–22h	22h–23h	23h–24h	Tagesmittel γ	Max.	Min.
Juli																											
1†	-15	-15	-22	-18	-03	-01	-08	07	08	02	-13	-16	-26	-39	-41	-34	-28	-21	-24	-28	-19	01	-09	01	-15.0	08	-41
2†	-04	-15	-48	-44	-13	-21	-21	-14	04	-05	-12	-39	-47	-47	-46	-43	-38	-28	-26	-06	-08	-19	-22	-12	**-23.9**	04	-48
3	00	-06	-19	-05	-09	01	-02	08	05	02	-06	-17	-30	-32	-30	-32	-35	-28	-24	-14	-16	-07	-14	-15	-13.5	08	-35
4	-28	-15	00	03	04	-02	-06	01	00	-11	-22	-26	-33	-42	-40	-31	-24	-19	-06	-19	-20	-19	-18	-14	-16.1	04	-42
5	-18	-14	-20	-02	-01	-07	-13	-24	-20	-22	-25	-31	-39	-42	-42	-31	-27	-23	-20	-14	-06	04	-02	05	-18.1	05	-42
6	-06	-14	04	00	03	08	11	10	02	-10	-26	-35	-38	-38	-32	-27	-22	-24	-27	-24	-24	-22	-13	-06	-14.6	11	-38
7	-05	-10	-19	-01	05	02	02	08	04	-11	-24	-38	-41	-39	-43	-39	-34	-36	-36	-26	-24	-20	-15	-15	-19.0	08	-43
8	-12	-10	-01	08	06	06	02	-04	-07	-14	-21	-26	-38	-40	-37	-38	-35	-22	-18	-10	06	02	-05	-10	-13.2	08	-40
9	-09	-15	-20	-04	05	07	06	05	-03	-09	-16	-28	-41	-50	-43	-35	-31	-33	-28	-04	02	08	09	16	-13.0	16	-50
10	-05	-14	-05	05	14	11	-03	-05	-09	-20	-30	-38	-42	-49	-45	-34	-28	-23	-21	-18	-18	-18	-16	-15	-17.8	14	-49
11*	-17	-18	-13	-08	07	04	03	02	-12	-27	-42	-48	-48	-48	-39	-27	-19	-18	-18	-22	-22	-19	-13	-14	-19.8	07	-48
12	-09	-11	-06	-04	02	09	03	-04	-15	-26	-34	-46	-57	-62	-54	-44	-42	-29	-28	-29	05	06	01	-09	-20.1	09	-62
13	-09	-06	-02	00	10	10	09	-11	-14	-21	-35	-44	-61	-66	-54	-44	-22	-18	-21	-22	-15	03	-06	-09	-18.7	10	-66
14	-09	-09	-10	01	10	12	07	-01	-08	-14	-25	-37	-45	-45	-46	-46	-43	-40	-34	-32	-24	-23	-21	-17	-20.8	12	-46
15	-14	-10	02	00	00	-01	04	03	-08	-18	-24	-36	-48	-43	-43	-44	-29	-30	-06	-11	-18	-19	-15	-11	-17.5	04	-48
16*	-10	-12	-10	-13	-01	08	11	08	02	-02	-09	-19	-30	-34	-28	-20	-14	-15	-14	-17	-18	-14	-17	-16	-11.8	11	-34
17*	-13	-10	-09	-04	-01	07	07	07	-03	-08	-17	-26	-36	-41	-41	-35	-31	-26	-19	-18	-18	-18	-17	-12	-15.9	07	-41
18*	-13	-24	-16	02	04	06	04	03	02	-10	-19	-37	-47	-56	-49	-38	-30	-30	-30	-27	-24	-21	-19	-18	-20.3	06	-56
19	-14	-10	-05	12	08	08	07	04	-01	-10	-18	-30	-40	-44	-42	-34	-26	-24	-22	-25	-13	-10	-01	-07	-14.0	12	-44
20	-09	-04	-06	04	13	16	04	02	-08	-21	-40	-51	-50	-44	-37	-28	-22	-19	-19	-20	-18	-16	-15	-11	-16.6	16	-51
21*	-13	-11	-03	00	03	03	02	-02	-08	-21	-34	-42	-42	-44	-38	-31	-24	-20	-18	-18	-15	-10	-08	-09	-16.8	03	-44
22	-10	-10	-09	-05	00	06	10	11	01	-18	-34	-39	-38	-35	-30	-23	-22	-25	-23	-27	-26	-12	-09	03	-15.2	11	-39
23†	18	27	09	-12	-16	01	14	18	10	-12	-42	-57	-69	-102	-79	-47	-38	-32	-30	-21	-15	-08	13	42	-17.8	**42**	**-102**
24	11	-01	02	04	10	18	19	13	00	-13	-26	-33	-41	-46	-50	-47	-43	-11	-24	-23	-23	-20	-15	-12	-14.6	19	-50
25	-09	-05	-02	03	11	17	15	12	03	-10	-23	-34	-40	-42	-37	-34	-32	-18	-30	-30	-20	-20	-17	-18	-15.0	17	-42
26	-19	02	-04	-01	-08	00	02	-02	-05	-11	-18	-32	-40	-41	-44	-30	-37	-37	-31	-22	-13	-17	-09	-06	-17.6	02	-44
27†	-23	-07	07	-14	-21	-15	-09	-19	-19	-15	-23	-40	-27	-32	-35	-06	-19	-21	04	-10	-16	-09	-17	-17	-16.8	07	-40
28	-18	-23	-28	01	-09	02	08	00	-02	-08	-23	-26	-23	-30	-32	-26	-22	-18	-11	02	-04	02	09	04	-11.5	09	-32
29†	-09	-27	-14	-32	-30	-30	-04	08	08	00	-10	-18	-25	-17	-30	02	-08	-12	-06	-03	-06	-12	-07	-29	-13.0	08	-32
30	-17	-08	06	08	02	03	01	-09	-08	-15	-23	-37	-34	-39	-35	-27	-11	-23	-09	-07	-11	-07	-01	06	-12.3	08	-39
31	07	06	-25	-16	04	06	05	02	06	-03	01	-18	-30	-35	-19	-20	-18	-15	-14	-03	-07	-14	-14	-11	**-9.4**	07	-35
Mittel	-10	-10	-09	-04	00	03	03	01	-03	-12	-23	-34	-40	-44	-41	-32	-28	-24	-20	-18	-14	-11	-10	-08	-16.1	10	-46
August																											
1	-10	-18	-22	-22	03	09	10	10	03	-06	-21	-30	-42	-34	-30	-28	-23	09	-02	-13	00	-14	-09	-08	-12.0	10	-42
2	-14	-16	-19	-35	-05	07	12	11	02	-13	-24	-30	-34	-34	-28	-25	-21	-14	-11	04	-08	-15	-13	-17	-14.2	12	-35
3	-21	-07	-07	-02	03	08	15	12	02	-13	-27	-34	-35	-37	-32	-25	-18	-16	-06	-02	-14	-18	-14	-13	-12.5	15	-37
4	-13	-20	-27	02	12	15	11	11	-02	-13	-26	-37	-43	-40	-34	-19	-20	-22	-23	-07	-12	-14	-14	-12	-14.5	15	-43
5	-12	-10	00	02	08	09	09	11	05	-12	-19	-29	-37	-38	-32	-25	-19	-17	-17	-01	10	-06	-10	-06	-9.8	11	-38
6	-04	-02	-02	01	08	10	09	04	-06	-18	-30	-42	-46	-38	-30	-28	-17	-24	-31	-30	-27	-09	-09	-10	-15.5	10	-46
7	-10	-14	-29	-08	01	06	01	-05	-11	-22	-29	-32	-33	-30	-26	-21	-17	-13	-16	-18	-14	-15	-11	-18	-16.0	06	-33
8	-21	-06	-01	02	07	07	06	06	-02	-16	-32	-44	-50	-38	-25	-19	-19	-20	-21	-14	-11	-09	-09	-12	-14.2	07	-50
9	-18	-24	02	05	-05	02	-04	05	-08	-22	-36	-51	-48	-52	-42	-36	-38	-40	-34	-35	19	-06	-09	-12	**-20.3**	19	-52
10	-07	-08	-02	-08	01	02	03	-07	-27	-43	-38	-51	-46	-38	-19	-17	-02	-06	-13	-15	-06	-06	-17	15	-14.8	15	-51
11	-02	-05	-02	-15	-03	07	06	01	-12	-28	-47	-58	-59	-55	-45	-29	-14	-07	-08	21	01	04	14	16	-13.3	21	-59
12†	16	19	18	-07	-23	10	22	25	06	-30	-38	-48	-51	-47	-54	-02	-25	-13	-17	-02	23	06	-07	04	-9.0	25	-54
13	22	26	24	33	24	22	21	19	05	-10	-27	-39	-46	-52	-63	-47	-38	-39	-25	-18	38	-04	01	-03	-7.3	**38**	-63
14	-18	-22	-13	-04	01	09	20	22	10	-06	-31	-48	-52	-51	-37	-27	-19	-05	00	-13	-15	-15	-15	-10	-14.1	22	-52
15	-12	-08	-04	03	10	12	14	09	-04	-16	-30	-44	-44	-44	-38	-28	-23	-20	-13	-09	-04	-07	-08	-12	-13.3	14	-44
16	-20	-06	01	05	04	12	09	00	-12	-28	-45	-51	-55	-41	-40	-29	-20	-18	-20	-20	-14	-03	-04	-09	-16.8	12	-55
17*	-10	-11	-04	00	05	08	08	01	-07	-17	-29	-44	-49	-40	-29	-25	-21	-18	-19	-17	-15	-12	-10	-09	-15.2	08	-49
18	-07	-12	-19	-02	08	07	06	04	-05	-16	-28	-36	-41	-41	-37	-34	-24	-20	-20	-12	-12	-11	-09	-05	-15.2	08	-41
19*	-02	02	00	03	13	08	08	06	00	-08	-20	-31	-34	-37	-30	-16	-11	-12	-19	-20	-19	-16	-14	-09	-10.8	13	-37
20*	-07	-03	-03	00	04	08	09	05	00	-12	-23	-32	-36	-38	-32	-25	-20	-20	-20	-18	-15	-13	-16	-13	-13.3	09	-38
21*	-11	-10	-06	-05	-02	07	13	09	-07	-28	-40	-43	-40	-32	-21	-10	-05	-11	-18	-18	-17	-15	-14	-13	-14.0	13	-43
22*	-12	-10	-09	-05	05	08	16	12	02	-20	-36	-48	-44	-32	-23	-14	-12	-16	-20	-19	-12	-04	-09	-10	-13.0	16	-48
23†	-08	08	20	38	21	09	06	02	-03	-24	-54	-67	-66	-62	-39	-32	-23	-12	23	10	35	-08	-17	01	-10.1	**38**	**-67**
24†	18	-43	-25	02	01	12	12	15	-06	-15	-34	-48	-37	-21	-27	-19	38	19	03	31	04	03	-14	-36	-7.0	**38**	-48
25	00	-04	-06	-11	-15	04	12	05	05	-01	-26	-40	-40	-46	-02	-11	04	10	13	-01	-12	-06	00	-24	-8.0	13	-46
26	-33	-19	05	-02	-26	-01	12	10	09	00	-18	-35	-37	-21	-24	-20	-05	15	04	-07	14	24	18	16	**-5.0**	24	-37
27†	08	-16	-28	-12	04	05	06	-01	-03	-16	-36	-27	-39	-38	-16	00	17	26	33	16	-06	-10	-19	-26	-7.4	33	-39
28	05	-08	-26	-06	-05	-16	02	10	-03	-15	-30	-36	-40	-36	-34	24	-03	-16	-19	-12	-02	-10	-11	-19	-12.8	24	-40
29	-22	-05	-01	-02	-20	-11	-10	00	-04	-09	-25	-31	-35	-29	-13	-22	-11	19	01	05	12	04	00	05	-8.5	19	-35
30†	-09	-30	-17	02	00	-06	-08	03	02	-05	-26	-37	-35	-31	-28	26	-12	-11	-04	08	-02	10	-10	-22	-10.1	26	-37
31	-05	-07	-24	-28	-14	06	09	01	-04	-13	-19	-34	-48	-23	-21	-08	-14	-11	-03	05	-08	-02	02	-11	-11.4	09	-48
Mittel	-08	-09	-07	-02	01	06	08	07	-02	-16	-30	-40	-43	-39	-31	-19	-14	-10	-10	-07	-03	-06	-08	-09	-12.2	18	-45

Ostkomponente

Niemegk $Y = -0.00800\,\Gamma + \text{Tafelwert}$ **1953**

Weltzeit

Tag	0h–1h	1h–2h	2h–3h	3h–4h	4h–5h	5h–6h	6h–7h	7h–8h	8h–9h	9h–10h	10h–11h	11h–12h	12h–13h	13h–14h	14h–15h	15h–16h	16h–17h	17h–18h	18h–19h	19h–20h	20h–21h	21h–22h	22h–23h	23h–24h	Tagesmittel γ	Max.	Min.
September																											
1	-04	-06	-01	07	09	14	13	16	00	-12	-31	-43	-26	-23	-24	03	02	-06	09	-03	-09	-06	-12	-08	-5.9	16	-43
2	00	-41	-08	17	16	16	04	05	-08	-11	-23	-31	-31	-16	-08	21	05	10	08	03	07	01	-08	-06	-3.2	21	-41
3†	06	03	08	15	12	10	16	05	-11	-27	-40	-41	-34	-29	-21	-17	-21	28	13	-06	-19	12	46	51	-1.7	51	-41
4†	112	88	01	-16	34	21	16	11	05	-20	-42	-57	-46	-40	-36	-26	06	05	53	-02	-02	10	32	44	**6.3**	**112**	-57
5	-09	43	63	53	37	11	15	12	04	-03	-18	-31	-36	-33	-28	-25	-22	-15	-12	05	15	17	07	-02	2.0	63	-36
6	00	01	00	00	02	05	09	-10	-18	-09	-18	-28	-36	-25	-20	-15	-15	-12	-07	-05	06	-02	-03	-17	-9.0	09	-36
7	00	01	00	00	-03	-08	-10	04	-14	-28	-40	-45	-32	-29	-24	-17	-11	18	-17	-10	-06	04	01	-11	-11.5	04	-45
8	-11	12	10	07	08	11	12	05	-13	-26	-32	-47	-41	-24	-16	09	-04	-06	04	-04	-09	-10	-10	-08	-7.6	12	-47
9*	-09	04	-14	-01	08	05	05	06	-06	-22	-35	-40	-35	-27	-17	-10	-10	-15	-12	-12	-11	-08	-04	-12	-11.3	08	-40
10	-10	-09	-06	-04	01	06	11	05	-10	-25	-38	-48	-41	-28	-22	-14	-06	-06	-11	-11	-07	04	-01	21	-10.4	21	-48
11	07	-44	22	12	11	16	16	17	02	-20	-38	-48	-53	-42	-29	-14	-12	-14	-14	-12	-05	-11	-09	-06	-11.2	22	-53
12	01	01	06	-01	00	02	04	04	-03	-12	-30	-46	-47	-38	-27	-19	-16	-19	-16	-15	-05	-01	-06	03	-11.7	06	-47
13	03	00	01	-03	00	04	03	04	-07	-26	-32	-44	-44	-31	-20	-12	-10	-12	-10	-06	-03	00	-04	-07	-10.7	04	-44
14*	-04	-04	-04	-01	01	04	10	08	-02	-18	-37	-47	-41	-32	-23	-15	-11	-16	-15	-13	-11	-08	-08	-08	-12.3	10	-47
15	-07	-04	-03	-04	04	05	08	06	01	-14	-27	-44	-44	-50	-60	-28	-45	-33	-02	23	12	-02	-03	02	**-12.9**	23	**-60**
16	10	10	08	04	04	04	03	-01	-07	-16	-28	-34	-33	-27	-23	-17	-09	13	32	06	06	-07	-13	-12	-5.3	32	-34
17	-04	00	-14	-14	04	-02	-05	-16	-15	-14	-22	-29	-32	-26	-03	-08	-11	-15	-10	19	02	-07	-03	-08	-9.7	19	-32
18	-06	-14	-02	-03	-04	-05	-02	-02	-04	-11	-24	-31	-30	-27	-22	-23	-24	-28	-23	-10	-02	-06	-14	44	-11.4	44	-31
19†	60	42	07	-31	-07	08	-19	-44	-15	-12	01	-21	-28	-16	-11	17	78	61	07	29	-04	09	08	03	5.1	78	-44
20†	10	-02	-27	00	-04	-14	-07	-02	06	-04	-12	-22	-32	-38	01	-07	-02	-05	-05	-05	-01	-10	04	-30	-8.7	10	-38
21	-01	11	11	-12	-06	-01	-05	-01	-08	-12	-13	-27	-18	-24	-20	08	-03	32	-02	00	29	22	13	-04	-1.3	32	-27
22	04	-11	-24	20	-03	-15	-10	05	02	-11	-19	-27	-31	-32	-18	-13	-12	-11	00	-01	20	06	08	-02	-7.3	20	-32
23†	-29	06	01	-02	-23	-48	-28	-04	08	-14	-23	-29	-16	-21	-08	-10	49	-12	44	31	11	-02	04	-21	-5.7	49	-48
24	-08	05	-12	04	04	06	-02	-16	-21	-29	-33	-33	-07	-20	-02	-12	-14	03	19	05	08	07	07	01	-5.8	19	-33
25	-01	-14	-08	02	01	08	10	04	-07	-14	-26	-36	-35	-32	-06	-05	-16	-09	-01	08	12	00	00	-03	-7.0	12	-36
26	-03	-03	-03	01	00	02	02	00	-08	-18	-24	-28	-26	-26	-14	-10	-05	-01	01	-06	05	25	05	11	-5.1	25	-28
27	04	07	-31	-29	-20	-21	-22	-04	03	-07	-14	-26	-30	-30	05	-03	-07	-06	-03	17	07	-06	-07	-08	-9.6	17	-31
28*	-16	-18	-01	05	00	-03	04	05	-02	-04	-17	-27	-31	-31	-24	-14	-12	-12	05	-06	-07	-07	00	-02	-9.0	05	-31
29*	-03	-03	-02	-03	-06	-03	01	06	06	01	-11	-25	-35	-39	-35	-35	-31	-24	-18	-14	-10	-10	-08	-08	**-12.9**	06	-39
30*	-07	-08	-08	-10	-12	-10	-03	05	05	02	-10	-25	-31	-33	-28	-19	-15	-13	-02	00	-10	-05	12	01	-9.3	12	-33
Mittel	03	02	-01	00	02	01	02	01	-04	-14	-25	-35	-33	-30	-19	-11	-07	-04	00	00	01	00	01	00	-07.1	25	-40
Oktober																									γ		
1	-02	-03	-09	-22	-15	02	06	13	15	06	-12	-23	-28	-27	-20	-17	-20	-15	08	-01	04	05	08	01	-6.1	15	-28
2	02	02	-02	00	-03	-03	00	05	06	-02	-11	-16	-25	-26	-20	-08	08	10	01	-04	-06	-07	-09	-08	-4.8	10	-26
3	-04	-05	-05	-05	-07	-15	-06	-04	-04	-10	-20	-30	-39	-40	-31	-24	-20	-20	-16	-10	-08	-06	-04	-02	**-14.0**	-02	-40
4	01	-01	00	-01	-03	-03	01	06	05	-04	-18	-29	-32	-32	-24	-16	-14	-16	-14	-12	05	-07	-07	-07	-9.2	06	-32
5*	-05	-05	-04	-05	-05	-03	00	06	07	-01	-12	-26	-35	-35	-29	-24	-21	-18	-15	-14	-13	-11	-09	-08	-11.9	07	-35
6*	03	-03	-02	-05	-07	-06	-02	06	10	06	-08	-21	-29	-31	-25	-22	-19	-16	-13	-11	-12	-11	-07	-07	-9.7	10	-31
7	-09	-08	-08	-08	-07	-07	-01	-02	-16	-17	-22	-40	-39	-34	-34	-26	-14	-10	-07	-06	-03	00	16	42	-10.8	42	-40
8	18	15	14	01	-01	-02	-02	00	01	-03	-11	-20	-29	-34	-26	-20	-18	-15	-13	-12	-02	28	21	03	-4.5	28	-34
9	03	-02	-04	-07	-06	-10	-16	-07	01	01	-10	-26	-32	-28	-25	-18	-17	-12	-10	-09	-05	-03	-02	01	-10.1	03	-32
10	03	-03	00	-03	-04	-03	02	09	10	04	-11	-27	-36	-40	-31	-23	-19	-15	14	29	41	01	02	-04	-4.3	41	-40
11	-04	-03	-01	-05	-06	-04	00	05	03	-07	-25	-36	-42	-41	-32	-05	-15	03	01	-07	-06	-04	-06	-03	-10.0	05	-42
12*	-02	-03	-05	-05	-04	-02	02	06	06	-01	-17	-29	-36	-32	-23	-13	-11	-11	-14	06	09	03	01	-03	-7.4	09	-36
13*	-03	-01	-05	-04	-05	-04	01	06	06	-03	-20	-33	-29	-25	-16	-08	-06	-14	-11	-06	-03	02	04	01	-7.3	06	-33
14*	-04	-05	-06	-06	-03	-04	01	09	07	-01	-17	-28	-31	-26	-18	-12	-14	-13	-11	-09	-08	-06	-05	-04	-8.9	09	-31
15†	-05	-06	-07	-08	-07	-05	02	10	10	-06	-25	-35	-42	-45	-71	-59	-41	22	78	27	56	50	43	79	0.6	79	**-71**
16†	19	-09	-02	11	02	-03	13	12	14	05	-12	-12	-17	-15	00	17	48	30	35	55	51	83	60	49	**18.1**	**83**	-17
17	48	22	05	-05	01	-05	02	07	02	06	-03	-15	-24	-24	-30	69	-04	00	20	57	72	11	20	13	10.2	72	-30
18†	29	24	03	-18	-08	03	01	-10	-27	-12	-16	-16	00	-07	06	77	19	13	39	26	81	49	39	10	12.7	81	-27
19†	11	01	-37	-39	-22	-18	-30	-16	-12	-01	-16	-20	-09	18	-04	29	26	46	33	07	19	14	06	-13	-1.1	46	-39
20†	-20	-25	-28	-19	-13	-07	-15	-04	03	-07	-20	-29	-05	-19	28	10	11	32	14	41	38	35	34	05	1.7	41	-29
21	-01	-10	-03	-07	-02	03	09	07	06	03	-14	-11	-21	-22	21	-03	-10	-08	-03	-03	00	05	04	02	-2.4	21	-22
22	02	02	-01	-24	-28	-17	-11	-20	03	-11	-11	-12	-12	00	-08	16	17	26	16	24	22	08	02	00	-0.7	26	-28
23	13	-01	-04	05	-07	-06	-03	13	07	02	-20	-19	-19	-14	08	-02	01	10	04	00	00	01	02	00	-1.2	13	-20
24	-01	-01	-03	-05	-05	-04	01	07	08	-07	-17	-25	-36	-23	-13	-18	-12	-06	-04	-02	-01	00	10	04	-6.4	10	-36
25	04	02	-02	-06	-05	-12	-03	00	05	01	-07	-10	-14	-10	-03	-03	-06	-01	-04	-03	-01	-01	05	02	-3.0	05	-14
26	04	00	-03	-03	-04	-05	-04	-01	01	-07	-10	-18	-20	-19	-12	-08	-06	-05	03	06	09	08	06	10	-3.2	10	-20
27	-08	-22	03	-01	00	01	-03	-03	-02	-05	-20	-21	-20	-19	-06	-10	-12	04	11	-04	20	21	23	08	-2.7	23	-22
28	-16	-11	-02	02	-01	04	07	12	12	02	-05	-12	-18	-16	-10	-05	-01	-04	-04	01	04	06	09	11	-1.5	12	-18
29	04	-03	-02	-11	-13	-08	00	04	05	-01	-10	-20	-30	-24	-18	-11	-13	-17	-16	-06	05	10	21	39	-4.8	39	-30
30	10	04	03	-02	-01	-01	01	04	03	-01	-09	-16	-23	-16	-12	-14	-10	-08	-06	-03	07	-01	-01	04	-3.7	10	-23
31	05	12	00	02	02	-03	-07	05	09	-03	-13	-19	-19	-14	-09	-08	-08	-06	-06	-05	-03	-02	-02	-02	-3.9	12	-19
Mittel	03	-02	-04	-06	-06	-05	-02	03	03	-02	-14	-22	-26	-23	-16	-05	-06	-01	04	05	12	09	09	07	-3.6	25	-30

Ostkomponente

Niemegk Y = — 0.00 800 + Tafelwert (γ) 1953

November

Tag	0^h–1^h	1^h–2^h	2^h–3^h	3^h–4^h	4^h–5^h	5^h–6^h	6^h–7^h	7^h–8^h	8^h–9^h	9^h–10^h	10^h–11^h	11^h–12^h	12^h–13^h	13^h–14^h	14^h–15^h	15^h–16^h	16^h–17^h	17^h–18^h	18^h–19^h	19^h–20^h	20^h–21^h	21^h–22^h	22^h–23^h	23^h–24^h Weltzeit	Tagesmittel γ	Max.	Min.
1	-02	-03	-06	-02	-03	-02	00	04	02	-11	-16	-19	-23	-20	-18	-15	-11	-11	31	12	11	05	01	00	-4.0	31	-23
2*	-04	-07	-07	-06	-07	-06	-04	03	01	-07	-15	-22	-22	-18	-12	-09	01	-09	-08	-07	-05	-02	-02	-02	-7.3	03	-22
3	-04	-06	-05	-07	-08	-05	02	08	06	-07	-19	-21	-20	-19	-19	-19	-13	-04	02	-06	-01	01	06	08	-6.2	08	-21
4	05	-03	-10	-07	-04	-04	-02	05	06	-04	-13	-22	-23	-16	-10	-09	-09	-08	-08	-06	-05	-02	14	16	-5.0	16	-23
5	12	14	15	19	10	-03	-11	-04	-03	-05	-20	-25	-32	-25	-37	-27	-06	03	06	-01	-01	00	01	00	-5.0	19	-37
6	-01	-08	-03	-01	-01	-01	-01	03	02	-09	-15	-26	-24	-21	-12	-19	-20	-12	-05	-02	00	-01	00	-01	**-7.4**	03	-26
7	-04	-04	-05	-06	-04	-03	03	07	04	-07	-16	-19	-22	-21	-20	-22	-15	-07	-05	-04	-02	-01	03	06	-6.8	07	-22
8	00	-01	-03	00	-04	00	05	08	05	-08	-13	-27	-22	-16	-09	-09	-09	-09	-07	-05	12	06	00	-01	-4.5	12	-27
9*	10	00	-03	-04	-04	-04	-01	04	08	01	-08	-16	-16	-13	-08	-08	-08	-07	-06	-04	-03	01	00	02	-3.6	10	-16
10*	00	-01	-04	-04	-03	-01	00	04	04	-01	-09	-19	-22	-20	-15	-13	-11	-09	-07	-04	-01	-01	-01	-01	-5.8	04	-22
11	-03	-04	-06	-07	-07	-05	-03	02	02	-07	-17	-24	-24	-25	-24	-18	-17	-14	-06	21	16	15	00	01	-6.4	21	-25
12	-05	14	08	03	01	00	00	-00	00	-07	-18	-20	-32	-33	-19	-15	-04	-06	-14	17	46	56	08	-04	-1.0	56	-33
13†	-05	-07	-18	-06	-11	-10	-20	-08	04	07	-14	07	03	-18	-14	04	36	27	32	46	40	18	16	16	5.2	46	-20
14†	-02	-02	-09	-40	-19	-02	-05	-08	-03	-04	-01	-09	00	00	-07	-04	10	76	58	53	42	21	20	07	7.2	76	**-40**
15†	01	-04	-02	-02	-18	-13	-33	-12	-14	-04	-04	06	00	05	39	40	14	02	89	55	18	09	04	-01	**7.3**	**89**	-33
16†	-04	-14	-33	-34	-08	-02	-07	-10	07	04	00	01	02	06	-01	07	33	50	55	02	10	10	-12	05	2.8	55	-34
17	00	-02	-24	-03	00	-02	02	04	02	-03	-12	-20	-20	-08	01	08	10	48	27	08	08	07	01	15	2.0	48	-24
18	04	-13	-12	-11	-13	03	02	11	07	00	-10	04	-12	-07	13	32	17	12	07	08	09	11	05	-03	2.7	32	-13
19†	-24	-03	05	-10	-32	-28	-24	-10	03	00	-01	-06	-20	27	-08	-03	00	07	09	12	64	35	16	04	0.5	64	-32
20	-04	03	-12	-15	04	-01	05	02	12	-01	-06	-08	-02	09	10	27	09	-01	27	17	19	20	38	21	7.2	38	-15
21	-07	-07	-01	-01	-01	-02	01	00	03	02	-02	-04	-09	03	-09	-05	-02	00	13	34	38	24	15	07	3.8	38	-09
22	05	01	-01	-01	-01	-01	01	04	10	03	-03	-11	-13	-04	-07	-04	-04	-02	-01	16	11	06	06	06	0.7	16	-13
23	07	-01	-02	-05	-05	-03	-08	-09	-06	-06	-16	-33	-16	-21	-21	-08	-04	-12	-08	16	03	47	45	32	-1.4	47	-33
24	-21	-02	05	-02	-04	-10	-17	-01	-01	-01	-01	-04	-07	-09	-06	-07	-08	-06	-01	04	05	05	08	10	-3.0	10	-21
25	03	06	04	01	00	00	05	01	-04	-03	-12	-15	-18	-11	-09	-01	04	-07	-02	12	16	20	26	-03	0.5	26	-18
26	12	27	08	07	04	04	00	00	02	-03	-12	-14	-14	-10	-07	-07	-06	-03	-04	02	06	07	06	04	0.4	27	-14
27	03	03	-04	04	03	00	01	03	01	-03	-10	-12	-08	-08	-04	-04	05	11	03	04	05	08	06	02	0.4	11	-12
28*	03	05	01	-02	00	-03	-02	-02	-04	-06	-10	-14	-14	-12	-08	-05	-04	-04	-01	-01	00	05	16	16	-1.9	16	-14
29	09	08	08	07	01	00	00	-03	-06	-08	-09	-14	-13	-09	-05	-02	-01	-02	-01	-01	-01	00	01	00	-1.7	09	-14
30*	04	03	04	00	00	-01	-01	-04	-04	-13	-15	-15	-13	-08	-06	-08	-08	-07	-06	-06	-01	03	-01	-02	-4.4	04	-15
Mittel	00	00	-04	-04	-04	-04	-04	01	02	-04	-11	-14	-15	-11	-08	-04	-01	03	09	10	12	11	08	05	-1.2	28	-22

Dezember

Tag	0^h–1^h	1^h–2^h	2^h–3^h	3^h–4^h	4^h–5^h	5^h–6^h	6^h–7^h	7^h–8^h	8^h–9^h	9^h–10^h	10^h–11^h	11^h–12^h	12^h–13^h	13^h–14^h	14^h–15^h	15^h–16^h	16^h–17^h	17^h–18^h	18^h–19^h	19^h–20^h	20^h–21^h	21^h–22^h	22^h–23^h	23^h–24^h	Tagesmittel γ	Max.	Min.
1*	-01	-03	-04	-05	-04	-01	-01	-05	-07	-08	-11	-13	-13	-11	-09	-08	-07	-05	-05	-04	-01	00	06	02	-4.9	06	-13
2*	-02	-05	-06	-04	-03	-02	-01	-04	-06	-10	-14	-18	-18	-12	-08	-06	-08	-07	-03	00	02	00	-01	-01	**-5.7**	02	-18
3	-01	-01	-09	-04	00	00	03	00	-01	-06	-09	-16	-22	-21	-16	-15	-07	-03	04	03	06	05	04	08	-4.1	08	-22
4	27	10	04	00	02	-01	-04	-05	-05	-09	-14	-13	-16	-12	-07	-09	-06	-09	07	-01	02	04	06	09	-1.7	27	-16
5	03	05	02	02	02	00	00	-01	-01	-07	-08	-12	-10	-09	-06	-05	-03	04	03	00	00	00	00	02	-1.6	05	-12
6	02	00	-04	-04	-04	-02	-02	-03	-03	-08	-14	-21	-19	-17	-16	-17	-06	-02	-01	02	07	22	21	09	-3.3	22	-21
7	02	07	-13	06	02	02	01	02	02	-04	-12	-12	-14	-11	-06	-04	-03	-03	00	01	04	04	05	05	-1.6	07	-14
8	-01	-01	01	01	-01	-01	00	-01	-02	-06	-08	-11	-12	-10	-12	-15	-11	-09	-04	04	04	11	15	23	-1.9	23	-15
9	28	06	-04	-03	-03	-03	00	00	00	-03	-08	-09	-12	-11	-08	-06	-09	-01	03	10	43	07	08	08	1.4	43	-12
10	05	-01	-01	-01	00	00	01	00	-02	-05	-09	-16	-14	-12	-08	-02	-02	-03	-04	-01	00	04	12	09	-2.1	12	-16
11†	07	05	02	-02	-11	-05	-12	-13	-08	-11	-14	-22	-25	-14	-17	-14	-04	26	40	43	45	52	29	14	**3.8**	**52**	**-25**
12†	-20	05	05	-12	-12	-17	-17	-02	00	06	00	-09	-12	-16	-09	26	05	30	42	40	26	08	06	-21	2.2	42	-21
13†	06	04	04	02	-04	-08	-08	-03	03	-01	00	-07	-12	-14	-04	-05	-01	00	06	30	09	21	13	07	1.6	30	-14
14	04	00	00	-04	-02	-02	02	00	02	-02	-04	-09	-09	-01	01	04	01	09	06	18	21	08	07	03	2.2	21	-09
15	00	00	00	-01	-03	-04	-01	-03	-02	-03	-04	-09	-08	-06	-02	-01	-01	00	03	24	38	28	23	08	3.2	38	-09
16	00	-09	-08	-01	-03	-03	-03	-02	-01	-06	-06	-09	-11	-09	-04	-01	00	02	03	01	02	08	07	04	-2.0	08	-11
17	04	-02	-05	-04	-05	-08	-08	-06	-07	-05	-03	-05	-08	-08	-05	-04	07	04	00	-03	02	22	24	06	-0.7	24	-08
18	00	-12	-04	-04	-03	-04	-04	-01	-03	-07	-08	-09	-12	-12	-09	-08	-08	03	04	00	06	09	08	00	-3.2	09	-12
19	01	-02	-02	-03	-04	-04	-04	-04	-04	-08	-10	-16	-16	-12	-07	-06	-03	05	07	12	14	15	15	05	-1.3	15	-16
20	01	00	-02	-01	-01	-04	-01	01	01	-01	-04	-11	-11	-10	-08	-06	-11	-04	12	08	10	02	04	05	-1.3	12	-11
21	-03	01	02	-02	00	-01	00	01	01	-02	-04	-09	-09	-06	-03	-03	-04	-01	01	03	05	06	22	04	0.0	22	-09
22†	04	-01	-04	-03	-06	-10	-08	-04	-05	-07	-07	-04	-08	-11	-11	-08	07	-05	03	35	26	14	11	08	0.2	35	-11
23*	04	03	01	-01	00	00	00	03	03	-02	-05	-04	-04	-04	-02	-03	-05	-09	20	03	04	08	11	14	1.5	20	-09
24	11	12	04	00	03	04	02	01	01	-04	-02	-05	-09	-05	-02	-01	-01	00	05	05	05	05	07	04	1.7	12	-09
25	-03	04	02	04	-02	01	00	-03	-04	-07	-11	-11	-10	-08	-03	-02	-02	06	-01	06	08	05	27	05	0.0	27	-11
26	05	01	01	00	00	02	02	00	-03	-06	-12	-12	-05	01	01	-04	-04	-02	00	07	10	22	28	07	1.6	28	-12
27	04	07	04	03	01	01	01	00	-04	-08	-08	-05	-01	03	-01	-04	-03	-03	-06	-05	02	-09	-04	-04	-1.6	07	-09
28	08	12	14	08	01	00	00	-04	-09	-13	-13	-04	-08	-06	03	-02	-03	01	-02	22	11	06	04	06	1.3	22	-13
29†	-06	04	06	06	05	03	04	04	04	-04	-12	-13	-11	00	-01	-12	-12	01	00	00	03	09	40	26	1.8	40	-13
30*	05	01	00	02	00	-02	01	02	02	-03	-15	-13	-04	00	01	-01	-02	-03	04	07	05	05	04	06	0.1	07	-15
31*	04	04	02	01	03	03	04	01	00	-07	-06	-09	-04	02	00	01	01	01	01	04	03	07	07	08	1.3	08	-09
Mittel	03	02	00	-01	-02	-02	-02	-02	-02	-05	-08	-11	-11	-08	-06	-04	-03	01	05	09	10	10	12	06	-0.4	20	-13

Vertikalkomponente

Niemegk — $Z = 0.43\,800 + \text{Tafelwert}$ (Γ) — 1953

Weltzeit: 0h 1h 2h 3h 4h 5h 6h 7h 8h 9h 10h 11h 12h 13h 14h 15h 16h 17h 18h 19h 20h 21h 22h 23h 24h

Januar

Tag	0h–1h	1h–2h	2h–3h	3h–4h	4h–5h	5h–6h	6h–7h	7h–8h	8h–9h	9h–10h	10h–11h	11h–12h	12h–13h	13h–14h	14h–15h	15h–16h	16h–17h	17h–18h	18h–19h	19h–20h	20h–21h	21h–22h	22h–23h	23h–24h	Tagesmittel γ	Max.	Min.
1	40	41	43	39	37	44	43	43	44	46	47	51	49	52	52	53	52	55	53	50	53	50	47	43	47.0	55	37
2	47	47	47	46	46	45	45	46	46	44	44	45	51	52	59	59	59	58	56	59	54	50	50	49	50.2	59	44
3	49	47	49	49	49	49	49	47	45	44	43	44	49	49	53	54	53	53	50	52	49	49	49	48	48.8	54	43
4*	48	47	45	44	45	45	44	44	44	46	44	41	40	41	45	46	46	48	49	49	48	46	46	46	45.3	49	40
5†	45	44	44	42	42	41	37	41	50	(51)	56	72	91	87	82	74	71	83	91	84	74	65	51	51	61.2	**91**	37
6	56	57	57	57	57	56	56	52	54	51	50	54	59	62	67	76	73	73	75	71	70	66	63	59	**61.3**	76	50
7	57	56	55	55	55	56	55	55	57	57	55	54	59	58	60	66	70	69	63	60	59	58	55	55	58.3	70	54
8	53	53	48	43	46	48	48	47	46	45	44	47	48	49	49	49	52	52	53	53	52	52	53	50	49.2	53	43
9	47	43	48	49	49	49	48	46	43	37	38	43	46	46	51	51	50	49	48	49	45	48	49	49	46.7	51	37
10*	49	48	46	46	46	45	46	46	46	47	46	45	45	45	44	44	46	45	45	46	48	44	42	44	45.6	49	42
11	43	43	43	42	42	43	43	40	40	42	44	45	48	47	46	47	47	48	48	47	47	48	48	48	45.0	48	40
12	49	46	44	42	44	43	42	42	38	35	35	36	41	43	45	44	45	46	45	45	45	45	45	45	42.9	49	35
13	44	44	44	43	41	40	41	40	43	44	44	46	48	47	46	46	47	48	48	50	59	60	55	52	46.7	60	40
14	50	47	42	42	43	44	44	43	46	48	47	46	47	47	47	46	47	48	48	48	48	49	49	47	46.4	50	42
15*	46	46	44	44	43	44	43	42	43	46	46	45	46	46	44	45	44	45	46	44	44	44	43	44	44.5	46	42
16*	45	46	46	43	43	42	41	41	40	38	38	37	39	44	45	45	45	45	45	44	44	44	44	42	42.8	46	37
17*	42	42	42	42	41	41	41	37	38	39	38	34	33	36	36	39	41	41	41	41	42	42	33	34	**39.0**	42	33
18	36	38	38	38	38	38	38	36	35	36	37	38	44	54	49	54	57	56	56	54	51	48	47	45	44.2	57	35
19†	44	43	42	42	25	25	26	30	32	37	42	42	47	52	60	58	55	55	54	58	58	58	52	47	45.2	60	**25**
20	32	37	43	42	43	43	46	47	50	53	49	48	50	52	49	49	49	48	50	50	50	49	47	44	46.7	53	32
21	43	43	43	43	43	44	43	42	43	44	43	41	40	42	43	44	45	47	48	47	47	46	43	44	43.8	48	40
22	42	42	42	43	43	43	43	43	43	43	42	42	41	43	43	42	43	43	44	43	43	40	42	44	42.6	44	40
23	40	34	36	37	38	41	40	39	41	44	43	40	38	41	43	42	43	44	44	44	44	43	43	42	41.0	44	36
24	41	40	39	39	39	38	38	39	39	40	45	45	42	44	49	56	59	58	64	67	60	54	51	50	47.3	67	38
25	48	46	45	45	43	42	42	40	39	40	46	52	41	44	52	60	61	59	57	59	58	53	51	43	48.6	61	39
26†	32	37	31	28	32	34	38	38	38	45	42	47	48	58	61	66	60	53	58	54	49	42	35	37	44.3	66	28
27†	42	47	43	43	43	47	46	45	42	43	47	54	62	69	78	81	75	71	52	63	59	55	54	52	54.7	81	42
28†	51	52	51	50	49	48	48	46	47	46	49	50	51	56	59	61	70	64	54	46	48	48	39	37	50.8	70	37
29	42	33	32	42	40	41	42	43	45	46	47	47	53	59	65	60	61	62	54	46	49	48	48	48	48.0	65	32
30	45	43	40	45	42	43	43	44	44	46	48	46	45	49	53	57	56	53	56	52	48	48	48	48	47.6	57	40
31	50	36	38	42	40	37	39	40	40	41	44	44	45	47	48	49	49	50	48	47	47	47	45	45	44.1	50	36
Mittel	45	44	44	44	43	43	43	43	43	44	45	46	48	50	52	54	54	54	53	52	51	50	47	46	47.4	57	39

Februar

Tag	0h–1h	1h–2h	2h–3h	3h–4h	4h–5h	5h–6h	6h–7h	7h–8h	8h–9h	9h–10h	10h–11h	11h–12h	12h–13h	13h–14h	14h–15h	15h–16h	16h–17h	17h–18h	18h–19h	19h–20h	20h–21h	21h–22h	22h–23h	23h–24h	Tagesmittel γ	Max.	Min.
1*	46	46	45	45	45	45	44	42	40	40	40	40	40	41	42	45	45	46	46	46	47	43	44	44	43.6	47	40
2	44	44	44	41	42	43	40	39	40	39	39	38	40	45	46	47	50	48	47	46	44	45	44	44	43.3	50	38
3	44	43	39	39	39	40	38	38	38	33	31	34	37	38	39	42	43	44	43	43	44	43	39	40	39.6	44	31
4	40	39	39	39	40	39	38	37	35	33	32	33	34	39	46	48	47	45	48	45	44	43	43	42	40.3	48	32
5*	42	42	41	41	41	41	40	40	42	39	36	37	39	41	40	40	42	42	42	43	42	40	40	40	40.5	43	36
6*	39	39	38	39	39	39	38	37	38	33	33	35	36	39	39	40	41	41	43	42	42	42	41	40	38.9	43	33
7*	40	39	38	38	39	38	36	36	35	34	34	34	35	36	38	38	40	39	39	39	39	40	39	39	37.6	40	34
8	39	38	38	37	35	35	34	34	34	32	27	31	34	37	39	38	37	37	37	39	40	40	40	38	36.2	40	27
9	39	31	34	35	36	34	33	32	33	31	28	33	40	43	42	45	50	49	44	44	45	41	38	39	38.3	50	28
10	40	40	40	41	40	40	38	38	36	32	35	39	41	44	44	43	46	49	53	61	70	61	52	47	**44.6**	**70**	32
11	44	34	34	40	42	42	40	40	40	38	38	41	42	44	45	44	44	43	44	44	44	45	44	44	41.7	45	34
12	43	44	42	41	41	40	38	37	37	36	37	39	39	42	43	44	46	46	46	45	44	44	44	43	41.7	46	36
13*	43	43	42	42	41	41	38	38	38	34	34	36	38	38	39	39	42	41	40	40	41	39	40	40	39.5	43	34
14	38	33	33	35	36	35	31	32	34	26	24	27	31	34	37	40	40	40	43	43	45	40	40	40	35.7	45	24
15	39	35	33	33	32	29	28	29	28	26	23	25	30	38	39	38	39	39	39	38	38	37	37	36	33.7	39	23
16	27	34	36	37	38	37	36	37	37	36	34	35	37	39	44	49	51	59	54	50	46	43	41	40	40.7	59	27
17	41	40	40	39	36	33	31	33	33	32	28	32	35	38	42	42	41	42	41	43	44	42	41	41	37.9	44	28
18	40	40	40	40	40	40	38	37	36	33	31	33	34	38	38	39	39	39	40	40	39	40	39	38	38.0	40	31
19	39	39	38	38	38	38	37	37	33	28	28	31	36	37	40	43	42	43	43	44	42	41	40	38	38.0	44	28
20	32	33	38	39	38	39	39	38	37	33	30	31	36	36	37	38	39	39	42	42	42	41	40	40	37.5	42	30
21	40	27	26	32	34	36	34	34	36	35	35	36	37	36	36	40	41	42	44	42	42	42	41	34	36.8	44	26
22†	36	35	33	35	36	36	37	38	38	35	33	32	32	32	33	36	36	46	53	58	54	37	34	40	38.1	58	32
23†	12	22	29	27	28	28	26	29	36	34	32	37	39	47	52	59	58	47	43	44	40	39	42	36	36.9	59	12
24†	24	16	20	09	17	13	13	23	29	29	36	40	49	52	53	53	53	51	48	43	22	22	27	26	**32.0**	53	**09**
25†	20	11	16	21	27	33	37	37	42	44	42	44	51	57	52	50	46	46	41	44	43	40	43	31	38.2	57	11
26†	18	26	27	25	29	33	36	36	35	36	36	42	52	54	59	57	70	67	55	53	40	30	34	36	41.1	**70**	18
27	37	39	40	41	42	41	39	39	40	41	42	44	44	45	50	55	58	52	52	50	49	45	30	32	43.6	58	30
28	39	44	43	43	29	24	32	34	34	38	39	40	44	44	45	51	49	46	48	43	43	44	43	40	40.8	51	24
Mittel	37	36	36	36	36	36	35	36	36	34	34	36	39	41	43	44	46	45	45	45	43	41	40	39	39.1	49	28

Vertikalkomponente

Niemegk $\quad Z = 0.43\,800\ \Gamma + \text{Tafelwert}$ $\quad$ **1953**

März

Tag	0h–1h	1h–2h	2h–3h	3h–4h	4h–5h	5h–6h	6h–7h	7h–8h	8h–9h	9h–10h	10h–11h	11h–12h	12h–13h	13h–14h	14h–15h	15h–16h	16h–17h	17h–18h	18h–19h	19h–20h	20h–21h	21h–22h	22h–23h	23h–24h	Tagesmittel γ	Max.	Min.
1	40	40	42	44	43	43	43	43	42	37	34	37	41	42	44	47	46	46	46	45	43	40	42	42	42.2	47	34
2†	34	34	30	30	22	24	28	35	44	44	50	60	74	96	138	133	123	102	78	55	50	49	46	44	**59.3**	**138**	22
3	46	47	50	45	33	32	38	42	39	42	38	38	41	42	47	49	49	48	49	50	45	44	39	44	43.2	50	32
4	44	43	32	37	41	42	42	42	42	40	40	42	45	46	52	53	53	52	52	49	49	48	46	46	44.9	53	32
5	46	46	46	44	41	44	47	48	46	40	35	35	40	41	44	48	51	52	49	48	44	43	44	44	44.4	52	35
6	44	45	45	45	46	45	45	46	47	43	42	42	41	43	44	50	48	48	48	49	48	47	50	52	46.0	52	41
7	44	39	44	48	47	48	48	46	44	43	44	44	48	52	54	54	54	55	52	55	54	52	51	50	48.8	55	39
8	48	48	44	43	43	44	46	49	48	46	44	42	42	46	50	63	74	68	63	59	55	51	38	25	49.1	74	25
9†	-02	19	39	44	42	46	48	46	45	43	43	52	54	57	60	67	63	63	63	59	47	51	51	37	47.4	67	**-02**
10	30	30	30	36	40	44	48	49	51	48	47	47	52	54	54	61	64	65	64	59	59	55	54	54	49.8	65	30
11*	53	48	51	48	48	48	52	52	51	50	49	50	52	51	53	53	52	51	50	52	53	52	53	52	51.0	53	48
12*	49	46	47	47	47	48	48	47	45	43	42	43	46	45	47	48	47	47	48	48	48	48	49	49	46.8	49	42
13*	48	47	47	46	46	46	47	47	46	41	34	33	35	40	44	45	44	42	42	42	42	42	43	42	43.0	48	33
14	42	40	43	42	40	37	40	38	36	26	20	25	30	35	38	41	42	42	44	46	46	44	36	42	**38.1**	46	20
15	43	43	42	42	42	41	43	41	36	35	30	36	42	47	49	50	50	50	49	46	46	45	45	44	43.2	50	30
16	40	40	39	41	39	41	42	43	41	39	34	33	38	43	46	48	48	46	45	44	45	39	42	42	41.6	48	33
17*	42	43	44	42	42	43	46	46	42	35	29	29	32	38	43	46	46	44	43	44	44	42	43	42	41.2	46	29
18*	43	42	42	41	41	41	43	43	38	34	31	30	35	40	43	44	43	43	43	40	40	40	41	40	40.0	44	30
19	40	31	30	29	35	35	37	38	37	35	33	38	38	45	48	58	63	62	56	54	43	45	37	33	61.7	63	29
20	31	30	38	42	43	44	44	45	44	40	38	37	40	44	47	48	49	49	51	52	50	51	50	49	44.0	52	30
21	49	45	31	22	29	28	32	32	35	32	29	32	35	42	44	49	55	56	59	49	37	39	42	44	39.5	59	22
22	37	37	24	29	36	41	44	43	42	39	37	36	38	41	47	52	55	56	56	52	53	41	47	47	42.9	56	24
23†	46	45	45	29	26	33	38	37	37	38	39	41	45	48	55	64	78	66	48	46	49	44	46	48	45.5	78	26
24†	47	47	30	24	29	40	41	46	45	49	46	47	53	54	65	64	69	68	50	42	41	10	18	28	43.9	69	10
25†	40	33	28	31	35	41	47	52	48	46	49	52	58	56	68	70	68	70	61	54	45	39	40	45	49.0	70	28
26	49	49	49	48	45	45	49	48	42	36	36	40	43	53	58	58	58	62	55	49	37	28	33	38	46.2	62	28
27	37	38	42	44	38	41	43	42	40	34	34	40	48	50	58	58	56	53	50	50	46	42	39	41	44.3	58	34
28	44	40	39	28	34	40	40	38	37	35	38	43	52	57	59	61	67	60	60	55	45	46	48	45	46.3	67	28
29	41	39	42	44	46	47	47	46	42	36	33	35	39	45	50	52	52	53	53	52	41	47	42	40	44.3	53	33
30	42	44	45	42	44	39	42	42	38	33	33	33	39	48	53	55	57	57	50	51	51	50	50	49	45.3	57	33
31	49	49	46	46	45	45	46	46	40	35	34	36	39	42	49	51	51	51	51	53	53	50	47	46	45.8	53	34
Mittel	42	41	40	39	40	41	43	44	42	39	38	40	44	48	53	56	57	56	52	50	47	44	44	43	45.1	59	29

April

Tag	0h–1h	1h–2h	2h–3h	3h–4h	4h–5h	5h–6h	6h–7h	7h–8h	8h–9h	9h–10h	10h–11h	11h–12h	12h–13h	13h–14h	14h–15h	15h–16h	16h–17h	17h–18h	18h–19h	19h–20h	20h–21h	21h–22h	22h–23h	23h–24h	Tagesmittel γ	Max.	Min.
1	40	39	44	46	46	46	49	47	39	30	26	32	40	42	47	49	55	55	56	52	50	50	50	48	44.9	56	26
2	47	33	30	35	39	42	44	43	39	35	33	33	38	45	50	53	56	56	56	55	49	46	46	41	43.5	56	30
3	43	44	41	40	44	46	46	46	41	34	32	34	39	43	48	53	53	52	52	46	53	51	47	40	44.5	53	32
4†	31	25	32	28	35	39	39	42	41	40	34	34	40	48	58	67	68	60	61	61	55	50	44	45	44.9	68	25
5*	48	50	50	49	48	48	49	44	41	37	36	34	37	44	47	54	56	55	53	53	52	48	47	46	46.9	56	34
6*	44	44	43	43	44	47	46	45	41	35	36	36	41	45	50	52	53	55	57	57	56	53	49	47	46.6	57	35
7*	47	48	48	48	48	50	49	45	40	33	31	33	37	44	49	52	53	52	48	49	49	49	49	46	45.7	53	31
8	43	46	47	46	44	43	43	38	35	30	27	30	34	39	42	42	44	47	48	48	48	40	37	39	40.8	48	27
9	36	36	39	41	42	42	45	41	37	32	26	27	32	34	37	43	42	44	46	44	43	44	45	43	**39.2**	46	26
10	43	43	42	40	39	40	42	38	34	28	27	29	32	34	40	45	49	48	49	49	49	44	39	42	40.2	49	27
11	43	44	44	44	41	40	43	42	41	39	38	39	41	46	50	55	62	66	59	55	53	50	48	47	47.1	66	38
12	49	44	44	43	44	44	44	43	38	33	30	35	42	48	50	52	52	50	49	49	46	47	44	44	44.3	52	30
13	44	40	34	38	41	42	42	42	40	36	28	30	40	51	59	57	57	52	52	47	46	46	46	46	44.0	59	28
14*	46	45	46	46	47	45	43	43	40	34	28	30	31	37	41	43	47	46	46	46	46	45	43	43	42.0	47	28
15	43	43	45	40	41	41	41	39	37	32	29	28	31	38	43	46	46	45	46	44	44	43	43	43	40.5	46	28
16†	43	41	31	35	25	19	30	37	40	43	40	37	41	52	67	80	86	74	60	54	52	32	38	43	45.8	**86**	**19**
17	42	34	36	43	43	43	42	41	38	32	27	30	34	42	42	47	53	54	52	51	50	49	48	47	42.5	54	27
18	47	48	46	46	45	45	44	43	42	37	37	36	39	44	49	50	50	49	50	52	52	50	47	46	45.6	52	36
19	44	45	43	43	30	36	38	39	37	37	36	39	51	54	57	72	75	63	59	54	54	48	38	32	46.8	75	30
20†	38	40	36	37	39	44	38	36	37	32	32	34	36	47	60	62	56	57	58	54	54	38	31	36	43.0	62	31
21†	29	31	36	36	36	40	42	44	41	39	38	39	43	50	54	55	59	65	59	58	57	52	38	39	45.0	65	29
22	43	47	43	43	41	41	41	41	42	41	34	33	39	51	64	69	75	73	64	52	50	49	41	37	**48.1**	75	33
23†	36	40	42	37	23	28	31	37	38	35	28	31	41	52	59	64	61	60	59	54	53	49	49	42	43.7	64	23
24	44	45	48	48	49	49	50	49	46	38	32	29	32	38	42	42	45	46	45	47	48	47	46	45	43.8	50	29
25	45	47	46	46	45	46	46	44	39	30	23	26	32	34	35	39	46	48	49	50	50	48	48	43	41.9	50	23
26	41	44	46	43	43	42	42	36	34	31	27	27	32	39	48	47	50	54	52	49	49	48	38	38	41.7	54	27
27	41	40	37	41	43	46	48	43	32	24	22	22	25	36	42	42	48	49	49	49	49	49	47	44	40.3	49	22
28*	40	41	42	38	42	43	42	41	43	43	39	38	39	39	39	43	45	44	45	44	44	45	44	45	42.0	45	38
29	45	45	43	41	39	39	39	38	33	27	22	22	27	38	49	51	50	50	46	45	45	45	45	44	40.3	51	22
30	44	44	41	39	36	39	38	41	40	38	38	37	38	43	49	50	61	66	58	56	55	53	50	50	46.0	66	36
Mittel	42	42	42	41	41	42	42	42	39	34	31	32	37	43	49	52	55	54	53	51	50	47	44	43	43.7	57	29

Weltzeit

Vertikalkomponente

Niemegk $Z = 0.43\,800 + \text{Tafelwert}$ (Γ) 1953

Stunden: 0^h 1^h 2^h 3^h 4^h 5^h 6^h 7^h 8^h 9^h 10^h 11^h 12^h 13^h 14^h 15^h 16^h 17^h 18^h 19^h 20^h 21^h 22^h 23^h 24^h Weltzeit

Mai

Tag	0–1	1–2	2–3	3–4	4–5	5–6	6–7	7–8	8–9	9–10	10–11	11–12	12–13	13–14	14–15	15–16	16–17	17–18	18–19	19–20	20–21	21–22	22–23	23–24	Tagesmittel (γ)	Max.	Min.
1	50	49	49	49	49	49	50	48	44	41	39	38	38	43	47	49	49	49	48	47	46	46	45	46	46.2	50	38
2*	45	44	44	45	46	48	48	47	42	38	31	31	33	40	45	46	50	50	49	49	47	46	46	46	44.0	50	31
3*	46	46	45	46	46	46	44	43	39	33	25	24	32	38	42	45	50	50	47	47	46	45	44	44	42.2	50	24
4	43	44	45	46	42	43	42	42	40	34	25	24	26	36	42	46	48	46	44	44	45	44	44	44	40.8	48	24
5	43	43	44	45	36	35	36	36	36	35	30	30	35	41	41	46	48	53	52	52	50	45	46	44	41.8	53	30
6†	37	28	23	25	31	28	23	20	22	22	33	36	38	48	53	59	60	60	61	58	57	34	40	32	**38.7**	61	20
7	30	29	35	40	42	47	45	41	41	39	31	35	37	43	50	55	56	54	54	54	53	50	43	41	43.5	56	29
8†	40	40	33	36	41	42	43	39	34	31	29	29	35	44	52	52	57	58	56	57	51	44	40	34	42.4	58	29
9	40	34	39	44	44	47	44	38	29	26	27	33	38	45	50	58	56	50	51	52	48	46	41	34	42.2	58	26
10	39	43	45	47	48	50	45	38	38	36	35	37	43	53	54	52	52	51	51	49	49	48	48	47	45.8	54	35
11	48	48	48	47	48	50	48	46	42	40	37	42	46	46	47	48	48	48	48	48	48	48	48	48	46.5	50	37
12*	48	48	49	52	53	52	48	43	41	38	34	35	41	(48)	(50)	(52)	(54)	(51)	(47)	46	48	47	47	47	46.6	54	34
13*	47	47	48	48	48	49	47	42	35	31	30	31	35	42	45	45	45	44	44	45	46	46	46	46	43.0	49	30
14*	46	46	47	47	47	48	45	41	34	29	21	25	31	35	41	42	42	43	44	43	43	44	44	40	40.3	48	21
15†	42	42	43	45	40	37	40	36	31	22	18	20	34	58	73	86	82	93	83	73	52	32	11	20	46.4	93	11
16†	31	33	28	07	12	24	28	33	43	44	44	54	78	115	128	132	131	122	91	70	64	31	01	-10	**55.6**	**132**	**-10**
17	-08	-06	09	25	46	52	53	52	48	46	42	42	44	50	55	61	60	56	63	62	60	58	56	47	44.7	63	-08
18	39	42	46	48	49	51	51	(51)	46	44	35	36	40	51	54	55	56	60	61	58	58	53	48	47	49.1	61	35
19†	39	33	34	39	42	39	39	42	44	45	46	46	42	41	47	50	53	56	56	56	51	50	29	32	43.8	56	29
20	33	36	43	44	47	50	50	50	52	43	37	41	42	42	47	50	56	55	65	61	58	55	52	48	48.2	65	33
21	48	48	48	49	53	53	54	46	38	32	32	32	36	36	47	54	56	59	56	57	50	51	50	48	47.2	59	32
22	46	45	46	48	41	43	44	45	41	34	28	24	33	44	46	54	60	63	65	61	58	50	52	52	46.8	65	24
23	51	48	50	51	52	52	52	48	44	44	38	39	40	46	50	54	56	58	60	57	54	52	52	51	50.0	60	38
24	52	52	52	51	51	50	46	44	40	36	32	33	38	40	48	50	53	54	55	55	54	54	53	53	47.8	55	32
25	52	50	51	52	51	51	49	48	42	41	37	32	30	39	48	53	53	54	50	49	49	49	50	46	46.9	54	30
26	45	46	48	50	50	50	53	48	37	28	26	27	33	43	50	53	54	52	50	48	46	47	47	48	45.0	54	26
27	49	45	50	53	46	45	45	41	34	33	43	44	53	58	66	68	69	66	60	59	59	57	55	54	52.2	69	33
28	54	55	56	58	58	55	53	50	47	42	39	41	42	48	60	64	69	67	63	59	58	57	56	56	54.5	69	39
29	55	55	55	56	55	54	56	52	49	41	40	41	46	53	55	58	61	60	57	56	56	55	55	56	53.2	61	40
30	50	52	54	56	56	52	51	50	44	34	34	39	44	49	51	55	56	56	54	56	55	54	50	51	50.1	56	34
31	51	51	50	50	51	51	53	54	48	41	34	38	44	50	53	57	58	58	59	62	55	55	54	52	51.2	62	34
Mittel	43	42	44	45	46	46	46	44	40	36	33	35	40	47	53	56	58	58	56	54	52	48	45	43	46.3	60	28

Juni

Tag	0–1	1–2	2–3	3–4	4–5	5–6	6–7	7–8	8–9	9–10	10–11	11–12	12–13	13–14	14–15	15–16	16–17	17–18	18–19	19–20	20–21	21–22	22–23	23–24	Tagesmittel (γ)	Max.	Min.
1	52	52	52	51	52	50	53	54	50	46	45	46	46	50	50	55	59	62	63	61	58	55	55	54	53.0	63	45
2†	53	51	50	36	42	42	42	40	42	49	44	46	44	60	77	78	78	80	81	82	72	66	49	54	**56.6**	82	36
3†	46	38	38	46	48	48	54	60	55	55	49	48	50	61	63	61	61	70	72	71	65	56	54	53	55.1	72	38
4†	52	49	46	38	46	50	44	44	44	44	45	48	52	55	56	62	65	68	68	67	63	58	57	57	53.2	68	38
5	56	57	55	56	55	53	54	50	47	48	47	47	46	47	51	53	56	61	63	57	60	56	55	55	53.5	63	46
6	54	52	47	50	51	48	48	46	46	43	43	46	48	55	59	64	62	62	64	62	59	59	58	58	53.5	64	43
7	56	56	57	55	55	55	60	56	56	51	50	49	46	49	54	58	60	62	59	58	57	56	54	54	55.1	62	46
8	55	54	54	57	57	52	51	56	53	52	47	43	46	48	50	52	56	55	52	53	53	53	54	54	52.4	57	43
9	55	53	54	54	52	53	54	52	41	31	34	42	46	50	55	56	55	52	53	54	54	53	54	53	50.4	56	31
10	52	52	53	53	53	52	51	51	50	47	42	42	44	52	48	48	53	58	56	56	51	51	51	51	50.7	58	42
11	52	52	53	50	49	47	48	46	42	39	32	37	39	45	48	46	49	50	52	50	50	49	44	45	46.4	53	32
12	45	48	49	49	49	47	48	49	44	35	20	20	33	39	45	48	44	58	66	62	58	44	47	49	45.7	66	**20**
13	49	51	38	39	46	47	48	48	47	42	37	35	35	41	43	46	50	56	59	57	57	54	52	45	46.8	59	35
14	44	47	47	51	53	49	50	50	46	42	40	39	41	48	54	58	57	59	57	58	53	52	50	50	49.8	59	39
15	50	51	54	54	54	49	48	47	46	43	39	37	37	40	42	44	49	51	51	53	52	51	51	48	47.5	54	37
16*	48	49	51	52	52	48	42	40	39	33	32	32	38	42	50	49	50	51	54	54	53	50	49	48	46.1	54	32
17	47	48	47	48	48	47	47	50	49	40	31	29	34	44	53	51	60	59	55	52	52	51	49	43	47.2	60	29
18	46	46	46	50	50	49	50	50	46	48	47	44	44	48	48	51	54	54	53	53	52	50	50	50	49.1	54	44
19*	50	50	50	49	50	49	47	43	36	30	22	22	25	30	36	40	45	47	48	50	48	47	47	46	**42.0**	50	22
20	46	46	48	49	48	46	45	44	40	35	31	29	31	42	56	58	55	56	59	61	56	49	44	45	46.6	61	29
21	47	50	51	50	50	48	48	47	46	44	36	38	39	42	47	49	54	59	60	62	58	54	45	50	48.9	62	36
22	51	52	52	52	52	46	43	45	44	37	32	39	40	47	47	55	54	54	54	53	54	52	48	49	48.0	55	32
23*	49	50	50	50	52	55	55	56	49	41	40	41	45	50	50	51	55	52	53	55	53	52	52	51	50.3	56	40
24	50	50	50	49	45	44	46	50	45	42	40	42	44	47	48	51	51	51	55	56	56	55	53	52	48.8	56	40
25	51	49	48	49	50	51	51	50	44	35	27	30	36	46	51	51	47	47	50	50	49	49	48	48	46.1	51	27
26*	49	48	49	49	47	46	47	48	46	36	30	28	32	39	42	42	48	52	53	54	52	52	50	50	45.4	54	28
27*	49	48	48	47	49	53	53	47	51	56	43	34	30	37	48	53	56	53	52	52	52	51	49	47	48.2	56	30
28	47	48	49	50	49	47	47	47	43	34	28	28	29	38	48	53	53	51	50	46	46	48	48	45	44.7	53	28
29†	45	46	47	48	48	49	48	46	44	50	44	37	35	49	65	64	82	91	83	79	67	57	51	53	55.3	**91**	35
30†	51	22	30	39	48	48	48	47	46	41	43	42	49	57	63	72	74	80	77	69	62	57	52	54	53.0	80	22
Mittel	50	49	49	49	50	49	49	49	46	42	38	38	40	47	52	54	56	59	59	58	56	53	51	50	49.6	61	35

Vertikalkomponente

Niemegk $Z = 0.43\,800 + \text{Tafelwert}\ \Gamma$ 1953

Tag	0h–1h	1h–2h	2h–3h	3h–4h	4h–5h	5h–6h	6h–7h	7h–8h	8h–9h	9h–10h	10h–11h	11h–12h	12h–13h	13h–14h	14h–15h	15h–16h	16h–17h	17h–18h	18h–19h	19h–20h	20h–21h	21h–22h	22h–23h	23h–24h Weltzeit	Tagesmittel γ	Max.	Min.
Juli																											
1†	56	53	51	45	45	50	50	48	50	49	46	52	59	56	57	60	63	64	66	62	60	54	54	53	54.3	66	45
2†	53	51	46	30	37	48	53	55	56	51	46	50	47	51	65	61	71	71	69	69	67	58	46	48	54.1	71	30
3	49	52	53	54	54	55	59	59	56	50	48	48	55	56	56	57	69	69	67	66	59	56	57	57	56.7	69	48
4	49	44	46	52	52	52	52	54	52	48	48	50	49	53	60	61	63	69	70	68	63	59	57	57	55.3	70	44
5	54	54	56	56	53	53	60	54	54	52	47	47	46	50	59	62	64	65	64	64	63	59	57	55	56.2	65	46
6	52	32	43	50	51	50	52	52	50	45	40	38	40	48	58	60	61	62	61	61	60	58	54	51	51.2	62	32
7	51	50	50	39	33	33	37	42	45	51	37	36	36	45	51	57	57	56	55	56	55	53	53	48	46.9	57	33
8	34	40	47	50	50	47	48	53	53	41	39	36	41	44	51	60	60	62	68	69	64	59	53	52	50.9	69	34
9	52	52	51	52	53	52	52	47	46	40	37	37	35	37	42	46	47	50	50	57	57	50	49	47	47.4	57	35
10	48	48	49	51	51	46	46	46	44	42	36	26	32	41	49	59	58	57	58	57	54	53	53	52	48.2	59	26
11*	53	51	53	51	54	54	56	50	39	30	29	29	31	33	43	49	54	54	53	52	48	49	51	49	46.5	56	29
12	50	51	51	50	52	49	53	50	43	36	32	30	33	42	48	52	54	54	51	52	47	46	46	45	46.5	54	30
13	46	46	49	49	51	45	45	46	48	49	44	39	40	48	59	62	69	69	60	54	54	51	51	51	51.0	69	39
14	50	50	50	51	54	50	51	51	50	41	36	27	26	35	42	45	48	48	54	49	50	50	49	49	46.1	54	26
15	49	43	43	48	48	49	49	48	46	37	37	36	37	45	45	53	57	60	63	60	57	55	54	54	48.9	63	36
16*	53	52	53	55	55	55	56	56	51	42	40	38	39	46	52	53	52	53	55	55	53	52	50	51	50.7	56	38
17*	48	48	50	52	54	53	50	49	47	42	39	38	41	48	49	49	50	48	52	55	54	51	50	49	48.6	55	38
18*	49	48	45	48	49	48	48	49	43	37	29	20	24	31	41	46	48	47	46	47	47	47	49	49	**43.1**	49	**20**
19	46	42	41	44	45	43	46	46	42	40	33	32	38	41	46	50	51	51	51	51	52	52	51	50	45.2	52	32
20	48	49	47	46	46	46	48	48	41	33	24	29	37	46	53	56	55	51	51	50	49	49	49	49	45.8	56	24
21*	48	47	47	49	49	44	48	48	49	48	43	38	42	42	49	51	52	53	54	53	51	51	47	48	48.0	54	38
22	48	48	48	50	51	50	48	47	46	39	35	40	47	50	54	56	55	56	56	55	52	51	50	48	49.2	56	35
23†	39	38	39	39	33	30	35	33	34	35	36	37	47	69	83	113	112	100	89	81	78	72	50	56	**57.4**	**113**	30
24	57	59	60	62	60	61	60	60	56	47	40	42	42	42	51	55	61	65	64	62	58	56	55	56	55.5	65	40
25	56	57	58	57	58	56	61	57	52	45	40	39	43	49	54	58	61	64	65	64	64	62	58	58	55.7	65	39
26	48	37	40	43	48	49	54	54	54	47	47	46	55	66	71	68	70	64	61	60	58	54	55	57	54.4	71	37
27†	41	40	42	46	32	40	45	45	46	43	45	51	56	67	76	73	74	72	69	65	57	57	57	55	53.9	76	32
28	53	43	40	38	45	45	50	52	52	51	49	50	52	53	59	62	63	70	72	68	62	55	43	45	53.0	72	38
29†	52	39	41	42	40	44	43	46	46	52	60	59	61	70	70	76	74	70	70	71	57	51	53	52	55.8	76	39
30	37	44	48	52	52	50	53	55	52	46	45	48	49	56	61	62	64	69	67	67	62	52	48	46	53.5	69	37
31	45	46	46	39	44	51	56	57	58	58	58	57	54	62	67	66	66	64	63	63	61	61	56	55	56.4	67	39
Mittel	49	47	48	48	48	48	50	50	48	44	41	40	43	49	56	59	61	62	61	60	57	54	52	51	51.2	64	35
August																											
1	55	56	53	49	50	52	54	54	51	44	44	45	45	52	57	59	63	66	67	64	58	49	52	54	53.9	67	44
2	54	53	53	48	49	50	51	50	46	46	45	47	49	50	52	56	58	57	58	56	56	54	54	49	51.7	58	45
3	48	48	50	52	55	56	57	56	51	44	45	44	46	49	55	58	57	57	58	57	57	54	54	56	52.7	58	44
4	55	53	47	47	51	51	50	50	51	45	45	44	45	47	54	67	62	60	57	57	56	56	56	56	52.6	67	44
5	55	52	52	51	51	52	52	51	51	40	34	38	43	45	49	53	54	51	51	54	51	52	49	51	49.2	55	34
6	51	51	51	54	54	54	55	55	49	39	31	33	39	45	52	55	56	51	49	49	49	51	51	52	49.0	56	31
7	53	53	46	45	46	49	50	52	54	50	51	52	49	49	52	53	53	54	54	54	55	54	53	52	51.4	55	45
8	46	48	50	52	55	54	54	52	46	41	36	36	47	54	55	60	57	54	52	52	54	53	51	51	50.4	60	36
9	52	41	37	44	47	44	41	43	42	37	36	35	38	48	50	55	53	52	52	53	48	53	54	54	**46.2**	55	35
10	54	55	55	57	55	52	55	55	49	37	37	43	51	58	66	73	69	64	60	60	62	57	52	47	55.1	73	37
11	41	38	37	30	30	32	37	40	39	37	38	45	50	53	60	78	83	82	71	64	63	62	56	54	50.8	83	30
12†	52	40	29	24	21	28	31	44	49	52	58	57	61	61	78	95	96	94	80	75	69	66	61	60	57.5	96	21
13	54	49	47	54	55	57	58	57	51	50	49	48	49	50	55	56	58	61	57	62	57	54	48	50	53.6	62	47
14	50	50	46	52	55	60	65	66	61	54	52	50	49	52	57	61	65	64	62	60	59	57	57	58	56.8	66	46
15	56	56	56	57	57	58	61	60	56	46	39	40	43	50	56	60	62	61	64	66	54	55	56	56	55.2	66	39
16	52	53	56	56	59	58	60	61	59	55	58	48	53	58	67	71	70	67	62	61	59	59	59	58	59.1	71	48
17*	58	58	58	58	59	59	61	64	60	49	46	46	52	58	56	59	60	58	58	58	58	58	58	58	57.0	64	46
18	56	55	52	52	56	56	56	55	56	49	48	43	47	49	53	53	56	58	56	56	55	56	55	55	53.5	58	43
19*	54	56	56	56	56	56	59	60	54	50	46	49	49	50	55	60	60	55	53	52	53	53	55	53	54.2	60	46
20*	54	53	54	54	57	57	56	53	50	40	36	38	42	46	49	52	53	52	52	55	55	55	55	55	51.0	57	36
21*	53	53	53	54	56	57	58	56	48	40	40	42	44	47	54	57	54	50	48	52	52	53	53	53	51.1	58	40
22*	54	54	54	56	56	56	54	52	45	33	34	39	45	44	52	54	54	54	54	54	54	54	54	54	50.6	56	33
23†	54	53	48	46	46	48	48	44	39	31	41	57	56	68	78	91	93	96	92	78	65	60	27	19	57.4	96	19
24†	37	39	35	34	39	46	53	54	54	48	52	55	63	69	68	69	80	86	77	61	63	55	52	16	54.4	86	**16**
25	32	46	53	54	49	50	57	55	59	57	52	56	67	73	79	78	74	70	71	64	57	54	56	53	59.0	79	32
26	49	46	53	59	54	55	59	59	56	48	48	51	58	64	65	66	70	68	68	69	62	53	46	47	57.2	70	46
27†	47	45	27	30	41	51	52	54	51	48	48	54	69	74	91	102	100	83	84	63	64	61	54	45	**59.9**	**102**	27
28	42	47	44	46	53	52	54	61	58	53	53	60	62	62	66	78	78	68	65	64	60	52	50	44	57.2	78	42
29	39	50	52	57	52	56	57	61	58	49	52	51	54	67	72	72	72	73	69	65	53	51	53	55	57.9	73	39
30†	49	42	26	42	50	54	56	58	59	56	54	52	53	61	76	89	76	70	67	63	61	58	54	43	57.0	89	26
31	43	46	46	41	46	56	60	56	53	52	50	50	60	74	85	76	72	72	72	66	60	60	58	53	58.6	85	41
Mittel	50	50	48	49	50	52	54	54	52	46	45	47	51	56	62	67	67	65	63	60	57	55	53	50	54.2	70	37

Vertikalkomponente

Niemegk $Z = 0.43\,800 + \text{Tafelwert}$ Γ 1953

Weltzeit

September

Tag	0h–1h	1h–2h	2h–3h	3h–4h	4h–5h	5h–6h	6h–7h	7h–8h	8h–9h	9h–10h	10h–11h	11h–12h	12h–13h	13h–14h	14h–15h	15h–16h	16h–17h	17h–18h	18h–19h	19h–20h	20h–21h	21h–22h	22h–23h	23h–24h	Tages-mittel	Max.	Min.
																									γ		
1	55	58	59	62	61	60	63	62	60	52	48	53	64	68	68	77	76	69	64	65	64	62	62	62	62.2	77	48
2	62	58	49	56	60	60	61	62	61	51	54	57	56	62	69	76	81	82	78	74	62	62	57	53	62.6	82	49
3†	54	57	58	59	60	59	58	58	59	52	48	50	57	64	69	72	69	72	67	65	66	68	47	03	58.0	72	03
4†	-13	01	09	05	29	46	58	59	60	57	52	60	76	90	98	99	102	97	81	71	70	68	60	60	58.1	102	-13
5	40	28	37	48	56	61	60	62	62	57	55	56	57	61	65	65	65	66	66	67	60	55	59	62	57.1	67	28
6	63	63	63	64	65	66	66	67	59	59	54	49	56	59	60	65	65	64	66	66	62	65	63	56	61.9	67	49
7	58	61	63	62	63	63	65	63	59	54	52	53	60	67	68	66	74	72	68	65	65	64	62	61	62.8	74	52
8	51	51	55	59	60	61	62	61	57	50	45	47	51	57	65	67	66	65	66	64	63	61	61	60	58.5	67	45
9*	58	58	59	55	57	58	56	55	45	34	32	39	50	57	57	58	57	56	56	58	59	59	58	57	53.7	59	32
10	58	58	58	58	58	56	52	50	48	40	40	47	50	54	59	61	62	61	62	61	59	57	49	48	54.4	62	40
11	50	29	39	50	53	53	53	53	52	49	41	41	46	49	59	59	58	58	58	59	59	59	59	58	51.8	59	29
12	58	57	57	57	57	57	57	54	46	46	46	46	48	55	54	56	57	56	57	58	59	59	55	54	54.4	59	46
13	49	55	56	55	54	56	56	56	56	45	35	42	45	52	55	56	54	55	57	58	60	54	56	56	53.0	60	35
14*	55	56	57	56	57	58	59	57	50	38	34	38	44	50	57	55	50	52	54	56	56	56	56	56	52.4	59	34
15	56	56	55	51	51	51	51	48	45	32	29	30	34	39	49	54	53	55	73	67	65	65	64	64	51.5	73	29
16	62	60	60	59	56	56	55	53	48	38	31	32	39	47	51	54	61	65	67	65	63	62	61	60	54.4	67	31
17	59	58	56	47	52	54	56	55	49	46	47	51	53	59	70	69	64	61	60	56	56	55	55	55	56.0	70	46
18	56	54	55	55	57	57	56	56	50	43	41	43	45	48	52	52	50	50	54	64	67	59	47	21	**51.3**	67	21
19†	19	06	13	02	16	36	46	47	47	52	60	64	78	82	107	126	129	108	90	79	65	44	45	41	58.4	**129**	02
20†	43	45	44	42	51	54	56	62	62	62	64	66	67	76	89	96	101	90	80	68	56	53	55	45	63.6	101	**42**
21	42	49	53	52	53	56	62	68	69	64	64	64	64	68	68	70	73	70	72	68	62	55	57	58	61.7	73	42
22	60	60	31	30	32	40	43	53	56	53	52	55	58	60	63	65	64	64	61	64	62	52	55	55	53.7	65	30
23†	46	52	56	58	61	55	59	61	61	52	50	53	64	77	96	90	84	78	74	67	62	52	50	50	62.8	96	46
24	48	51	58	58	63	64	70	69	58	57	62	69	86	92	95	82	75	76	75	74	60	62	62	63	**67.9**	95	48
25	64	63	59	63	66	67	67	67	67	60	56	55	56	59	70	71	66	68	70	67	69	61	61	61	63.9	71	55
26	61	62	62	62	65	67	68	68	62	57	55	58	60	66	67	67	68	67	67	65	65	56	57	57	62.9	68	55
27	55	55	49	37	44	56	58	60	60	56	56	60	64	67	74	77	76	71	71	65	66	64	63	63	61.1	77	37
28*	61	55	55	58	57	58	62	62	58	54	51	51	53	56	62	62	67	67	67	65	62	62	62	61	59.5	67	51
29*	62	63	62	63	60	62	63	63	60	52	51	49	47	48	53	58	58	59	60	62	63	63	62	61	58.5	63	47
30*	61	60	60	59	59	58	62	62	57	51	44	41	47	50	55	58	60	67	73	71	65	64	63	60	58.6	73	41
Mittel	52	51	52	51	54	57	59	59	56	50	48	51	56	61	67	69	70	68	67	65	62	59	57	54	58.2	74	37

Oktober

Tag	0h–1h	1h–2h	2h–3h	3h–4h	4h–5h	5h–6h	6h–7h	7h–8h	8h–9h	9h–10h	10h–11h	11h–12h	12h–13h	13h–14h	14h–15h	15h–16h	16h–17h	17h–18h	18h–19h	19h–20h	20h–21h	21h–22h	22h–23h	23h–24h	Tages-mittel	Max.	Min.
																									γ		
1	60	59	57	57	44	52	57	57	57	53	50	55	61	62	65	68	68	68	67	57	58	60	61	58	58.8	68	44
2	59	60	59	60	59	60	64	64	64	56	50	48	49	52	58	61	64	66	68	64	62	62	62	60	59.6	68	48
3	59	59	59	58	59	59	61	62	59	54	52	55	54	54	56	60	62	62	63	62	61	62	62	63	59.0	63	52
4	59	59	60	59	59	60	64	63	59	53	46	48	51	53	57	59	60	60	60	61	59	58	58	57	57.6.	64	46
5*	58	56	57	57	57	59	59	60	57	49	46	44	48	51	54	59	58	58	57	57	57	58	58	59	55.5	60	44
6*	56	54	56	57	57	58	60	58	55	48	46	46	46	49	54	55	55	56	56	56	56	56	57	56	54.3	60	46
7	56	55	55	54	53	52	53	59	52	48	41	47	51	54	56	58	58	59	59	59	59	58	58	60	54.8	60	41
8	58	57	57	56	55	56	56	54	48	45	43	42	44	50	59	59	58	57	59	58	61	46	48	52	53.2	61	42
9	53	54	53	54	53	54	53	54	54	47	45	43	47	51	58	56	57	57	57	58	58	58	58	57	53.7	58	43
10	58	56	50	53	55	56	59	62	59	53	48	47	48	52	57	61	61	59	60	63	62	59	58	55	56.3	63	47
11	56	56	56	56	56	56	57	57	54	45	42	45	54	60	63	68	64	62	63	60	58	57	59	57	56.7	68	42
12*	57	58	58	57	56	57	57	57	57	52	51	52	53	55	56	57	57	58	60	61	63	61	63	61	57.2	63	51
13*	57	59	56	55	55	56	59	60	60	54	49	49	52	56	59	60	59	59	61	60	59	58	56	56	56.8	61	49
14*	55	55	55	55	55	56	56	55	52	48	45	45	47	48	53	55	55	57	57	56	55	54	53	53	**53.1**	57	45
15†	53	54	53	52	53	52	54	56	53	41	35	38	38	42	68	120	135	159	126	98	76	56	41	32	66.0	**159**	32
16†	34	31	47	53	59	60	64	64	58	50	53	59	64	70	76	83	83	80	72	67	47	47	49	26	58.2	83	26
17	24	40	51	57	58	60	65	68	68	68	66	64	68	75	84	94	90	84	85	86	75	67	57	54	67.0	94	24
18†	57	58	56	49	48	55	59	60	59	60	69	74	91	106	114	126	111	100	92	79	63	61	57	37	**72.5**	126	37
19†	36	30	21	25	35	48	59	70	77	82	84	82	96	104	92	96	96	82	74	73	68	65	66	63	67.7	104	**21**
20†	62	49	41	42	50	54	60	61	65	66	64	72	80	88	94	97	84	77	77	62	59	49	53	52	64.9	97	41
21	57	61	63	63	64	66	67	65	68	72	74	76	74	83	86	80	73	71	70	71	70	68	68	68	69.9	86	57
22	66	68	66	66	54	57	64	64	66	67	68	69	73	75	74	74	74	70	67	66	67	61	57	56	66.2	75	54
23	57	60	56	57	58	59	59	59	57	53	60	62	69	72	75	75	70	67	66	66	66	66	65	66	63.3	75	53
24	65	65	65	65	64	63	64	64	61	53	53	54	61	78	77	73	70	67	65	66	65	65	64	64	64.6	78	53
25	64	64	64	60	61	60	59	60	59	56	55	57	60	63	65	66	65	65	65	65	65	63	62	60	61.8	66	55
26	60	60	60	60	59	59	61	62	60	56	57	57	59	64	65	63	63	63	64	66	65	64	62	62	61.3	66	56
27	63	52	53	56	56	57	65	64	66	64	62	64	67	69	72	73	75	78	81	70	73	70	64	64	65.8	81	52
28	60	53	57	58	58	61	66	65	62	61	62	61	62	65	66	67	67	67	68	67	67	63	62	62	62.8	68	53
29	59	56	59	59	58	58	60	61	56	51	50	50	53	57	60	61	64	66	68	71	72	62	56	55	59.2	72	50
30	62	62	63	63	63	63	62	62	58	54	56	58	61	61	63	63	63	63	64	65	68	67	66	66	62.3	68	54
31	59	57	59	60	62	63	63	64	64	59	59	62	65	68	68	68	67	66	66	66	64	64	65	65	63.5	68	57
Mittel	56	55	56	56	56	58	60	61	59	55	54	56	60	64	68	72	71	70	68	66	63	60	59	57	60.8	75	46

Vertikalkomponente

Niemegk — $Z = 0.43800\,\Gamma + \text{Tafelwert}$ — 1953

Weltzeit

November

Tag	0^h–1^h	1^h–2^h	2^h–3^h	3^h–4^h	4^h–5^h	5^h–6^h	6^h–7^h	7^h–8^h	8^h–9^h	9^h–10^h	10^h–11^h	11^h–12^h	12^h–13^h	13^h–14^h	14^h–15^h	15^h–16^h	16^h–17^h	17^h–18^h	18^h–19^h	19^h–20^h	20^h–21^h	21^h–22^h	22^h–23^h	23^h–24^h	Tagesmittel γ	Max.	Min.
1	65	64	65	64	65	65	67	67	65	61	62	64	68	69	69	69	69	69	68	69	69	68	68	69	66.6	69	61
2*	66	66	64	63	63	63	67	67	61	58	58	60	64	66	67	65	66	67	64	64	64	64	64	62	63.9	67	58
3	63	62	61	61	61	61	64	64	60	55	54	59	63	67	66	67	65	62	68	66	64	62	62	62	62.5	68	54
4	60	60	60	60	61	61	62	61	56	52	49	51	56	58	60	60	60	61	62	62	62	63	62	63	**59.2**	63	49
5	60	59	58	57	57	57	57	60	59	55	58	67	76	82	89	91	94	92	84	77	73	69	69	68	69.5	94	55
6	68	67	65	64	64	64	65	65	55	54	54	57	62	68	67	67	67	66	66	66	66	66	65	65	63.9	68	54
7	65	64	64	64	65	64	65	66	65	56	59	63	66	67	67	66	60	66	66	67	70	70	66	65	65.0	70	56
8	64	64	64	63	63	64	65	65	64	58	58	62	64	67	67	66	68	65	64	64	63	63	63	57	63.5	68	57
9*	61	62	62	62	62	62	60	61	57	55	55	55	58	64	63	63	64	64	64	64	64	64	64	64	61.4	64	55
10*	62	62	62	62	62	62	61	61	57	53	53	55	57	59	62	63	63	63	63	63	63	63	62	62	60.6	63	53
11	62	62	62	61	60	61	59	58	54	52	52	55	60	61	61	63	63	63	64	69	69	66	65	64	61.1	69	52
12	58	52	54	60	60	60	60	60	56	53	53	56	60	64	65	72	71	69	73	76	77	60	62	62	62.2	77	52
13†	62	62	50	50	50	51	57	62	62	56	63	69	84	86	76	77	77	72	77	72	60	55	53	60	64.3	86	50
14†	64	64	61	55	46	55	63	65	65	64	66	70	84	84	77	75	75	69	75	76	61	58	58	66	66.5	84	**46**
15†	66	67	67	67	67	66	64	67	68	67	72	80	89	96	96	100	90	80	74	80	69	69	68	68	**74.9**	**100**	64
16†	66	66	62	47	50	58	62	62	65	70	72	73	77	78	74	78	79	81	80	76	75	71	68	58	68.7	81	47
17	64	65	61	60	65	66	65	65	65	62	64	65	67	73	74	74	77	79	82	76	71	62	57	64	67.6	82	57
18	65	64	62	62	62	63	69	70	68	63	70	70	73	73	74	73	73	73	72	71	71	69	69	65	68.5	74	62
19†	59	56	59	59	52	57	60	62	63	60	61	66	75	93	90	82	82	81	77	77	65	65	68	68	68.2	93	52
20	67	67	62	55	59	63	62	65	65	63	66	66	69	73	76	84	83	75	70	76	71	55	63	64	67.5	84	55
21	65	64	67	70	70	70	71	71	67	65	72	76	78	76	77	76	76	76	75	74	76	75	73	72	72.2	78	64
22	70	72	72	72	72	72	71	71	68	65	66	70	75	76	76	75	74	74	73	76	75	73	72	70	72.1	76	65
23	70	71	71	72	71	70	66	66	68	66	67	67	68	73	73	72	76	75	72	77	66	65	70	68	70.0	77	65
24	54	57	62	65	65	65	64	64	64	62	64	64	65	69	73	74	77	77	76	75	74	74	73	71	67.8	77	54
25	70	70	71	70	71	64	66	67	67	62	67	67	71	70	73	74	74	73	71	72	75	69	68	69	69.6	75	62
26	62	64	65	68	70	70	69	67	66	61	62	67	70	70	70	70	70	70	71	70	71	70	70	70	68.0	71	61
27	69	69	68	66	67	67	68	69	69	69	69	66	68	69	69	70	71	72	74	74	71	71	69	66	69.2	74	66
28*	64	65	66	66	66	65	63	62	64	59	59	60	66	70	69	68	68	65	67	67	66	69	68	67	65.4	70	59
29	67	67	62	63	63	63	64	64	62	60	60	61	64	69	68	67	68	66	66	66	66	65	65	64	64.6	69	60
30*	62	61	62	62	62	62	62	61	60	60	59	62	65	67	64	64	64	64	64	64	66	66	66	66	63.1	67	59
Mittel	64	64	63	62	62	63	64	64	63	60	61	64	69	72	72	72	72	71	71	71	68	66	66	65	66.2	75	57

Dezember

Tag	0^h–1^h	1^h–2^h	2^h–3^h	3^h–4^h	4^h–5^h	5^h–6^h	6^h–7^h	7^h–8^h	8^h–9^h	9^h–10^h	10^h–11^h	11^h–12^h	12^h–13^h	13^h–14^h	14^h–15^h	15^h–16^h	16^h–17^h	17^h–18^h	18^h–19^h	19^h–20^h	20^h–21^h	21^h–22^h	22^h–23^h	23^h–24^h	Tagesmittel γ	Max.	Min.
1*	64	63	64	64	63	63	60	56	56	57	56	59	63	63	64	64	64	64	63	63	64	64	64	63	62.0	64	56
2*	62	62	62	62	63	63	62	60	62	57	57	57	62	62	63	63	63	64	64	63	64	63	63	63	61.9	64	57
3	63	63	62	62	62	61	61	59	58	55	57	61	62	62	64	65	68	68	70	69	67	64	64	66	63.0	70	55
4	52	55	61	61	61	61	60	60	58	58	61	61	61	62	62	62	62	64	67	66	63	63	63	62	61.1	67	**52**
5	62	61	56	58	62	62	61	61	58	57	58	61	62	63	64	64	66	64	64	63	63	62	63	63	61.6	66	56
6	62	63	62	62	62	61	59	58	56	54	55	58	61	65	68	69	69	67	66	66	66	68	66	66	62.9	69	54
7	65	65	59	59	60	59	60	59	58	54	52	56	59	61	63	63	64	64	64	62	62	63	61	62	60.6	65	**52**
8	62	62	62	62	61	62	60	60	60	59	59	58	60	60	62	64	62	64	65	66	66	66	66	59	62.0	66	58
9	61	62	61	60	60	60	61	61	61	60	60	60	64	65	65	65	65	67	67	65	62	62	60	61	62.3	67	60
10	60	60	61	61	60	60	60	59	58	58	59	59	60	61	63	64	65	64	61	61	61	60	58	60	60.5	65	58
11†	58	58	58	58	58	58	58	58	58	55	56	55	61	80	79	73	76	85	85	84	73	64	62	61	65.5	**35**	55
12†	61	60	61	62	61	62	62	62	65	63	64	65	71	71	73	78	75	74	73	74	74	72	70	63	**67.3**	78	60
13†	55	62	62	62	62	61	62	64	62	62	65	65	68	69	67	67	66	67	71	71	62	66	65	65	64.5	71	55
14	65	62	64	62	62	62	62	63	63	64	66	64	64	66	66	67	67	68	67	68	66	66	64	62	64.6	68	62
15	62	62	62	62	62	60	61	62	62	64	65	63	62	63	63	63	63	63	64	68	65	61	61	60	62.6	68	60
16	60	59	59	59	59	59	60	60	60	64	65	64	64	66	67	66	64	66	65	64	63	63	61	59	62.3	67	59
17	58	58	58	58	58	58	58	58	58	60	61	59	62	63	63	63	62	60	60	60	62	61	60	60	59.9	63	58
18	60	57	58	59	59	59	60	61	60	59	59	58	59	61	64	64	64	64	64	64	64	63	59	59	60.8	64	57
19	58	59	58	57	57	57	57	57	56	54	54	53	57	57	58	58	60	62	68	67	68	67	68	66	**59.7**	68	53
20	65	63	62	59	59	58	58	58	58	58	58	57	61	64	63	63	64	64	68	68	68	64	63	64	62.0	68	57
21	62	60	61	62	62	61	61	60	58	58	57	56	58	60	61	63	63	63	63	63	63	64	64	57	60.8	64	56
22†	59	59	59	59	59	59	58	58	57	58	58	58	60	65	65	66	68	68	69	69	69	68	66	63	62.4	69	57
23*	64	64	63	64	63	63	64	65	67	68	68	65	67	67	66	66	62	64	68	70	68	66	66	67	65.6	70	62
24	66	65	65	63	62	62	62	62	62	61	61	61	62	64	64	65	65	65	65	66	66	66	66	65	63.8	66	61
25	62	62	62	62	61	61	61	60	61	60	57	59	63	64	62	62	66	66	66	65	67	68	65	68	62.9	68	57
26	65	65	64	64	64	64	64	64	62	61	61	62	64	64	63	64	65	66	66	66	64	66	66	68	64,2	68	61
27	68	68	68	66	64	63	64	63	61	59	60	64	64	62	62	63	65	64	64	68	68	59	59	62	63.7	68	59
28	66	66	64	64	64	65	65	65	66	66	66	65	64	63	63	64	65	68	68	69	68	66	64	65	65.4	69	63
29†	63	63	63	63	62	62	62	62	64	58	57	62	63	62	61	62	62	65	65	65	65	65	62	64	62.6	65	57
30*	63	63	63	62	62	62	63	63	63	60	54	54	61	64	64	64	63	64	68	67	67	66	67	66	63.0	68	54
31*	64	62	62	62	62	62	62	63	62	62	62	58	62	64	64	64	64	63	64	64	64	66	66	66	63.1	66	58
Mittel	62	62	61	61	61	61	61	61	60	59	60	60	62	64	64	65	65	66	67	67	66	65	64	63	62.7	68	57

Aktivitätszahlen und Kennziffern

Niemegk — Januar — **1953**

Tag	n	f	ν	ΣK_1	K_2	K_2 0—3	3—6	6—9	9—12	12—15	15—18	18—21	21—24
1	1	0.5	0.8	24	3323 3343	0002	0002	2001	1002	1002	1002	0002	1002
2	1	0.5	1.0	28	3233 4553	1001	1001	2002	1002	1002	1201	2302	1001
3	0	0.5	0.5	18	3211 3332	1002	0001	1001	2001	2001	1101	0101	0001
4	0	0.5	0.2	14	3101 1332	1001	0001	1001	0001	1001	0001	0001	0001
5	1	0.5	1.7	34	3254 4655	0001	0001	1012	1022	1012	1012	0312	1012
6	1	0.5	0.9	24	3223 3533	0001	1001	1001	1002	2002	1202	0001	1002
7	1	0.5	0.5	15	2111 3322	2001	0001	1001	0001	0002	0002	0001	2001
8	0	0.5	0.4	14	3211 2122	1002	0001	0001	0001	1001	0001	2001	0001
9	0	0.5	0.6	19	4112 2333	1201	0001	0001	1001	1001	0001	2101	0001
10	0	0.5	0.3	13	2101 2223	1001	0001	1001	1000	2001	0001	2001	2101
11	0	0.5	0.4	14	4211 1122	1101	0001	0001	1001	1001	1001	2001	1001
12	0	0.5	0.1	12	2202 3210	1001	0001	0001	0001	2002	1001	1001	1001
13	0	0.5	0.8	17	0112 3244	1000	1001	1001	0001	2002	1001	1002	1002
14	0	0.5	0.3	16	3221 1223	1001	0001	1001	1001	1001	1001	1001	1001
15	0	0.5	0.1	9	2101 1103	0001	0001	1000	1001	1001	1001	1000	1101
16	0	0.5	0.1	8	1000 2311	0001	0001	1001	1001	1001	1001	1001	1001
17	0	0.5	0.3	10	1101 1024	0001	0001	1001	1001	1001	1001	1001	2101
18	1	0.5	0.8	20	1213 3442	0001	0001	0001	0001	0002	1002	1201	0001
19	1	0.5	1.2	28	2544 3343	0001	3012	1012	1002	2002	1002	0101	1001
20	1	0.5	0.9	21	4323 2133	3211	1002	1002	1002	1001	1001	2101	1001
21	0	0.5	0.4	18	3222 2223	0001	1001	1001	1001	1001	1001	1001	0002
22	0	0.5	0.2	13	3211 1113	1001	2001	1001	1001	2001	1001	0001	1001
23	0	0.5	0.4	11	4210 1021	2101	0001	1001	0001	0001	0000	2001	0001
24	1	0.5	0.8	20	1123 3343	1001	1001	1001	1001	1001	1002	1002	1001
25	1	1	1.2	23	0125 4344	1000	1001	1001	1013	1002	1002	2002	2002
26	1	1.5	1.5	37	5434 5565	1002	1002	2002	2102	1012	2013	2003	1002
27	1	1	1.4	33	4335 4563	1002	1002	2001	1012	2212	1012	1302	1001
28	1	1	1.2	30	3333 3555	1001	1001	1002	1002	2002	1202	2002	2202
29	1	1	1.2	38	4323 4453	1002	1001	2001	1002	1002	1002	2202	2001
30	1	1	0.9	26	4333 3541	0002	1002	2002	2001	2002	1002	1002	1001
31	1	0.5	0.6	20	3423 3122	1002	1002	1001	1001	1001	1001	1001	1001
Mittel	0.5	0.6	0.7	19.9									
Max.	1	1.5	1.7	37									
Min.	0	0.5	0.1	8									

Niemegk — Februar — **1953**

Tag	n	f	ν	ΣK_1	K_1	K_2 0—3	3—6	6—9	9—12	12—15	15—18	18—21	21—24
1	0	0.5	0.1	12	2111 1123	1001	1001	1001	1001	2001	2001	1001	1001
2	0	0.5	0.2	17	2321 2322	1001	2001	1001	0001	1001	2101	2001	0001
3	0	0.5	0.2	13	2212 1122	1001	1001	1001	1001	1001	1001	1001	2001
4	0	0.5	0.3	12	1102 3230	1001	1001	1001	2001	2002	1001	2001	1001
5	0	0.5	0.0	8	0001 1231	1000	1000	1000	1001	1001	2001	1101	0001
6	0	0.5	0.0	7	0000 1321	0000	1000	1000	1001	1001	2001	1001	1001
7	0	0.0	0.0	2	0000 0011	1001	1000	1001	1001	1000	1001	1001	1001
8	0	0.5	0.1	12	1101 2223	2001	2001	1001	1001	1001	1001	2001	1001
9	1	0.5	0.9	23	4321 2335	2101	1002	1001	1001	1001	2101	1001	2201
10	1	0.5	0.8	20	3002 3345	1001	0001	1000	1001	1001	1001	1012	1201
11	0	0.5	0.4	16	3222 1123	1002	1001	1001	1001	2001	1001	1001	1001
12	0	0.5	0.1	12	1111 1331	1001	1001	1001	1001	2001	2002	1001	0001
13	0	0.5	0.1	5	0000 1013	1000	1000	1001	1000	1000	1001	1001	2001
14	1	0.5	0.8	19	3222 2251	2002	1001	1001	1001	0001	0001	2201	1001
15	0	0.5	0.7	18	3212 2134	1002	1001	1001	2001	1001	1001	2001	2201
16	1	0.5	1.0	22	4222 2541	0201	0001	1001	1001	1001	2301	1002	0001
17	0	0.5	0.4	17	2323 1222	0001	2001	2001	1002	1001	2001	1001	1001
18	0	0.5	0.2	13	1022 1223	0001	1001	2001	2001	2001	2001	2001	1101
19	1	0.5	0.6	20	3222 2333	0001	1001	1001	1001	1001	1101	1101	2002
20	0	0.5	0.3	14	3111 2321	1101	1001	1001	2001	2001	2002	1001	0001
21	1	0.5	0.7	19	4321 1233	2201	0002	0001	0001	2001	2001	2002	2002
22	1	1	1.3	26	3222 3446	2002	0001	1001	0001	1001	1002	1012	1013
23	1	1	1.5	36	5444 4654	1012	1002	1002	1002	2012	1312	2002	2201
24	1	1	1.5	36	5543 3655	1012	1012	2002	2002	2012	2312	2212	1002
25	1	1	1.3	35	5444 4545	0002	2002	2002	2002	2012	1012	1012	2002
26	1	1	1.5	35	4344 5564	0002	2002	2002	1002	1002	1002	1003	1002
27	1	0.5	1.2	28	4234 3435	0002	0001	1002	1102	2001	1101	1002	2202
28	1	0.5	1.0	24	3522 2442	0002	1301	2001	2001	2001	2101	1201	1001
Mittel	0.5	0.6	0.6	18.6									
Max.	1	1	1.5	36									
Min.	0	0	0.0	2									

Aktivitätszahlen und Kennziffern

Niemegk **März** **1953**

Tag	n	f	ν	ΣK_1	K_1	K_2 0—3	3—6	6—9	9—12	12—15	15—18	18—21	21—24
1	0	0.5	0.6	20	2223 2243	0001	1001	1001	1002	1001	1001	2002	2002
2	1	1	1.7	37	4443 5665	0002	0012	0002	1012	1022	1322	1311	0002
3	1	1	1.2	27	4433 3244	0002	2002	2002	2002	1002	1001	1201	2002
4	1	0.5	0.5	16	4201 2331	2002	1001	1001	1001	2001	1002	1002	1001
5	1	0.5	0.5	18	1311 1344	1001	1001	1001	1001	2001	2001	1201	0002
6	0	0.5	0.4	11	0011 1224	0001	0001	0001	1001	1001	1001	0001	1002
7	1	0.5	0.8	20	4322 2142	1202	0001	1001	0001	1001	1001	2202	0001
8	1	1	1.2	24	2212 2456	0001	0001	0001	1002	1001	1012	2003	1013
9	1	1	1.4	31	5234 3455	1022	0001	1002	1002	1002	1002	1202	1002
10	1	0.5	0.9	25	4432 3333	0012	0002	1001	1001	2002	0002	1002	0002
11	0	0.5	0.2	13	3211 1122	0002	0001	0001	1001	1001	0001	1001	1001
12	0	0.5	0.2	11	3111 1121	1001	0001	0001	1001	1001	1001	1001	0001
13	0	0.5	0.2	5	0001 1003	1001	0001	1000	1001	1001	1001	0001	2101
14	1	0.5	0.7	20	4211 2244	3002	1001	1001	1001	1001	1001	2201	3002
15	1	0.5	0.7	16	2133 3211	1001	1001	2002	1002	2002	1002	1001	1001
16	1	0.5	0.7	19	3312 2224	1002	1002	1001	1002	2001	2001	2001	2201
17	0	0.5	0.1	8	2110 1120	1001	0001	1001	1001	2001	1001	2001	1000
18	0	0	0.0	4	0000 1111	1001	1001	1001	1001	1001	1001	1001	1001
19	1	1	1.0	26	4323 3344	2002	1002	1001	1002	1002	1012	1012	1002
20	1	0.5	0.7	17	3102 1244	1002	1001	1001	1001	1001	1001	2002	0002
21	1	1	1.3	26	4423 2353	1111	1012	2002	2002	1001	1012	2212	1002
22	1	1	1.0	26	4422 3245	2002	1002	1001	1002	1001	1001	1002	1202
23	1	1	1.3	32	4443 4553	0002	1012	2002	1002	2002	1312	1202	2002
24	1	1.5	1.7	37	4444 4566	1002	1012	2002	2002	1012	1012	2323	1322
25	1	1	1.4	31	4333 4554	1002	1002	1002	1002	2002	2012	2002	1002
26	1	0.5	1.0	27	3323 3355	1001	1002	1002	2002	2002	2002	2012	2012
27	1	0.5	1.0	27	4423 3344	1002	1002	2002	2002	2002	2002	1002	1002
28	1	0.5	1.0	22	3322 2442	1002	1002	1001	1002	2002	1002	1002	1001
29	1	0.5	0.8	18	3221 1144	2001	1001	1001	1001	1001	1001	2101	3002
30	1	0.5	0.9	21	3421 2243	1002	1002	1002	1001	1001	1002	1002	1002
31	1	0.5	0.6	15	1111 2144	1001	1001	1001	1002	1002	1001	2002	1002
Mittel	0.8	0.7	0.8	21.0									
Max.	1	1.5	1.7	37									
Min.	0	0	0.0	4									

Niemegk **April** **1953**

Tag	n	f	ν	ΣK_1	K_1	K_2 0—3	3—6	6—9	9—12	12—15	15—18	18—21	21—24
1	0	0.5	0.7	21	4223 3322	1002	1001	1001	2002	1002	2101	1001	1001
2	1	0.5	0.8	21	4222 2243	2212	1001	2001	1001	1001	1001	1002	0002
3	1	0.5	0.8	18	4211 1243	1002	1001	1001	1001	1001	2001	2202	1002
4	1	1	1.2	28	4422 4354	2002	0002	1002	2002	2002	1002	1202	1002
5	0	0.5	0.3	15	2012 2233	1001	1001	2001	2001	1001	1001	1101	1101
6	0	0.5	0.3	10	2211 1012	1001	1001	1001	1001	1001	1001	1001	2001
7	0	0	0.1	6	1000 1112	0001	1001	1001	1001	2001	1001	1001	1001
8	1	0.5	0.5	15	3111 2124	1001	1001	1001	1001	1001	1001	2001	2002
9	0	0.5	0.4	14	3201 2222	2002	1001	1001	1001	1001	1001	1001	1001
10	1	0.5	0.9	22	2223 3334	1001	1001	1001	2002	2002	1002	1001	3101
11	1	1	1.1	23	1333 3433	1001	2002	1002	2002	3002	1202	1002	1002
12	1	0.5	0.8	20	3223 3133	2002	2002	2002	2002	2002	1001	1002	1101
13	1	0.5	0.9	22	3123 4441	1002	1001	2002	2002	2002	2101	2101	1001
14	0	0.5	0.1	11	2111 2121	2001	1001	2001	1001	2002	2001	2001	1001
15	0	0.5	0.6	17	3223 2122	2101	1001	2002	2001	2002	1001	1001	0001
16	1	1	1.4	32	3432 3656	1002	1012	1002	1002	1012	1312	2002	1302
17	1	0.5	0.7	15	3122 2212	1002	1001	1001	1002	2002	2002	1001	1001
18	0	0.5	0.6	17	2222 2322	2001	1001	2001	3001	2001	2001	1001	2001
19	1	0.5	1.1	26	3422 4425	1002	1201	1001	1002	1002	1012	1001	1002
20	1	1	1.3	30	4433 4435	2002	1002	2002	2002	1012	1012	1111	2002
21	1	1	1.2	30	3343 3554	1002	1002	2002	2002	2001	3002	1201	2002
22	1	0.5	1.1	24	3322 3443	2001	1002	2001	2002	2002	1101	1002	2002
23	1	1	1.1	28	3433 4344	0001	1002	1002	2002	2002	1001	2101	1002
24	0	0.5	0.6	15	2111 2332	1001	1001	1001	1001	1001	1002	1002	1001
25	0	0.5	0.8	19	3112 2334	1001	1001	1001	2001	1002	1002	1002	3101
26	1	0.5	0.9	21	2232 4314	2001	2002	2002	2001	2002	1002	2001	2101
27	0	0.5	0.5	17	3222 2222	1002	1001	2001	2001	1001	1002	2001	2001
28	0	0.5	0.2	11	2222 2100	1001	1001	1001	1001	1001	1001	1001	1001
29	0	0.5	0.4	11	1112 3210	1001	1001	1001	1001	1002	1001	1001	1001
30	1	0.5	0.7	19	2222 2432	2001	1001	1001	1001	1001	2101	1002	1001
Mittel	0.6	0.6	0.7	19.3									
Max.	1	1	1.4	32									
Min.	0	0	0.1	6									

Aktivitätszahlen und Kennziffern

Niemegk **Mai** **1953**

Tag	n	f	ν	ΣK_1	K_1	K_2 0—3	3—6	6—9	9—12	12—15	15—18	18—21	21—24
1	0	0.5	0.2	7	1001 2300	0001	1001	0001	1001	1001	1002	0001	0001
2	0	0.5	0.1	9	2102 2011	2001	1001	1001	1001	1001	1001	1001	0001
3	0	0.5	0.1	9	0011 1222	0001	0001	1001	1002	1001	1001	2001	1001
4	0	0.5	0.1	7	1101 0112	1001	1001	1001	0001	0001	1001	2001	1001
5	1	0.5	0.7	19	2322 2233	1001	1002	1002	1002	1001	0001	2101	1002
6	1	1	1.5	33	4345 4445	1002	1002	1002	2002	2002	1002	2101	1012
7	1	0.5	1.1	25	4434 3223	0012	2002	2002	2002	2002	1002	1001	1002
8	1	1	1.1	31	4443 4354	1002	1002	1002	2002	1002	1002	2201	2002
9	1	1	1.0	26	5333 3333	0002	2002	3002	2002	2002	1002	2002	2002
10	0	0.5	0.6	16	2112 3322	1001	2001	1001	2001	1002	1002	1001	1001
11	0	0	0.3	15	2213 2212	1001	2001	1001	1002	1001	1001	1001	1001
12	0	0.5	0.0	14	2121 2222	1001	1001	1001	1001	1001	1001	1001	1001
13	0	0	0.0	5	1101 1010	1001	1001	1001	1001	1001	0001	1001	0001
14	0	0.5	0.1	8	1000 2212	1001	1001	1001	1001	0001	1001	0001	2001
15	1	1	1.5	29	1223 5466	1001	2001	2002	1002	2012	1022	2023	1023
16	1	1	1.8	38	4534 5566	2002	1212	1002	1012	1022	1022	1023	2023
17	1	1	1.2	24	6431 2323	1023	1012	1002	0001	0001	0002	1001	2002
18	1	0.5	0.9	22	4323 3223	1002	1002	1001	1002	1002	0001	1001	2002
19	1	0.5	1.1	27	4434 3144	1002	1002	1002	1002	2002	1001	3002	2002
20	1	0.5	0.9	22	3222 3334	2002	1001	2002	2002	1002	1002	1002	2002
21	1	0.5	0.6	18	2222 2332	1001	1001	2001	2001	2001	2002	1101	1001
22	1	0.5	0.8	20	2311 3253	1001	0101	1001	1001	1002	1001	2201	1002
23	0	0.5	0.3	16	3112 2232	1002	1001	1001	1001	1001	0001	0002	0001
24	0	0.5	0.3	11	1111 2221	1001	1001	0001	0001	1002	1002	2001	0001
25	0	0.5	0.2	11	1001 2313	2001	1001	1001	1001	1001	2002	0001	3002
26	0	0.5	0.4	14	1111 2233	1001	1001	1001	2001	1001	0001	0002	0001
27	1	0.5	1.1	25	3443 3422	2002	1002	1002	1002	1002	1201	0001	1001
28	0	0.5	0.4	18	2322 2331	1001	0002	0001	1001	1001	1001	1001	1001
29	0	0.5	0.2	13	1112 3212	0001	1001	0001	1001	1002	1001	0001	2001
30	0	0	0.2	11	2101 1213	2001	1001	1001	1001	1001	1001	0001	2002
31	1	0.5	0.5	15	2101 3341	1001	0001	1001	1001	1001	1002	2101	0001
Mittel	0.5	0.5	0.6	18.0									
Max.	1	1	1.8	38									
Min.	0	0	0.0	5									

Niemegk **Juni** **1953**

Tag	n	f	ν	ΣK_1	K_1	K_2 0—3	3—6	6—9	9—12	12—15	15—18	18—21	21—24
1	0	0.5	0.1	9	2101 1121	0001	0001	1001	1001	1001	2011	2011	0001
2	1	1	1.5	35	3445 5554	2001	2202	2002	1002	2022	1022	1022	1022
3	1	1	1.3	32	5453 4443	1012	1012	2212	2002	1002	1002	1002	1002
4	1	0.5	0.9	24	4433 3322	1002	2002	2002	1002	1002	1002	1001	0001
5	1	1	1.0	24	1433 2353	0001	1002	2002	2002	1001	1002	1202	0001
6	0	0.5	0.6	21	3322 3431	1002	2002	2002	1001	2001	1101	1002	0001
7	0	0	0.4	16	2232 2212	0001	1002	1002	2001	1001	1002	1001	2001
8	0	0.5	0.1	14	2222 2211	2001	1001	2001	1001	1001	1001	0001	0001
9	0	0.5	0.1	12	1112 2221	1001	1001	1001	1001	1001	1001	0001	0001
10	1	0.5	0.6	20	2222 2343	1001	1001	1002	1001	1002	1002	2002	1001
11	1	0.5	0.5	17	2212 2224	1001	1002	1001	1001	1001	1002	1001	1101
12	1	0.5	0.9	21	1212 3444	0001	1001	1001	1002	1002	2012	2012	1002
13	1	0.5	0.8	20	3322 2233	2002	1002	1001	2001	1001	0002	2002	1002
14	0	0.5	0.5	18	3121 3332	1001	1001	1001	1001	1002	1002	1101	1001
15	0	0.5	0.2	12	1211 2122	1001	1001	2001	1001	1001	1001	1001	1001
16	0	0	0.1	10	0112 2112	0001	0001	0001	0001	1001	1001	1001	0001
17	1	0.5	0.5	19	2221 4323	1001	1001	1001	1001	1002	1002	1001	2001
18	0	0	0.2	13	2221 1122	0001	0001	0001	1001	1001	0001	3001	1001
19	0	0.5	0.2	11	1111 2212	1001	0001	0001	0001	0001	0001	0001	1001
20	1	0.5	0.9	22	1213 4344	1001	1001	1001	1001	1012	1012	2012	1002
21	1	0.5	0.7	22	3332 2234	1001	1002	1001	1001	1001	1001	2002	1101
22	0	0.5	0.5	18	1123 3233	1001	1001	1001	0001	1002	1001	2011	1001
23	0	0	0.0	7	1100 1112	1001	0001	0001	0001	0001	0001	2001	0001
24	0	0.5	0.4	15	2211 1233	0001	1001	0001	0001	1001	0001	1002	0001
25	0	0.5	0.1	12	3111 1122	0001	0001	0001	0001	0001	0001	2001	1001
26	0	0.5	0.0	8	0101 1221	0000	0001	0001	1001	1001	1001	1001	1001
27	0	0.5	0.1	8	0001 1222	0001	1001	0001	0001	0001	1001	1001	2001
28	0	0.5	0.2	7	1100 0023	1001	1001	1001	1001	1001	1001	0001	2001
29	1	1.5	1.5	33	2235 6645	1001	1001	2002	2002	3013	2222	1022	2212
30	1	1	1.4	32	5444 4443	1012	2012	2002	2002	2002	2012	2012	1002
Mittel	0.4	0.5	0.5	17.7									
Max.	1	1.5	1.5	35									
Min.	0	0	0.0	7									

Aktivitätszahlen und Kennziffern

Niemegk | **Juli** | **1953**

Tag	n	f	ν	Σ K_1	K_1	K_2 0—3	3—6	6—9	9—12	12—15	15—18	18—21	21—24
1	1	0.5	1.1	25	3344 3233	1002	2002	2002	1202	1002	1002	1001	1101
2	1	1	1.1	29	4433 4434	1002	1002	2002	2002	1012	1111	1012	2012
3	1	0.5	0.8	23	3233 4332	2002	2001	2002	1002	2002	2002	2002	1001
4	1	0.5	0.9	25	3333 4342	2002	2002	2002	1101	2002	2002	1101	1001
5	1	0.5	0.7	18	2332 2222	1001	1002	1002	1001	1002	1002	1001	1001
6	0	0.5	0.6	16	4112 2213	2201	0001	2001	2002	1001	1001	0001	0001
7	1	0.5	1.0	25	3331 4434	0002	0002	0002	0001	0002	0002	0002	2002
8	1	1	0.8	23	4223 2343	1002	1001	1002	1002	1001	0002	2101	2002
9	1	0.5	0.6	22	3122 3344	1001	1001	1001	0001	0001	1002	1002	1002
10	0	0.5	0.2	12	3321 1210	1002	0002	1001	1001	1001	1001	1001	1001
11	0	0.5	0.2	11	2301 2111	1001	1002	1001	1001	1001	1001	2001	2001
12	1	0.5	0.7	17	1101 3254	1001	1001	1001	1001	1001	2001	2201	1002
13	1	0.5	0.8	19	2223 2323	1001	1002	1002	1002	1001	1002	2001	1002
14	1	0.5	0.6	15	1011 2442	1001	1001	1001	1001	1002	0002	0002	0001
15	1	0.5	0.7	22	3332 4331	2002	2002	1002	1001	2101	1002	1002	2001
16	0	0	0.0	6	2101 1001	1001	1002	1001	1001	1001	1001	0001	1001
17	0	0 5	0.1	7	0111 1111	0001	1001	1002	1001	1001	1001	2001	1001
18	0	0.5	0.2	12	2111 2212	2001	1001	1001	1001	1002	1001	1001	2001
19	0	0.5	0.2	13	3211 1122	2002	1001	1001	1001	0001	1001	2001	2001
20	0	0.5	0.3	12	2212 2201	1001	1001	1001	1001	1002	1001	1001	2001
21	0	0.5	0.2	10	2111 1103	2001	2001	1001	1001	1001	0001	1001	3001
22	0	0.5	0.3	12	1011 1323	0001	1001	0001	0001	0001	1002	1001	2002
23	1	1	1.6	32	3334 5545	1002	1002	0002	1002	2022	1022	1022	1212
24	1	0.5	0.9	21	4213 2333	0002	0001	1001	2002	1002	1002	0002	0001
25	0	0.5	0.5	13	0011 3332	0001	1001	0001	1001	1002	2002	1002	2001
26	1	0.5	1.0	26	4323 4343	1202	1002	1002	1002	1002	1002	1002	0002
27	1	1	1.5	33	4444 4553	1202	1002	2002	2002	2002	1202	1202	2002
28	1	1	1.2	28	4443 3334	2002	2002	2002	2002	2002	2002	1002	1002
29	1	1	1.2	30	4334 4444	1002	1002	3002	2002	2002	1002	2101	2201
30	1	1	1.0	25	4233 3334	1002	2001	2002	2002	2002	1002	1002	1102
31	1	0.5	0.8	25	4334 4331	1002	1002	2002	1002	1002	1001	2001	1001
Mittel	0.6	0.6	0.7	19.6									
Max.	1	1	1.6	33									
Min.	0	0	0.0	6									

Niemegk | **August** | **1953**

Tag	n	f	ν	Σ K_1	K_1	K_2 0—3	3—6	6—9	9—12	12—15	15—18	18—21	21—24
1	0	0.5	0.7	24	2322 3444	1001	1002	2001	1001	3101	1202	1002	1002
2	0	0.5	0.6	22	3423 2332	1001	1002	2001	2002	2001	1002	2002	1001
3	0	0.5	0.4	16	3211 2232	1001	1001	1001	1001	1001	1002	1002	1001
4	1	0.5	0.5	17	3211 2332	1001	1002	1001	2001	2002	1002	1002	0001
5	0	0.5	0.4	14	2111 1143	2001	1001	1001	2001	2001	1001	3102	1001
6	0	0.5	0.4	13	1002 2323	0001	0001	1001	1002	1001	2002	1001	1001
7	0	0.5	0.5	15	3312 1122	2101	1002	1001	1002	1001	1001	1001	2001
8	0	0.5	0.2	14	3121 1222	1001	1001	1001	1001	1001	1001	1001	1001
9	1	0.5	0.9	24	4322 3352	2002	1002	1002	1001	1002	1002	2201	1001
10	1	0.5	1.0	25	3233 3434	0001	1001	2201	1002	2002	2101	1001	2002
11	1	0.5	0.9	25	4412 3443	2002	1002	1001	1002	1002	1012	1101	0002
12	1	1	1.4	32	3534 4643	0002	2002	1002	1002	1002	2312	0002	0002
13	1	0.5	1.2	28	3331 4455	2002	1002	2002	0001	1002	2002	1002	1002
14	0	0.5	0.8	20	4312 2332	2002	1002	1001	2001	2001	1002	1002	0001
15	1	0.5	0.6	18	2122 2243	2001	1001	1001	1001	1001	1001	2101	0001
16	0	0.5	0.5	19	3223 3222	1002	1001	1001	1002	1002	1001	1001	1001
17	0	0	0.1	11	2201 3201	1001	1001	0001	1001	1001	1001	0001	1001
18	0	0	0.2	12	2200 2222	2001	1001	1001	1001	1001	1001	1001	1001
19	0	0.5	0.1	10	2201 1121	1001	1001	1001	1001	1001	2001	1001	1001
20	0	0	0.0	6	2000 1111	1001	1001	1001	1001	1001	1001	2001	2001
21	0	0	0.0	6	1111 1100	2001	1001	1001	1001	1001	1001	0000	0000
22	0	0.5	0.1	11	0211 2122	0001	1001	1001	1001	1001	1001	2001	1001
23	1	1	1.6	35	4325 4566	1002	1002	1002	2002	2012	1022	1023	1023
24	1	1	1.6	38	5543 4665	1013	1002	2002	2002	1002	1302	1302	2202
25	1	1	1.3	30	4344 5343	1002	2002	2002	2002	2002	1002	2002	1002
26	1	0.5	1.1	28	4332 3445	1101	2101	2002	1002	2002	1101	2002	1002
27	1	1	1.4	32	4334 4554	2002	1002	2002	1002	2012	1023	2022	1012
28	1	0.5	1.3	32	4434 3545	1002	1002	1002	2002	2002	2211	1101	2002
29	1	1	1.4	31	3434 3554	1002	2002	2002	2101	2002	2202	1201	0002
30	1	0.5	1.4	33	5433 5544	1201	3002	3002	2002	2012	2211	1002	1002
31	1	0.5	1.2	26	4322 4443	1002	1002	2002	2002	1012	1012	1002	2002
Mittel	0.5	0.5	0.8	21.5									
Max.	1	1	1 6	38									
Min.	0	0	0.0	6									

Aktivitätszahlen und Kennziffern

Niemegk — **September** — **1953**

Tag	n	f	ν	Σ K_1	K_1	K_2 0—3	3—6	6—9	9—12	12—15	15—18	18—21	21—24
1	1	0.5	0.8	21	2223 4332	1001	1001	2002	1002	1002	1002	1101	1001
2	1	1	0.9	26	5332 2443	2201	2002	1002	1001	1001	1111	1012	2101
3	1	1	1.5	28	2212 3666	0001	1001	1002	1001	1002	1312	0012	2023
4	1	1	1.6	33	6533 3454	1033	1022	1002	1002	1012	0012	0302	0002
5	1	0.5	1.1	25	6421 3243	1312	2002	1001	1001	1002	1001	2002	0002
6	1	0.5	0.8	18	0142 3143	0001	1001	1201	1002	1002	0001	2101	2101
7	1	0.5	0.8	22	2233 2424	1001	1001	1002	0002	1001	1201	1001	1002
8	0	0.5	0.5	18	4223 2320	0002	1001	1001	1001	1001	1101	0001	0001
9	0	0.5	0.2	12	3311 0112	1002	1002	0001	0001	0001	1001	1001	2001
10	0	0.5	0.5	15	1111 2324	2001	1001	1001	1001	1001	1001	0001	2101
11	1	0,5	0.8	20	6123 3131	2302	1001	1002	0002	0002	0001	2101	2001
12	0	0,5	0.6	20	2223 3233	1001	1001	1001	2001	2001	1001	2002	2002
13	0	0,5	0.5	18	3223 2123	1002	1001	1002	1002	1001	0001	1001	2101
14	0	0	0.0	3	1000 0110	0001	0001	0001	1001	1001	1001	1001	0001
15	1	0.5	1.2	22	0223 4452	1001	1001	2001	2002	1002	1002	2002	0001
16	1	0.5	1.0	24	2223 3543	1001	1001	2001	2002	2001	2002	1201	1002
17	1	0.5	0.7	20	3321 3242	1002	1002	2002	1001	1002	1001	1101	1001
18	1	0.5	1.0	17	2120 0345	1001	1001	1001	1001	1001	2002	1012	1013
19	1	1	1.7	40	5445 5755	1022	2022	2002	2002	2012	1322	1012	0012
20	1	1	1.4	29	4332 4355	2012	1002	1002	1001	1012	1012	1002	1002
21	1	0.5	1.1	29	4343 3543	0002	1002	1002	1002	2002	1202	0002	1002
22	1	0.5	1.1	27	4443 2154	2221	1012	1002	1002	1001	1001	1101	1201
23	1	1	1.4	36	4444 5654	0201	1002	1002	1002	1202	2301	1202	3002
24	1	0.5	1.2	32	4354 4453	1002	1002	2201	2002	2002	1002	1202	0002
25	1	0.5	0.8	21	3122 4342	1001	1001	1001	1001	1002	1002	3101	2001
26	1	0.5	0.5	18	1122 2334	1001	1001	1001	1001	1001	1001	1002	1101
27	1	0.5	0.9	26	5433 4232	1002	1002	1002	1002	1002	1001	1101	1001
28	0	0.5	0.3	15	3211 2231	2101	1001	1001	1001	1001	1001	1101	1001
29	0	0	0.2	6	0101 1210	1001	1001	1001	1001	1001	1001	1001	0001
30	0	0.5	0.5	14	0012 2243	1001	1001	1001	2001	1001	1001	1002	1101
Mittel	0.7	0.6	0.9	21.8									
Max.	1	1	1.7	40									
Min.	0	0	0.0	3									

Niemegk — **Oktober** — **1953**

Tag	n	f	ν	Σ K_1	K_1	K_2 0—3	3—6	6—9	9—12	12—15	15—18	18—21	21—24
1	1	0.5	0.8	22	3422 3242	1001	1101	1001	1001	1002	1001	2101	1001
2	0	0.5	0.4	14	2111 2331	1001	1001	1001	1001	1001	1002	1101	1001
3	0	0.5	0 3	12	1211 2212	0001	1001	1001	1001	1001	1001	1001	2001
4	0	0.5	0.2	11	2101 1132	2001	1001	2001	2001	2001	1001	2101	1001
5	0	0	0.0	6	1101 0111	1001	1001	1001	1001	1001	1001	1001	1001
6	0	0.5	0.2	11	2111 1122	1001	1001	1001	1001	1001	1001	2001	1001
7	1	0.5	0.7	18	2132 3214	1001	1001	2001	1001	1001	1001	2001	2101
8	1	0.5	0.7	16	1211 2225	0001	1001	1001	1001	1001	1001	1001	2201
9	0	0 5	0.5	14	2232 1112	1001	1001	1002	1002	1001	1001	1001	2001
10	1	0.5	0.6	16	3110 1253	1001	1001	1001	1001	1001	1001	2201	2101
11	1	0.5	0.5	15	1102 3431	1001	1001	1001	2001	1002	2101	1001	1001
12	0	0.5	0.2	7	1001 1031	0001	1001	1001	1001	1001	1001	2002	0001
13	0	0.5	0.1	11	1102 1222	1001	0001	0001	1001	1001	1001	2001	2001
14	0	0	0.0	6	1111 0110	1001	1001	1001	0001	0001	2001	1001	1001
15	1	1	1.6	27	0022 5765	0000	0001	1001	2001	2013	2033	1333	1023
16	1	1	1.6	32	5432 3555	1023	1012	1002	2001	1002	1202	1022	1023
17	1	1	1.5	31	4323 4654	1022	1002	1001	1002	1002	1302	1202	1002
18	1	1	1.5	36	4333 6665	0002	1002	1002	1002	1022	1322	1023	1012
19	1	1	1.6	36	5345 5554	0022	1012	1002	1002	1202	1202	1202	1002
20	1	1	1.5	33	3433 5555	1002	1002	1002	1002	2202	1202	1202	1002
21	1	0.5	1.1	23	3244 4312	1001	1001	2002	2002	2002	1001	1001	1001
22	1	0.5	0.9	27	1443 3543	1001	1201	2002	2001	2002	2202	1002	2001
23	0	0.5	0.6	21	3323 3331	0002	1001	1002	1002	1002	1002	1101	1001
24	0	0.5	0.7	14	0022 4312	1001	1001	1001	1001	2101	1002	1001	1001
25	0	0.5	0.3	14	2322 1112	1001	1001	1001	1001	1001	1001	1001	1001
26	0	0.5	0.1	12	2221 0032	1001	1001	1001	1001	1001	1001	2001	1001
27	1	0.5	0.9	24	4232 2344	2101	1001	1002	1002	1002	2002	2002	2002
28	1	0.5	0.4	14	3101 1233	1002	1001	1001	1001	1001	1001	2002	1002
29	1	0.5	0.6	20	3212 2334	1002	1001	1001	1001	1001	1001	2002	1002
30	0	0.5	0.3	14	3211 1231	0002	1001	1001	2001	2001	1001	2001	1001
31	0	0.5	0.2	10	3221 1100	1101	1001	1002	1001	1001	1001	1000	1000
Mittel	0.5	0.6	0.7	18.3									
Max.	1	1	1.6	36									
Min.	0	0	0.0	6									

Aktivitätszahlen und Kennziffern

Niemegk — **November** — **1953**

Tag	n	f	ν	Σ K_1	K_1	K_2 0—3	3—6	6—9	9—12	12—15	15—18	18—21	21—24
1	0	0	0.4	9	0002 1141	1001	1001	1001	1001	1001	1001	3101	0001
2	0	0.5	0.0	8	1110 0212	1001	1001	1001	1001	1001	2001	1001	1001
3	0	0.5	0.2	13	1111 2232	1001	1001	1001	1001	1001	2002	2001	2001
4	0	0.5	0.1	8	2200 1003	1001	1001	1001	0001	1001	0001	1001	2001
5	1	0.5	0.8	18	2322 3330	0001	0001	1002	1002	1111	0012	1002	1001
6	0	0.5	0.3	10	1112 3110	2001	1001	1001	1001	1002	1001	1001	1001
7	0	0.5	0.2	12	0122 1132	1001	1001	1001	1001	2001	1001	3101	1001
8	0	0.5	0.2	8	0001 1213	1001	1001	1001	1001	1001	1001	1001	2101
9	0	0	0.0	7	3210 0001	0001	1001	1001	1001	1000	1000	1001	2001
10	0	0	0.0	1	0000 0010	1001	1001	2001	1001	1001	1001	2001	2001
11	0	0.5	0.4	10	0000 2143	1001	1001	1000	1001	2001	2001	2002	1002
12	1	1	1.1	23	3112 3355	1101	1001	1001	1001	1002	2002	2012	1012
13	1	1	1.5	33	4434 5454	1002	2002	2002	2002	2202	2002	2012	1012
14	1	1	1.5	33	3532 5555	1002	1202	1001	1002	1201	1202	2002	0201
15	1	1	1.5	33	2344 5663	0001	1002	1002	2002	1012	1003	1302	1002
16	1	0.5	1.3	32	5532 3554	2201	1002	1002	2001	2001	1202	1002	2002
17	1	1	1.1	26	4222 3445	1002	1001	2001	1001	1002	1002	1002	2002
18	1	0.5	0.9	25	3334 3333	2002	1002	2002	2101	2001	2002	1001	1002
19	1	1	1.4	32	4433 5355	1002	1000	2002	1002	2202	1002	2202	1002
20	1	1	1.1	31	4433 3455	1002	1002	1002	2002	2002	1002	2202	1002
21	1	0.5	0.6	20	3213 3143	1002	1001	1001	1002	2002	1001	2002	1001
22	0	0.5	0.1	12	2110 2132	0001	0001	1001	1001	1001	0001	1001	1001
23	1	1	1.3	25	2123 3455	0001	1001	1002	1002	2002	2002	2212	2012
24	0	0.5	0.7	19	4232 1322	1012	1001	2002	2001	1001	1001	1001	1001
25	0	0.5	0.6	21	2322 2334	0001	1002	1001	2001	2001	1001	2002	1002
26	0	0	0.2	12	4211 1111	1002	1001	1001	1001	1001	0001	1001	0001
27	0	0.5	0.3	15	3121 2222	1101	1001	2001	1001	1001	2001	1001	1001
28	0	0	0.0	4	1100 0002	1001	1001	1001	0001	1001	1001	1001	1001
29	0	0.5	0.1	8	3211 0001	1001	1001	1001	1001	1001	1001	0001	1001
30	0	0	0.1	6	1001 1111	1001	0001	1001	1001	1001	1001	2001	1001
Mittel	0.4	0.5	0.6	17.1									
Max.	1	1	1.5	33									
Min.	0	0	0.0	1									

Niemegk — **Dezember** — **1953**

Tag	n	f	ν	Σ K_1	K_1	K_2 0—3	3—6	6—9	9—12	12—15	15—18	18—21	21—24
1	0	0	0.0	5	1000 1111	1001	1001	1001	1001	2001	2001	1001	1001
2	0	0	0.0	4	1000 0120	2001	0001	0001	0001	0001	1001	2001	0001
3	0	0.5	0.2	12	2101 2123	2001	1001	0001	1001	1001	1001	0001	1001
4	0	0.5	0.6	16	4112 1133	2201	0001	0001	1001	1001	1001	2002	2001
5	0	0.5	0.3	12	3211 0221	0001	0001	0001	0001	1001	1001	1001	1001
6	0	0.5	0.4	14	2001 3233	2001	0001	1001	1001	1002	1001	0001	1001
7	0	0.5	0.2	10	3212 0002	1101	1001	2001	1001	0001	1001	1001	1001
8	0	0.5	0.4	16	1221 2233	0001	1001	1001	1001	0001	1001	2001	1101
9	0	0.5	0.6	14	4100 1242	0001	0001	0001	0001	1001	2001	2201	1001
10	0	0	0.3	13	2112 1213	0001	0001	1001	1001	1001	1001	0001	1002
11	1	0.5	1.3	29	2323 5545	0001	1001	1001	2002	1212	1012	2012	2002
12	1	0.5	1.0	27	4332 3444	1002	1002	2002	1001	2002	1202	1002	1002
13	1	0.5	0.8	19	3211 2253	1001	1001	2001	1001	1001	1001	2202	0001
14	0	0.5	0.2	14	2111 2232	1001	0001	0001	2001	2001	1001	1002	1001
15	0	0.5	0.4	12	0102 1143	1001	1001	1001	1001	2001	1001	2101	0002
16	0	0.5	0.2	11	2111 1212	1001	1001	1001	1001	2001	2001	1001	2001
17	0	0.5	0.4	15	2111 1324	1001	1001	1001	1001	2001	3001	2001	1101
18	0	0.5	0.2	13	3100 2322	2002	1001	1001	1001	2001	2002	1001	1001
19	0	0.5	0.3	12	1101 1332	0001	0001	1001	1001	1001	2101	1001	1001
20	0	0.5	0.3	14	2111 2232	1001	1001	1001	1001	1001	1001	1002	1001
21	0	0	0.4	12	3111 1104	1001	1001	1001	1001	1001	1001	1001	2101
22	0	0.5	0.7	19	2222 2342	1001	1001	1001	1001	1001	2002	3101	0001
23	0	0.5	0.3	10	1000 1242	1001	0001	1001	1001	1001	1001	1101	2001
24	0	0.5	0.2	11	2221 1012	1001	1001	1001	0001	1001	1001	1001	2001
25	0	0.5	0.4	18	2221 2324	1001	1001	1001	1001	1001	1001	1001	1101
26	0	0.5	0.3	11	2001 2123	1001	1001	1001	1001	1001	1001	2001	1002
27	0	0.5	0.6	16	2111 2234	1001	1001	1001	1001	1001	1001	2002	1002
28	0	0.5	0.4	18	3212 3232	1001	1001	1001	1001	1001	1001	1002	1001
29	0	0.5	0.6	17	3102 2324	2101	1001	0001	1001	2001	3002	0001	1002
30	0	0	0.2	15	2222 2221	0001	1001	1001	1001	1001	1001	1001	1001
31	0	0	0.1	10	1122 1012	1001	1001	1001	1001	1001	1001	2001	1001
Mittel	0.1	0.4	0.4	14.2									
Max.	1	0.5	1.3	29									
Min.	0	0	0.0	4									

Anzahl der Kennziffern K_1 in den acht Dreistundenintervallen

Niemegk **1953**

MGZ / K_1	0–3	3–6	6–9	9–12	12–15	15–18	18–21	21–24	Summe	0–3	3–6	6–9	9–12	12–15	15–18	18–21	21–24	Summe
	Januar									**Februar**								
K = 0	2	1	6	2	0	2	1	1	15	4	6	7	3	1	2	0	1	24
1	4	9	9	10	7	6	3	3	51	4	5	5	8	10	4	2	7	45
2	5	12	9	4	6	5	9	7	57	4	8	11	11	9	7	9	4	63
3	12	6	5	10	12	9	5	14	73	8	5	1	2	5	7	8	7	43
4	7	2	1	3	5	2	7	3	30	5	2	4	4	2	3	5	3	28
5	1	1	1	2	1	6	4	3	19	3	2	—	—	1	3	3	5	17
6	—	—	—	—	—	1	2	—	3	—	—	—	—	—	2	1	1	4
7	—	—	—	—	—	—	—	—	—	—	—	—	—	—	—	—	—	—
8	—	—	—	—	—	—	—	—	—	—	—	—	—	—	—	—	—	—
9	—	—	—	—	—	—	—	—	—	—	—	—	—	—	—	—	—	—
	März									**April**								
K = 0	3	3	4	2	—	1	1	1	15	—	2	2	1	—	1	1	2	9
1	2	5	9	10	9	7	2	4	48	3	7	8	6	3	6	5	2	40
2	4	7	10	7	10	9	5	3	55	9	13	14	14	13	7	8	10	88
3	8	7	5	10	8	7	2	6	53	13	3	5	9	8	8	8	6	60
4	13	9	3	2	3	3	13	11	57	5	5	1	—	6	6	5	7	35
5	1	—	—	—	1	3	6	4	15	—	—	—	—	—	1	3	2	6
6	—	—	—	—	—	1	2	2	5	—	—	—	—	—	1	—	1	2
7	—	—	—	—	—	—	—	—	—	—	—	—	—	—	—	—	—	—
8	—	—	—	—	—	—	—	—	—	—	—	—	—	—	—	—	—	—
9	—	—	—	—	—	—	—	—	—	—	—	—	—	—	—	—	—	—
	Mai									**Juni**								
K = 0	1	4	8	1	1	2	1	2	20	3	1	5	2	1	1	—	—	13
1	9	11	8	12	3	2	8	4	57	9	10	9	10	7	6	5	5	61
2	10	4	7	8	13	13	8	10	73	9	11	8	10	11	11	11	10	81
3	3	6	5	6	10	10	7	9	56	6	3	5	5	5	6	6	9	45
4	6	5	3	3	2	3	3	3	28	1	5	2	1	4	4	6	5	28
5	1	1	—	1	2	1	2	1	9	2	—	1	2	1	1	2	1	10
6	1	—	—	—	—	—	2	2	5	—	—	—	—	1	1	—	—	2
7	—	—	—	—	—	—	—	—	—	—	—	—	—	—	—	—	—	—
8	—	—	—	—	—	—	—	—	—	—	—	—	—	—	—	—	—	—
9	—	—	—	—	—	—	—	—	—	—	—	—	—	—	—	—	—	—
	Juli									**August**								
K = 0	2	3	3	—	—	1	3	1	13	1	2	5	2	—	—	2	1	13
1	3	7	10	12	6	4	5	6	53	2	4	8	9	6	6	1	3	39
2	7	8	5	5	9	7	4	7	52	7	8	8	9	8	6	7	10	63
3	9	10	10	9	6	13	10	9	76	10	10	8	5	9	6	5	7	60
4	10	3	3	5	9	4	7	7	48	9	5	2	5	6	6	10	5	48
5	—	—	—	—	1	2	2	1	6	2	2	—	1	2	5	4	4	20
6	—	—	—	—	—	—	—	—	—	—	—	—	—	—	2	2	1	5
7	—	—	—	—	—	—	—	—	—	—	—	—	—	—	—	—	—	—
8	—	—	—	—	—	—	—	—	—	—	—	—	—	—	—	—	—	—
9	—	—	—	—	—	—	—	—	—	—	—	—	—	—	—	—	—	—
	September									**Oktober**								
K = 0	4	2	2	2	3	—	—	3	16	2	3	6	1	3	2	1	2	20
1	3	7	5	6	1	6	3	2	33	8	10	8	12	9	8	8	6	69
2	6	9	12	7	9	7	4	6	60	7	9	8	11	6	7	3	10	61
3	5	6	5	12	9	7	6	9	59	9	5	6	5	6	6	9	3	49
4	6	5	5	2	6	5	9	6	44	3	4	3	1	3	1	3	5	23
5	3	1	1	1	2	2	7	3	20	2	—	—	1	3	4	5	5	20
6	3	—	—	—	—	2	1	1	7	—	—	—	—	1	2	2	—	5
7	—	—	—	—	—	1	—	—	1	—	—	—	—	—	1	—	—	1
8	—	—	—	—	—	—	—	—	—	—	—	—	—	—	—	—	—	—
9	—	—	—	—	—	—	—	—	—	—	—	—	—	—	—	—	—	—
	November									**Dezember**								
K = 0	5	5	7	7	5	5	4	3	41	1	5	11	5	3	3	2	1	31
1	5	9	9	6	7	8	6	5	55	6	15	12	15	12	7	5	3	75
2	6	7	6	10	5	4	2	7	47	14	9	7	10	12	13	9	12	86
3	7	4	7	4	9	6	6	6	49	7	2	1	1	3	6	8	8	36
4	6	3	1	3	—	4	4	3	24	3	—	—	—	—	1	6	6	16
5	1	2	—	—	4	2	7	6	22	—	—	—	—	1	1	1	1	4
6	—	—	—	—	—	1	1	—	2	—	—	—	—	—	—	—	—	—
7	—	—	—	—	—	—	—	—	—	—	—	—	—	—	—	—	—	—
8	—	—	—	—	—	—	—	—	—	—	—	—	—	—	—	—	—	—
9	—	—	—	—	—	—	—	—	—	—	—	—	—	—	—	—	—	—

Anzahl der Kennziffern K_1

Niemegk 1953

Jahressummen

K_1 \ MGZ	0–3	3–6	6–9	9–12	12–15	15–18	18–21	21–24	Σ
K=0	28	37	66	28	17	20	16	18	230
1	58	99	100	116	80	70	53	50	626
2	88	105	105	106	111	96	79	96	786
3	97	67	63	78	90	91	80	93	659
4	74	48	28	29	46	42	78	64	409
5	16	9	3	8	19	31	46	36	168
6	4	—	—	—	2	13	13	8	40
7	—	—	—	—	—	2	—	—	2
8	—	—	—	—	—	—	—	—	—
9	—	—	—	—	—	—	—	—	—

Monatsmittel der Kennziffern K_1

Monat \ MGZ	0–3	3–6	6–9	9–12	12–15	15–18	18–21	21–24	Mittel
Januar	2.7	2.1	1.6	2.3	2.6	2.8	3.1	2.7	2.5
Februar	2.5	1.9	1.6	1.9	2.0	2.8	3.0	2.8	2.3
März	2.9	2.5	1.8	2.0	2.3	2.5	3.6	3.4	2.6
April	2.7	2.1	1.8	2.0	2.6	2.6	2.7	2.8	2.4
Mai	2.4	2.0	1.6	2.0	2.5	2.4	2.6	2.6	2.2
Juni	2.0	2.0	1.8	2.0	2.4	2.4	2 6	2.6	2.2
Juli	2.7	2.1	2.0	2.2	2.7	2.7	2.6	2.6	2.4
August	3.0	2.6	1.8	2.2	2.7	3.1	3.3	2.9.	2.7
September	2.9	2.3	2.3	2.3	2.7	3.0	3.5	2.9	2.7
Oktober	2.3	1.9	1.7	1.9	2.3	2.7	2.9	2.6	2.3
November	2.2	1.9	1.5	1.7	2.1	2.2	2.8	2.6	2.1
Dezember	2.2	1.3	0.9	1.2	1.6	1.9	2.5	2.6	1.8
Mittel	2.5	2.1	1.7	2.0	2.4	2.6	2.9	2.8	2.3

Anzahl der Kennziffern K_2 in den acht Dreistundenintervallen

Jahressummen

Niemegk — Elementarwellen — **1953**

K_2 \ MGZ	0–3	3–6	6–9	9–12	12–15	15–18	18–21	21–0	Σ
K=0	80	63	38	35	21	33	41	63	374
1	217	266	242	245	236	262	199	202	1869
2	66	34	82	84	105	67	118	93	649
3	2	2	3	1	3	3	7	7	28

Baystörungen

K_2 \ MGZ	0–3	3–6	6–9	9–12	12–15	15–18	18–21	21–0	Σ
K=0	333	356	361	359	353	314	282	321	2679
1	15	3	—	5	4	18	40	27	112
2	15	5	4	1	8	20	34	15	102
3	2	1	—	—	—	13	9	2	27

Z-Störungsgang

K_2 \ MGZ	0–3	3–6	6–9	9–12	12–15	15–18	18–21	21–0	Σ
K=0	344	349	362	360	336	323	330	342	2746
1	13	14	3	4	24	31	24	15	128
2	7	2	—	1	5	10	10	8	43
3	1	—	—	—	—	1	1	—	3

Allgemeine Welligkeit

K_2 \ MGZ	0–3	3–6	6–9	9–12	12–15	15–18	18–21	21–0	Σ
K=0	7	4	7	2	3	2	3	3	31
1	231	245	243	236	214	214	221	229	1833
2	123	116	115	126	146	145	132	124	1027
3	4	—	—	1	2	4	9	9	29

Anzahl der Kennziffern K_2

Elementarwellen

K_2 \ Monat	Jan.	Febr.	März	April	Mai	Juni	Juli	Aug.	Sept.	Okt.	Nov.	Dez.
K=0	63	25	34	5	40	55	33	17	31	14	19	38
1	143	133	160	153	154	139	148	158	164	189	163	165
2	40	66	51	77	51	44	65	69	43	45	56	42
3	2	—	3	5	3	2	2	4	2	—	2	3

Baystörungen

K_2 \ Monat	Jan.	Febr.	März	April	Mai	Juni	Juli	Aug.	Sept.	Okt.	Nov.	Dez.
K=0	225	199	230	218	239	231	231	225	205	222	221	233
1	11	11	3	14	5	4	8	11	17	11	7	10
2	9	10	10	6	4	5	9	9	12	12	11	5
3	3	4	5	2	—	—	—	3	6	3	1	—

Z-Störungsgang

K_2 \ Monat	Jan.	Febr.	März	April	Mai	Juni	Juli	Aug.	Sept.	Okt.	Nov.	Dez.
K=0	233	210	223	232	234	217	240	232	217	233	230	245
1	14	14	20	8	6	17	5	11	16	4	10	3
2	1	—	5	—	8	6	3	5	6	9	—	—
3	—	—	—	—	—	—	—	—	1	2	—	—

Allgemeine Welligkeit

K_2 \ Monat	Jan.	Febr.	März	April	Mai	Juni	Juli	Aug.	Sept.	Okt.	Nov.	Dez.
K=0	6	13	2	—	—	1	—	2	—	3	3	1
1	162	156	119	145	153	164	122	129	136	170	158	219
2	77	53	124	95	90	74	126	113	101	68	78	28
3	3	2	3	—	5	1	—	4	3	7	1	—

Tagesmittel der Elemente

Niemegk — Begrenzung der Tage nach Weltzeit — **1953**

D = – 2°40.0′ + Tafelwert.

Tag	Jan.	Febr.	März	April	Mai	Juni	Juli	Aug.	Sept.	Okt.	Nov.	Dez.
	′	′	′	′	′	′	′	′	′	′	′	′
1	5.2	5.2	5.7	5.7	6.5	6.5	7.9	8.6	9.6	9.6	10.1	10.0
2	5.9	5.0	**9.6**	6.9	6.9	7.2	**6.4**	8.2	10.1	9.9	**9.4**	**9.8**
3	4.9	5.0	5.3	6.6	6.1	7.2	8.3	8.5	10.5	**8.2**	9.6	10.0
4	4.0	4.4	5.8	**7.0**	5.9	6.8	7.8	8.1	**11.7**	9.1	9.9	10.6
5	4.8	4.7	5.5	6.0	6.9	7.8	7.4	9.0	11.1	8.6	9.8	10.6
6	6.0	4.7	5.6	6.2	8.2	7.1	8.1	7.9	9.0	9.1	**9.4**	10.3
7	4.6	**4.3**	6.8	6.3	6.6	7.1	7.3	7.8	8.6	8.8	9.5	10.5
8	5.2	4.4	7.8	6.4	6.8	6.9	8.3	8.2	9.3	10.0	10.0	10.5
9	4.7	5.4	7.1	5.2	6.9	6.8	8.4	**7.1**	8.7	8.9	10.1	11.1
10	4.4	4.6	7.3	5.7	6.8	**6.3**	7.5	8.0	8.9	10.0	9.8	10.4
11	5.1	5.6	6.3	5.8	6.9	6.8	7.1	8.2	8.7	8.9	9.6	**11.4**
12	4.9	5.3	5.1	5.6	7.3	7.2	7.2	8.9	8.6	9.4	10.6	11.1
13	4.3	4.9	5.6	6.6	6.7	7.5	7.3	9.4	8.8	9.4	11.7	11.0
14	5.3	5.0	5.6	6.1	6.4	7.6	7.0	8.1	8.5	9.1	**12.0**	11.2
15	4.8	4.6	5.0	5.1	6.0	7.5	7.5	8.3	**8.4**	10.8	**12.0**	**11.4**
16	4.5	5.6	6.5	**4.5**	9.3	6.5	8.6	7.7	9.8	**13.9**	11.2	10.4
17	4.1	4.8	5.4	6.6	**9.7**	7.1	7.8	8.0	9.0	12.5	11.1	10.8
18	4.5	4.9	**4.8**	6.0	7.1	7.2	7.1	8.0	8.7	12.8	11.2	10.2
19	**3.9**	5.4	5.6	5.9	7.5	7.4	8.3	8.8	11.6	10.3	10.8	10.6
20	4.7	5.1	7.2	6.0	8.0	7.1	7.7	8.3	9.0	10.9	**12.0**	10.6
21	5.0	5.3	6.6	6.7	7.1	7.5	7.7	8.2	10.4	10.2	11.4	10.9
22	4.7	5.4	6.2	6.8	7.5	7.4	8.0	8.4	9.3	10.6	10.9	10.9
23	4.9	**7.9**	7.5	6.6	7.7	**8.3**	7.4	8.9	9.5	10.5	10.5	11.1
24	4.2	7.1	8.3	5.6	6.7	7.7	8.0	9.4	9.5	9.5	10.2	11.1
25	5.1	6.9	6.3	5.7	6.1	7.9	8.0	9.1	9.4	10.2	10.9	10.8
26	**7.3**	7.2	6.9	6.1	5.9	7.3	7.5	**9.8**	9.8	10.2	10.9	11.1
27	6.3	6.0	6.4	6.6	**5.3**	6.7	7.6	9.3	8.9	10.2	10.9	10.6
28	5.9	6.6	6.1	6.2	7.5	7.0	8.6	8.3	9.0	10.5	10.5	11.0
29	5.9		6.0	5.9	6.4	6.9	8.3	9.1	8.4	9.9	10.5	11.2
30	5.4		6.5	6.0	7.4	7.6	8.4	8.7	9.1	10.1	10.1	10.8
31	5.2		6.6		7.3		**9.0**	8.6		10.1		11.0
M	5.0	5.4	6.4	6.1	7.0	7.2	7.8	8.5	9.4	10.1	10.6	10.7

J = 67°10.0′ + Tafelwert.

Tag	Jan.	Febr.	März	April	Mai	Juni	Juli	Aug.	Sept.	Okt.	Nov.	Dez.
	′	′	′	′	′	′	′	′	′	′	′	′
1	2.7	2.1	2.4	2.2	1.9	1.7	2.1	1.9	2.9	2.3	2.3	**1.2**
2	3.1	2.1	**4.8**	2.1	1.6	2.3	2.0	1.7	2.9	2.3	1.9	1.3
3	2.8	1.7	2.3	1.8	1.3	**2.5**	2.1	1.9	2.2	2.0	1.8	1.8
4	2.2	1.7	2.2	**2.7**	1.0	2.3	1.9	1.5	**4.1**	1.7	1.7	1.5
5	**5.2**	1.7	1.9	2.0	1.2	1.7	2.0	1.4	2.5	1.5	3.3	1.5
6	4.8	1.6	2.1	2.3	1.5	1.9	1.6	1.2	2.7	**1.3**	2.0	1.6
7	3.8	1.4	3.1	2.1	2.2	2.1	1.4	1.6	2.8	1.7	2.2	1.6
8	2.6	1.2	2.6	1.6	1.6	1.7	1.8	1.4	2.3	1.7	2.0	1.5
9	2.2	1.6	3.7	1.1	1.8	1.4	1.2	**0.9**	1.7	1.6	1.6	1.8
10	1.9	2.2	3.4	1.2	1.9	1.2	1.7	1.9	1.5	2.0	**1.5**	1.7
11	2.1	2.1	2.6	2.2	1.3	1.3	1.3	2.2	1.6	2.0	1.6	2.8
12	1.9	2.2	2.1	1.7	1.5	0.9	**0.8**	3.1	1.5	2.0	2.2	**3.1**
13	2.3	1.4	1.7	1.7	1.2	1.5	1.9	2.0	2.0	1.8	2.9	2.6
14	2.3	1.4	1.4	1.6	**0.9**	1.6	0.9	2.2	1.6	1.5	3.3	2.2
15	1.8	**1.0**	2.0	1.2	1.4	1.5	1.8	1.7	**1.2**	2.8	**4.1**	2.0
16	1.6	2.3	1.7	2.3	**4.4**	1.1	1.7	2.2	2.1	4.2	3.2	1.7
17	**1.2**	1.6	1.8	2.1	3.2	1.1	1.4	1.8	2.2	3.8	2.6	1.5
18	2.2	1.3	**1.3**	2.0	2.8	1.3	**0.8**	1.7	1.6	**5.2**	2.7	1.6
19	2.8	1.6	1.8	2.1	2.0	0.7	0.9	1.7	3.9	4.5	2.9	1.6
20	2.7	1.4	2.4	2.6	2.3	**0.5**	1.3	1.4	3.8	3.6	2.9	1.7
21	2.0	1.4	2.0	2.3	2.1	1.6	1.5	1.4	3.3	4.0	3.0	1.5
22	1.9	1.8	2.4	2.3	1.7	1.4	1.4	1.4	2.5	3.1	2.6	1.4
23	1.7	2.6	2.5	2.4	1.8	1.6	**2.5**	1.9	3.4	3.0	2.5	1.9
24	2.6	2.1	3.0	1.3	1.4	1.2	**2.5**	2.9	3.8	2.8	2.5	1.9
25	3.0	3.1	3.5	**1.0**	1.2	1.3	2.0	**3.3**	3.2	2.2	2.1	1.7
26	2.7	**3.2**	2.4	1.4	1.1	1.2	1.9	2.3	2.7	2.1	2.2	1.7
27	4.1	3.0	2.5	1.7	2.6	1.0	2.4	2.9	2.9	2.9	2.1	1.6
28	3.2	2.5	2.5	1.4	2.3	0.9	2.3	2.9	2.6	2.4	1.6	2.0
29	2.9		2.0	1.1	2.3	1.2	**2.5**	2.9	1.8	1.8	1.8	1.6
30	2.7		1.9	1.6	1.8	2.1	2.2	3.1	1.8	2.3	1.6	1.8
31	2.5		2.1		1.8		2.4	3.0		2.2		1.6
M	2.6	1.9	2.6	1.8	1.8	1.5	1.7	2.0	2.5	2.5	2.4	1.8

H = 18390 γ + Tafelwert.

Tag	Jan.	Febr.	März	April	Mai	Juni	Juli	Aug.	Sept.	Okt.	Nov.	Dez.
1	31	39	34	39	43	50	43	47	35	42	46	**60**
2	27	39	**06**	39	46	42	45	48	36	44	51	58
3	31	44	36	44	51	**37**	45	47	44	48	53	52
4	39	44	39	**31**	54	40	47	52	**15**	51	53	56
5	**00**	43	42	42	52	50	47	52	39	54	32	55
6	06	45	41	38	46	46	50	55	37	**56**	49	55
7	20	48	27	41	37	44	51	50	38	49	47	54
8	35	50	35	45	46	49	47	53	42	49	50	55
9	39	45	17	53	43	52	54	**58**	50	51	54	51
10	43	38	22	51	43	55	47	47	53	47	55	52
11	40	39	36	39	53	53	53	40	49	47	54	38
12	42	38	41	45	50	59	**60**	30	53	47	45	**34**
13	38	48	45	45	53	49	45	45	45	50	36	41
14	38	46	48	47	55	50	58	43	51	52	31	46
15	43	**51**	41	51	51	50	47	51	**55**	37	**23**	50
16	47	35	45	37	**11**	55	48	45	44	14	33	52
17	**51**	45	43	39	24	56	53	49	43	24	42	56
18	37	49	**50**	42	31	54	59	50	50	**05**	40	54
19	30	45	43	40	40	60	59	50	18	13	37	54
20	31	47	35	32	38	**64**	53	53	22	26	38	53
21	41	46	39	37	40	49	49	52	28	23	37	56
22	42	42	35	38	47	51	52	53	38	34	43	57
23	43	28	34	35	46	49	**39**	48	28	35	45	51
24	33	35	25	51	51	55	**39**	32	24	38	44	51
25	29	23	21	**56**	54	53	47	**28**	31	45	49	54
26	30	**22**	36	50	**56**	54	46	42	39	46	48	54
27	14	25	33	44	36	57	**39**	35	34	36	49	55
28	26	32	35	49	41	59	40	33	39	43	55	50
29	28		41	52	41	57	**39**	33	50	51	52	56
30	32		43	48	46	44	42	30	50	44	**56**	53
31	33		41		47		**39**	32		47		55
M	33	40	36	43	44	51	48	45	39	40	45	52

F = 47540 γ + Tafelwert.

Tag	Jan.	Febr.	März	April	Mai	Juni	Juli	Aug.	Sept.	Okt.	Nov.	Dez.
1	19	19	16	20	23	32	31	32	35	34	43	**44**
2	20	19	21	19	23	32	31	31	36	36	43	43
3	21	18	18	22	23	29	33	31	34	37	42	42
4	21	18	20	17	23	28	33	32	**24**	37	39	42
5	20	18	21	23	23	32	**34**	29	32	36	40	42
6	23	17	22	22	18	31	30	30	35	36	42	43
7	**26**	18	19	22	18	32	27	30	**37**	34	42	41
8	23	16	23	19	21	31	29	30	34	32	42	42
9	22	16	**14**	20	20	30	29	29	33	34	42	41
10	23	**20**	18	21	23	33	**26**	33	34	34	41	40
11	20	17	**25**	22	27	27	27	**26**	31	34	41	**39**
12	**17**	17	23	22	26	29	30	29	34	35	38	**39**
13	22	19	21	22	24	**26**	28	30	30	35	**37**	**39**
14	22	15	18	21	22	29	28	33	32	33	**37**	42
15	22	15	20	21	27	27	27	35	32	39	42	41
16	21	16	19	20	19	27	30	35	31	**23**	40	41
17	20	16	19	18	**14**	30	29	**36**	33	35	42	41
18	19	18	20	22	21	30	27	32	30	33	42	41
19	18	16	19	22	19	**26**	29	33	25	31	41	40
20	19	17	19	**16**	23	32	**26**	31	31	34	41	41
21	20	16	15	19	23	28	27	31	32	37	45	42
22	19	15	18	23	25	28	29	31	29	38	**47**	**44**
23	19	09	19	18	28	29	32	**36**	33	36	46	**44**
24	21	**08**	**14**	24	28	30	30	**26**	36	39	44	43
25	20	**08**	17	**25**	28	**26**	33	29	35	38	**47**	43
26	**17**	10	21	21	27	27	32	33	**37**	39	46	**44**
27	19	14	18	18	26	30	29	33	33	39	**47**	**44**
28	21	14	21	22	**30**	28	28	30	34	39	45	43
29	19		21	21	29	**37**	30	30	**37**	39	44	**44**
30	20		23	**25**	28	30	29	29	**37**	38	44	42
31	18		22		29		31	30		**41**		43
M	20	16	19	21	24	30	29	31	35	36	42	42

Abweichung der fortlaufend gebildeten Tagesmittel vom Normalwert

Niemegk Weltzeit **1953**

Datum		Tages-mitte	Januar						Februar						März					
			I			II			I			II			I			II		
I	II	Uhr	X	Y	Z	X	Y	Z	X	Y	Z	X	Y	Z	X	Y	Z	X	Y	Z
		0	-44	50	43	93	2	12	-8	6	21	52	-17	-78	-59	27	-22	21	-12	-29
		6	-35	32	44	93	-11	9	7	6	9	-3	15	-55	-54	5	-27	46	6	-37
1	16	12	-50	39	60	97	-25	7	14	1	4	-37	11	-35	-44	2	-29	55	26	-45
		18	-48	28	74	102	-33	1	22	-4	-2	-17	-20	-27	-21	10	-61	47	8	-38
		0	-44	31	72	107	-39	-2	20	3	-7	15	-20	-38	-97	22	-51	43	12	-40
		6	-67	65	82	113	-41	-17	11	-9	0	63	-44	-54	-249	125	116	50	-14	-48
2	17	12	-95	76	91	127	-49	-31	11	-9	1	70	-37	-64	-318	229	141	40	-28	-50
		18	-107	84	97	139	-55	-41	21	-2	-5	61	-37	-59	-318	202	174	48	-28	-52
		0	-93	87	98	131	-61	-44	39	-7	-15	61	-34	-51	-243	204	164	74	-37	-55
		6	-76	56	87	53	-59	-7	47	-1	-29	80	-37	-56	-98	89	2	76	-41	-55
3	18	12	-51	18	76	2	-20	20	59	-13	-37	102	-33	-63	-28	-22	-20	108	-66	-63
		18	-35	13	68	-7	-41	18	64	-27	-40	100	-27	-67	-30	-2	-26	122	-48	-84
		0	-17	15	64	-47	-69	13	66	-32	-42	98	-18	-73	-7	-1	-21	118	-67	-84
		6	9	2	45	-56	-60	18	60	-46	-35	78	-6	-67	-1	14	-11	77	-76	-56
4	19	12	20	-34	40	-86	-51	29	50	-43	-31	65	-8	-64	0	4	-4	37	-17	-46
		18	45	-38	33	-118	-21	37	48	-46	-26	69	-15	-69	19	-16	8	-12	-5	-34
		0	-95	-82	51	-144	10	72	28	-32	-15	60	-13	-63	26	-14	9	-50	22	-22
		6	-258	-48	143	-99	18	60	38	-25	-21	88	-17	-70	26	-22	-1	-22	50	-37
5	20	12	-367	23	199	-63	-5	44	51	-28	-29	87	-24	-70	29	-13	-10	-42	66	-24
		18	-464	56	233	-46	0	52	59	-30	-35	99	-16	-80	11	-3	-9	-10	82	-34
		0	-391	111	237	10	1	37	71	-35	-43	94	-17	-79	11	7	-3	-10	65	-57
		6	-327	118	205	32	1	21	79	-37	-46	69	-27	-76	19	6	-3	-18	68	-55
6	21	12	-307	84	199	43	2	15	70	-36	-46	78	-14	-77	16	-4	6	-2	33	-70
		18	-263	61	197	44	-2	13	73	-38	-46	70	-7	-70	-14	44	6	-17	3	-70
		0	-234	39	204	32	9	13	76	-39	-48	79	-12	-69	-54	31	8	-26	15	-50
		6	-224	14	192	32	3	11	81	-50	-52	94	-75	-76	-89	28	25	-33	18	-47
7	22	12	-164	0	169	47	-16	1	95	-59	-60	36	-8	-65	-117	61	33	-48	12	-36
		18	-126	2	151	57	4	-11	97	-59	-64	-8	67	-92	-81	35	33	-51	6	-28
		0	-110	14	128	55	3	-15	103	-63	-71	-62	67	-100	-58	44	35	-49	-9	-33
		6	-17	23	93	61	3	-17	115	-63	-73	-136	174	-64	-56	25	46	-46	34	-5
8	23	12	-10	27	77	60	-3	-15	114	-54	-74	-103	131	-78	-35	110	35	-54	81	-11
		18	-10	17	75	73	-30	-11	119	-46	-79	-69	54	-98	-122	157	1	-64	83	-14
		0	8	16	66	66	-46	-11	132	-37	-80	-77	49	-108	-172	142	2	-222	88	4
		6	-1	7	64	1	-72	13	85	-34	-60	-65	60	-104	-194	164	11	-160	50	11
9	24	12	20	-3	51	-53	-43	47	73	1	-54	-36	84	-127	-223	81	18	-143	126	-28
		18	27	-5	49	-84	-35	61	42	17	-41	-78	74	-115	-197	88	27	-186	144	-32
		0	21	-11	58	-95	-26	66	25	13	-29	-119	88	-83	-184	100	32	-189	135	-24
		6	44	-12	48	-101	-20	70	41	7	-30	-117	80	-87	-174	107	26	-189	135	-17
10	25	12	58	-21	39	-87	9	59	3	-40	8	-158	75	-66	-171	85	41	-191	17	23
		18	66	10	29	-82	61	28	13	-32	6	-135	105	-54	-131	35	77	-160	-1	55
		0	66	15	20	-95	51	23	-15	-27	14	-125	102	-64	-100	38	83	-94	11	37
		6	54	13	26	-77	114	35	-17	-1	12	-167	93	-40	-52	37	67	-63	34	13
11	26	12	35	19	33	-71	129	15	15	16	-22	-167	94	-38	-35	24	52	-34	44	-6
		18	31	9	38	-133	89	45	9	4	-16	-199	76	-4	-23	5	47	-30	52	-25
		0	43	18	27	-146	106	57	16	1	-21	-196	86	6	-15	2	32	-60	55	-33
		6	50	20	19	-209	88	95	5	0	-22	-150	67	-17	2	-30	19	-58	32	-37
12	27	12	52	4	11	-233	76	119	3	-1	-22	-138	29	-14	14	-38	10	-67	16	-26
		18	57	-13	6	-201	74	134	11	-9	-22	-120	48	-22	23	-41	8	-47	13	-32
		0	55	-25	18	-202	69	138	31	-14	-24	-74	47	-34	22	-29	0	-30	13	-33
		6	44	-45	26	-146	79	107	77	-29	-34	-58	58	-44	22	-12	-12	-42	0	-19
13	28	12	2	-31	48	-117	50	79	101	-32	-45	-63	51	-42	59	-18	-29	-52	-1	-6
		18	-17	-11	53	-98	79	49	117	-16	-63	-56	39	-30	85	-21	-44	-58	24	8
		0	-33	1	60	-86	74	42	127	-31	-81				120	-37	-70	-43	35	11
		6	-23	23	60	-94	59	42	102	-30	-87				111	-46	-79	-19	17	-16
14	29	12	10	23	45	-91	47	50	80	-24	-84				91	-18	-79	16	-9	-27
		18	24	0	45	-92	27	62	83	-31	-88				78	-23	-75	30	-27	-28
		0	41	0	41	-79	25	62	93	-34	-94				59	-40	-60	58	-25	-34
		6	50	-5	36	-46	27	42	103	-35	-94				25	-27	-35	44	-26	-28
15	30	12	66	-2	25	-56	17	46	129	-47	-104				21	-49	-29	29	21	-18
		18	73	2	24	-61	16	40	101	-27	-101				23	-37	-34	29	11	-8
		0				-67	22	30										36	12	-1
		6				-55	7	20										46	10	-12
	31	12				-44	5	10										13	22	-14
		18				-38	5	22										7	30	-22

Einheit der Zahlen: 0.1γ

Normalwerte für den Jahresanfang: $X = 18\,407.3\gamma$; $Y = -832.8\gamma$; $Z = 43\,841.0\gamma$.

Abweichung der fortlaufend gebildeten Tagesmittel vom Normalwert

Niemegk Weltzeit **1953**

Datum I	Datum II	Tagesmitte Uhr	April I X	April I Y	April I Z	April II X	April II Y	April II Z	Mai I X	Mai I Y	Mai I Z	Mai II X	Mai II Y	Mai II Z	Juni I X	Juni I Y	Juni I Z	Juni II X	Juni II Y	Juni II Z
		0	-31	17	-28	63	-180	-91	-15	-27	2	-199	-13	-53	60	-21	12	90	-34	-72
		6	-26	30	-26	-13	-139	-30	-8	5	-11	-260	56	64	74	-14	13	105	-55	-65
1	16	12	-11	-25	-23	-38	-103	-25	14	-12	-31	-299	134	53	78	-43	16	117	-60	-63
		18	10	-28	-38	-71	2	-5	32	-2	-41	-305	251	46	113	-19	1	142	-52	-69
		0	-2	-13	-36	-40	34	-12	33	-5	-51	-240	279	61	67	-17	-12	164	-39	-57
		6	-11	0	-32	-5	21	-65	52	-3	-56	-216	281	-97	16	-69	28	146	-39	-48
2	17	12	-10	37	-38	-13	5	-58	44	2	-54	-174	152	-57	-3	-4	51	131	-34	-53
		18	-35	57	-25	-10	-13	-43	52	-9	-53	-148	17	8	-66	-46	47	100	-14	-52
		0	0	53	-23	-11	-48	-31	77	-24	-65	-130	-20	0	-85	-32	71	78	-29	-36
		6	15	24	-27	27	-36	-27	86	-39	-68	-118	-10	-4	-74	37	50	88	-26	-37
3	18	12	41	16	-29	17	-27	-28	94	-39	-72	-114	9	-14	-54	-5	35	111	-22	-35
		18	32	43	-57	20	-44	-43	92	-36	-77	-80	18	-34	-57	-30	42	136	-45	-30
		0	4	51	-58	30	-22	-48	107	-48	-77	-60	56	-34	-35	-6	20	159	-24	-65
		6	-40	46	-36	-20	-45	-10	116	-42	-82	-50	35	-45	-14	-12	17	184	-15	-97
4	19	12	-94	49	-25	-10	-32	-17	126	-50	-87	-20	26	-67	-26	-25	16	170	-19	-107
		18	-93	7	18	-46	-12	-20	143	-42	-94	-33	39	-56	-7	0	37	166	-9	-113
		0	-65	-21	23	-90	-46	-27	133	-33	-96	-13	25	-51	29	-5	47	203	-31	-103
		6	-9	11	3	-91	-37	-49	09	-37	-88	-11	38	-50	47	11	29	193	-73	-72
5	20	12	16	-13	-6	-85	-26	-55	106	0	-78	-42	51	-24	77	22	18	203	-35	-61
		18	26	25	-18	-67	-23	-66	140	65	-109	-50	35	-5	77	25	6	170	-29	-56
		0	-1	40	-19	-69	10	-52	125	75	-129	-45	25	-21	74	5	-3	111	-40	-41
		6	-18	18	-18	-29	32	-49	60	70	-107	-34	35	-23	60	5	12	78	8	-44
6	21	12	-22	-1	-10	-43	10	-36	50	68	-109	-18	1	-35	34	-17	17	60	-10	-39
		18	-22	-35	0	-34	3	-15	-28	1	-88	4	-12	-47	43	-22	30	63	-27	-35
		0	-4	-20	-3	-26	17	-20	-60	-1	-56	40	-13	-55	18	-12	51	75	-15	-43
		6	3	0	-7	-36	9	-1	-36	26	-66	53	-19	-50	11	-22	42	84	-1	-40
7	22	12	12	1	-19	-31	16	-6	-40	-11	-62	44	15	-39	17	-21	33	73	-16	-49
		18	24	21	-27	-28	-16	-28	-30	-23	-58	44	28	-24	12	-19	31	70	-10	-49
		0	23	5	-39	-49	-13	-41	-12	-14	-69	18	54	-4	52	-8	23	59	19	-31
		6	24	-14	-55	-48	12	-55	27	-16	-68	16	81	-2	54	-19	14	61	24	-29
8	23	12	49	-2	-69	-60	0	-50	47	-6	-74	42	26	-8	63	-29	5	57	28	-26
		18	59	-7	-83	-58	37	-18	43	6	-67	49	26	-6	86	-32	2	72	27	-34
		0	72	-2	-81	4	11	0	29	-12	-70	92	-5	-20	71	-39	-18	99	15	-41
		6	96	-19	-88	41	-22	-38	33	8	-70	105	-37	-29	84	-35	-15	108	-3	-46
9	24	12	124	-63	-86	106	-59	-50	18	2	-76	89	-25	-31	93	-39	-16	120	-1	-42
		18	161	-83	-81	139	-57	-53	18	10	-66	97	-18	-31	91	-47	-18	122	17	-38
		0	167	-93	-85	169	-51	-68	23	21	-53	83	-14	-23	101	-79	-6	88	12	-50
		6	142	-82	-78	189	-85	-73	21	4	-50	85	-36	-25	111	-89	-11	96	17	-56
10	25	12	106	-38	-76	152	-61	-70	18	-3	-41	117	-59	-40	119	-64	-13	96	6	-70
		18	68	-60	-72	139	-65	-77	38	-14	-34	141	-64	-48	115	-48	-18	91	-16	-74
		0	11	-69	-54	139	-60	-82	79	-15	-23	126	-91	-60	107	-33	-34	121	-14	-75
		6	-11	-17	-24	97	-46	-67	109	-4	-32	113	-79	-57	97	-28	-45	116	-17	-85
11	26	12	-14	-31	-8	92	-34	-72	111	-4	-35	141	-77	-60	101	-40	-57	107	-25	-77
		18	-11	-20	-3	70	-19	-77	104	9	-30	149	-122	-60	116	-44	-64	114	-21	-75
		0	13	-16	-11	24	-14	-79	82	38	-37	65	-133	-51	135	-34	-76	121	-47	-55
		6	39	-52	-22	34	·6	-91	75	18	-32	11	-116	-11	175	-53	-80	126	-71	-46
12	27	12	45	-48	-37	25	-7	-87	79	19	-34	-65	-98	11	156	-22	-65	136	-66	-50
		18	55	-40	-49	53	-18	-88	102	7	-40	-107	-39	31	128	-7	-72	134	-64	-52
		0	70	-21	-51	75	-24	.65	124	-14	-50	-45	21	44	100	1	-55	126	-44	-76
		6	52	-1	-42	78	-20	-62	119	-9	-67	-16	9	32	57	18	-53	131	-34	-78
13	28	12	47	6	-40	77	-27	-71	118	-18	-71	-12	17	34	60	-3	-54	159	-50	-86
		18	32	4	-25	82	-34	-69	118	-13	-73	-21	6	32	62	10	-45	217	-52	-89
		0	43	11	-25	107	-30	-96	108	-15	-82	-19	-26	35	70	9	-41	187	-64	-71
		6	70	-11	-55	113	-52	-89	120	-24	-91	-12	-36	28	78	16	-22	169	-91	-23
14	29	12	70	-23	-61	109	-48	-88	135	-32	-99	-12	-44	20	72	3	-25	134	-58	20
		18	72	-33	-70	111	-63	-92	162	-54	-112	0	-24	16	62	-7	-16	65	-71	1
		0	81	-28	-75	115	-48	-71	177	-72	-124	8	6	5	70	-2	-19	20	-53	0
		6	75	-56	-73	93	-59	-53	145	-142	-44	23	12	-4	68	8	-41	15	-5	4
15	30	12	105	-79	-77	68	-44	-32	88	-56	-38	34	7	-12	67	-2	-47	7	-14	-4
		18	123	-148	-102	28	-27	-10	-25	-16	-86	44	-6	-19	89	-16	-54	-3	-19	22
		0										37	-15	-12						
		6										43	-25	-8						
	31	12										44	-3	-1						
		18										45	1	1						

Einheit der Zahlen: 0.1 γ

Den Zahlen liegt die Annahme eines gleichmäßigen Ganges der Normalwerte während des Jahres zugrunde.

Abweichung der fortlaufend gebildeten Tagesmittel vom Normalwert

Niemegk Weltzeit **1953**

Datum		Tages-mitte Uhr	Juli						August						September					
			I			II			I			II			I			II		
I	II		X	Y	Z	X	Y	Z	X	Y	Z	X	Y	Z	X	Y	Z	X	Y	Z
		0	15	3	34	18	-7	-25	-20	7	5	18	-42	0	-119	26	48	23	-27	-49
		6	-8	6	19	46	34	-26	8	2	-10	4	-44	22	-95	47	41	-14	41	-35
1	16	12	-4	8	8	45	26	-38	23	9	-17	-1	-53	25	-98	41	45	-21	33	-44
		18	7	-22	-7	57	29	-46	35	0	-20	-7	-56	32	-92	33	41	-24	4	-55
		0	-1	-50	0	62	16	-54	37	-3	-23	28	-40	26	-99	31	44	-42	-4	-35
		6	4	-75	3	68	-14	-58	35	-6	-31	32	-31	8	-77	54	46	-73	-4	-10
2	17	12	13	-82	6	91	-16	-60	27	-14	-40	33	-38	3	-89	67	48	-33	-12	-28
		18	10	-37	28	106	-21	-68	26	9	-39	39	-43	-7	-84	89	49	-29	-14	-25
		0	27	-5	32	116	-28	-84	30	8	-34	27	-38	-15	-53	75	40	-9	-3	-31
		6	25	21	30	148	-45	-104	12	5	-34	41	-44	-26	-38	44	30	40	-28	-64
3	18	12	10	21	31	151	-61	-116	19	2	-31	43	-39	-33	-14	81	1	37	-30	-76
		18	9	21	22	164	-44	-127	38	0	-33	51	-19	-30	-66	159	-111	39	17	-177
		0	10	-1	15	169	-40	-122	56	-5	-38	37	-7	-25	-168	164	-102	-102	2	-166
		6	23	-2	12	149	-23	-105	77	-11	-33	28	17	-20	-251	146	-36	-210	108	-27
4	19	12	27	-6	16	143	1	-95	73	-19	-32	48	4	-27	-300	160	1	-276	134	-6
		18	34	-16	29	116	7	-86	63	-7	-28	39	-6	-29	-274	142	81	-345	86	72
		0	39	-46	33	114	-21	-93	57	2	-37	66	-9	-48	-186	170	83	-296	115	95
		6	30	-52	29	102	-17	-84	59	6	-54	73	-22	-63	-108	161	7	-294	38	49
5	20	12	27	-27	24	80	-26	-90	76	27	-67	75	-22	-59	-66	116	-9	-236	-5	45
		18	30	-3	4	70	-41	-89	94	33	-66	95	-33	-60	-51	37	39	-200	11	56
		0	50	33	-11	47	-37	-68	82	13	-68	71	-51	-55	-54	15	40	-194	1	64
		6	52	43	-18	33	-37	-72	91	7	-67	73	-29	-50	-75	30	36	-152	25	20
6	21	12	61	7	-26	43	-29	-69	96	-31	-70	62	-30	-59	-82	5	38	-181	68	26
		18	63	-3	-35	39	-32	-64	92	-58	-80	58	-28	-57	-83	-3	32	-146	55	4
		0	73	-8	-47	38	-17	-72	77	-64	-60	78	-19	-68	-79	-28	29	-136	57	-29
		6	81	-29	-58	61	-6	-60	71	-46	-55	75	-28	-69	-57	-16	45	-109	19	-45
7	22	12	75	-38	-70	74	-14	-57	51	-37	-46	72	-21	-65	-70	-21	46	-79	7	-55
		18	57	-28	-65	94	9	-89	38	-19	-41	113	25	-80	-53	-1	32	-102	-21	-24
		0	36	-33	-56	68	9	-108	57	-12	-59	104	-3	-79	-45	12	22	-110	-33	-14
		6	44	-24	-49	6	-72	-22	66	-25	-52	26	-42	-4	-47	17	7	-129	8	34
8	23	12	28	19	-31	-53	-41	24	72	-20	-57	28	7	3	-40	17	3	-176	22	35
		18	23	5	-13	-119	-34	83	78	-31	-74	-50	-44	-24	-28	-1	6	-198	61	41
		0	54	15	-18	-124	-22	123	102	-45	-87	-137	-17	-1	4	3	-19	-213	43	61
		6	66	5	-43	-101	32	36	105	-80	-100	-104	61	-21	28	-10	-34	-245	29	68
9	24	12	104	20	-66	-59	-10	4	127	-82	-100	-134	37	-28	40	-21	-46	-227	20	86
		18	118	38	-74	-27	-22	-3	138	-75	-74	-140	38	-6	40	-27	-46	-221	15	103
		0	77	13	-82	-1	-21	-8	89	-95	-56	-164	51	2	48	-32	-39	-193	42	98
		6	56	18	-66	24	-6	-3	51	-42	-21	-183	35	4	65	-33	-34	-147	21	50
10	25	12	31	-28	-59	18	-15	6	20	-28	-11	-172	26	17	78	-13	-40	-151	7	45
		18	48	-49	-49	43	-34	-26	10	-27	-61	-164	8	30	89	6	-70	-135	9	44
		0	46	-57	-52	30	-46	-23	-3	-17	-78	-81	18	24	52	20	-65	-101	6	42
		6	71	-48	-65	-25	-57	4	-28	-51	-68	-47	15	3	46	0	-73	-105	15	44
11	26	12	84	-49	-77	10	-41	-8	-57	-13	-55	-34	55	-1	36	-22	-66	-75	25	34
		18	87	-38	-82	21	-59	-18	-52	9	-61	-42	70	-32	35	-28	-37	-37	-10	-1
		0	120	-37	-77	-39	-84	-29	-152	40	-38	-78	47	-38	65	-33	-35	-65	-8	-9
		6	138	-74	-69	-21	-47	-19	-155	47	-5	-80	65	15	58	-34	-36	-96	-3	5
12	27	12	162	-53	-77	-58	-34	-14	-145	29	11	-98	31	25	62	-27	-41	-120	-21	16
		18	166	-44	-84	-98	-35	-4	-178	78	62	-116	24	43	39	-29	-49	-147	3	36
		0	117	-42	-73	-80	-4	8	-79	91	71	-134	26	56	11	-37	-51	-115	15	31
		6	55	-32	-48	-46	-9	-17	-17	52	6	-141	3	12	1	-22	-55	-76	-7	5
13	28	12	12	-40	-33	-40	18	-23	9	45	-28	-131	-24	-3	-6	-18	-56	-75	-15	-1
		18	-23	-43	-25	-51	-10	-25	3	-37	-29	-121	-26	6	4	-23	-50	-75	-10	11
		0	18	-27	-31	-30	5	-24	6	-38	-14	-128	-29	1	28	-16	-56	-49	-2	11
		6	84	-27	-74	-52	30	2	-13	1	-6	-138	-23	-1	39	-20	-60	-10	-33	-7
14	29	12	137	-62	-83	-64	2	4	-21	-24	3	-117	18	4	41	-35	-62	23	-55	-12
		18	160	-70	-93	-38	59	14	14	-4	14	-111	18	-14	64	-35	-70	45	-70	-18
		0	150	-70	-94	-49	28	11	53	-20	-5	-131	21	-11	99	-28	-87	73	-72	-27
		6	78	-58	-72	-37	-5	-14	64	-22	-12	-128	21	-5	117	-79	-97	55	-47	-21
15	30	12	22	-30	-55	-26	8	-20	59	-17	-14	-152	1	-6	81	-42	-72	31	-20	-11
		18	10	-36	-37	-39	3	-25	45	-19	-16	-146	-4	0	50	-22	-58	36	-18	-23
		0				-16	38	-6				-89	1	-6						
		6				-29	51	2				-124	-13	0						
	31	12				-45	36	9				-127	-13	9						
		18				-47	18	27				-128	25	41						

Einheit der Zahlen: 0.1 γ

Den Zahlen liegt die Annahme eines gleichmäßigen Ganges der Normalwerte während des Jahres zugrunde.

Abweichung der fortlaufend gebildeten Tagesmittel vom Normalwert

Niemegk Weltzeit **1953**

Datum I	Datum II	Tagesmitte Uhr	Oktober I X	Y	Z	Oktober II X	Y	Z	November I X	Y	Z	November II X	Y	Z	Dezember I X	Y	Z	Dezember II X	Y	Z
		0	3	-5	-18	-313	115	68	-13	-15	34	-207	102	93	101	-37	-12	-2	24	-32
		6	-47	0	5	-301	240	24	-11	-29	39	-146	101	58	101	-38	-14	-1	22	-25
1	16	12	-41	11	-10	-317	239	-26	-17	3	47	-156	57	57	112	-34	-20	22	-19	-27
		18	-68	30	2	-295	259	-24	-4	-5	46	-154	84	70	121	-36	-23	34	-17	-30
		0	-60	20	9	-264	250	-3	11	-7	40	-109	75	62	109	-39	-18	58	-20	-38
		6	-21	48	-9	-254	218	13	12	5	32	-87	51	52	108	-41	-20	66	-16	-46
2	17	12	-25	23	-3	-236	159	61	30	-31	19	-61	48	46	93	-43	-22	65	-7	-52
		18	-9	8	-5	-219	145	75	34	-30	12	-70	43	45	79	-40	-22	58	-10	-50
		0	-21	-15	-6	-297	112	67	44	-25	6	-98	60	55	75	-30	-24	49	-9	-49
		6	-15	-62	-7	-377	162	131	44	-35	3	-86	67	53	40	-40	-19	41	-22	-48
3	18	12	1	-70	-9	-412	183	115	50	-21	4	-88	54	54	26	-28	-11	39	-33	-44
		18	3	-56	-8	-399	126	62	48	-16	1	-56	33	39	28	-4	-20	46	-28	-46
		0	8	-41	-12	-437	120	92	40	-16	-9	-42	11	23	24	-13	-17	62	-34	-57
		6	30	-24	-15	-390	119	58	61	-8	-24	-102	-11	50	59	-3	-24	69	-31	-67
4	19	12	40	-23	-24	-340	44	67	53	-10	-29	-112	31	50	69	-5	-31	46	-15	-55
		18	44	-31	-29	-338	41	110	47	28	-35	-130	59	63	71	-17	-27	38	-12	-47
		0	62	-26	-37	-260	51	82	19	12	-25	-141	77	69	67	-8	-28	25	1	-40
		6	56	-38	-42	-232	31	63	-124	-8	45	-107	97	51	51	4	-24	14	-4	-29
5	20	12	63	-51	-46	-210	71	38	-164	-11	73	-101	97	43	60	-5	-27	30	-16	-33
		18	66	-48	-48	-233	109	70	-173	-45	91	-121	99	57	60	-16	-22	29	-14	-32
		0	84	-41	-49	-261	139	84	-141	-36	89	-131	97	72	88	-25	-29	24	-13	-31
		6	86	-33	-54	-232	97	62	-18	-29	36	-110	66	72	73	-45	-22	46	-3	-36
6	21	12	91	-30	-59	-243	29	87	15	-36	16	-114	62	89	58	-23	-14	57	-4	-46
		18	116	-41	-64	-203	10	88	19	-41	14	-105	71	99	57	-15	-16	81	-11	-52
		0	102	-78	-69	-152	-16	78	-11	-33	24	-73	73	94	22	-3	-16	112	-20	-53
		6	60	-84	-60	-136	18	67	-5	-33	24	-54	68	90	40	12	-26	92	-24	-43
7	22	12	26	-42	-54	-131	45	49	-12	-31	26	-52	30	87	48	-7	-38	71	-3	-30
		18	-24	-4	-48	-136	73	37	-5	-23	24	-35	25	85	40	-10	-36	41	8	-19
		0	-14	22	-53	-109	91	17	4	-24	23	-22	-9	80	55	-12	-29	-4	20	2
		6	6	28	-57	-118	68	12	-11	-10	23	-15	-29	75	60	-24	-30	5	24	2
8	23	12	23	20	-71	-120	39	20	18	-9	11	-33	8	65	60	-11	-25	14	9	1
		18	44	-10	-79	-118	31	37	17	-8	6	-33	-2	41	65	-1	-28	15	20	2
		0	32	-19	-76	-99	26	37	47	0	-6	-28	20	33	45	2	-25	19	19	-10
		6	47	-15	-76	-100	-12	36	75	6	-15	-57	36	32	27	11	-17	16	23	-13
9	24	12	40	-37	-67	-89	-14	32	59	-1	-11	-44	-9	43	21	21	-23	13	10	-18
		18	36	-30	-64	-85	-14	26	64	-4	-11	-45	11	63	14	13	-24	22	-2	-23
		0	25	-12	-51	-66	-6	25	61	-8	-12	-33	10	69	5	8	-28	41	-14	-28
		6	7	-25	-46	-31	24	7	62	-20	-16	-15	10	69	7	10	-34	41	-14	-29
10	25	12	5	20	-41	-24	19	3	73	-24	-20	3	25	60	27	-15	-41	39	-8	-28
		18	4	15	-38	-7	22	-3	88	-32	-22	-1	45	53	37	-17	-47	24	-7	-21
		0	12	-5	-50	-16	12	-1	96	-43	-26	-12	45	51	62	-37	-52	9	-5	-14
		6	1	8	-36	-10	-2	-3	99	-56	-24	1	43	45	-32	-40	-20	34	-3	-13
11	26	12	-1	-38	-38	-16	16	-2	64	-31	-15	-8	23	43	-119	43	8	45	7	-15
		18	-3	-37	-35	-13	9	-11	43	-9	-25	1	1	46	-159	23	16	51	12	-10
		0	-16	-26	-24	-32	3	2	23	-8	-22	-4	4	54	-212	47	33	53	15	-11
		6	22	-24	-39	-86	6	26	-27	-3	-10	-1	20	54	-174	77	28	39	17	-13
12	27	12	2	-13	-34	-112	20	42	-32	22	-5	6	22	55	-153	26	25	51	-26	-21
		18	4	-13	-36	-120	21	46	-18	-10	-13	13	20	49	-137	49	24	43	-16	-24
		0	22	-17	-34	-110	50	43	-79	-1	0	36	12	31	-125	51	24	35	-24	-15
		6	12	-5	-30	-68	54	26	-120	60	30	50	-4	26	-97	26	8	21	-26	-12
13	28	12	28	-13	-38	-42	31	11	-122	83	15	63	-2	16	-84	19	-3	4	2	-5
		18	28	-15	-41	-40	27	12	-142	76	23	57	10	13	-79	16	2	16	-8	-10
		0	23	-9	-53	1	11	-8	-152	74	33	41	9	15	-64	18	3	20	3	-22
		6	35	-16	-65	25	-14	-22	-145	89	30	34	15	13	-46	35	1	40	-5	-27
14	29	12	45	-29	-76	34	-3	-25	-174	103	37	35	-1	7	-31	24	-3	57	6	-33
		18	60	-33	-82	9	16	-14	-202	118	60	42	-11	1	-24	22	-6	54	1	-33
		0	84	-39	-92	-12	18	-5	-221	105	70	60	-16	-2	-4	17	-8	56	-3	-36
		6	-27	-90	11	-32	30	0	-272	115	106	76	-24	-8	9	7	-17	51	8	-34
15	30	12	-98	65	52	-40	8	5	-254	103	120	76	-28	-8	6	33	-24	33	-12	-30
		18	-208	88	38	-20	10	-2	-241	79	99	82	-40	-4	6	26	-30	42	-7	-30
		0				-20	6	7										40	-3	-25
		6				-10	14	19										38	1	-25
	31	12				-9	5	16										44	-1	-30
		18				-7	-10	28										51	-1	-32

Einheit der Zahlen: 0.1 γ

Normalwerte für den Jahresschluß: X = 18422.2 γ; Y = −798.6 γ; Z = 43866.1 γ

Monatsmittel des täglichen Ganges, an allen Tagen dargestellt durch Stundenmittel

Niemegk Weltzeit **1953**

ΔX Nordkomponente

	0h–1h	1h–2h	2h–3h	3h–4h	4h–5h	5h–6h	6h–7h	7h–8h	8h–9h	9h–10h	10h–11h	11h–12h	12h–13h	13h–14h	14h–15h	15h–16h	16h–17h	17h–18h	18h–19h	19h–20h	20h–21h	21h–22h	22h–23h	23h–24h	T.-M.
	γ	γ	γ	γ	γ	γ	γ	γ	γ	γ	γ	γ	γ	γ	γ	γ	γ	γ	γ	γ	γ	γ	γ	γ	γ
J.	1.1	0.7	2.8	3.7	8.3	9.5	**10.2**	7.7	4.3	-0.1	-4.5	-5.0	-4.6	-4.3	-7.7	**-8.9**	-6.7	-4.5	-1.2	-2.4	-2.7	0.6	3.1	1.2	18403.7
F.	0.6	0.6	0.5	1.1	2.9	6.2	**6.7**	3.4	-1.9	-3.7	-3.4	-3.0	-3.5	-1.8	-4.0	-5.4	**-6.4**	-2.1	0.6	0.9	2.3	5.6	2.7	1.3	411.3
M.	4.0	2.8	5.6	4.6	4.9	6.8	5.8	1.1	-4.5	-11.7	-13.9	**-15.1**	-12.3	-8.0	-5.6	-3.1	-4.3	-3.8	3.9	7.1	**12.1**	11.1	7.6	4.1	406.9
A.	5.9	5.7	5.3	3.7	6.9	7.8	3.4	-3.7	-11.4	-16.5	-19.3	**-20.3**	-18.6	-14.6	-9.5	-4.8	-1.3	5.2	10.1	12.7	10.8	15.2	**15.8**	10.4	414.4
M.	9.8	7.1	5.0	4.8	4.8	-0.9	-4.7	-7.7	-13.4	-17.0	**-19.2**	-18.3	-14.1	-10.9	-7.6	-2.9	2.0	6.9	12.1	**13.9**	11.9	13.3	12.4	12.7	415.3
J.	6.0	6.8	7.3	8.0	4.8	0.2	-4.9	-13.0	-17.9	**-22.4**	-21.4	-18.4	-12.7	-7.1	-4.8	-0.1	6.2	11.8	14.7	**15.0**	13.1	11.5	10.5	7.7	422.5
J.	10.4	9.9	7.1	6.6	7.2	1.6	-6.9	-12.7	-21.4	-25.0	**-25.4**	-22.8	-14.9	-9.1	-2.6	2.8	5.1	9.0	11.7	14.0	**15.1**	14.4	13.8	11.2	418.9
A.	10.8	8.4	9.9	9.5	6.1	-0.3	-8.3	-16.6	-25.1	**-23.8**	-24.6	-17.9	-12.6	-6.1	-1.9	2.2	2.5	7.2	10.8	16.4	**19.8**	14.7	13.7	10.9	416.0
S.	10.6	7.3	4.5	7.5	8.2	3.7	-5.2	-16.4	-17.9	-19.7	**-19.8**	-13.0	-7.5	-2.6	-2.0	-2.4	-0.3	5.3	5.8	9.2	11.9	**12.5**	9.7	11.2	411.2
O.	5.7	6.8	7.4	5.1	7.8	8.5	6.0	1.1	-6.8	-15.4	**-16.4**	-13.0	-11.9	-10.0	-8.7	-7.4	-4.2	0.7	4.5	5.5	7.5	**11.2**	8.3	7.3	412.3
N.	1.1	1.4	3.8	6.3	**9.1**	8.7	6.8	3.6	-1.5	-5.8	**-10.6**	-10.2	-10.5	-8.4	-5.1	-4.7	-3.0	0.5	2.6	0.4	4.6	6.3	2.9	1.6	417.0
D.	-2.3	**-3.4**	-1.6	0.3	2.0	4.5	6.0	**6.2**	4.3	2.2	0.8	1.1	0.4	-2.8	-3.2	-2.3	-1.7	-1.5	-2.0	-2.2	-0.1	-1.4	0.1	-2.5	424.2
S. S.	0.1	-0.2	1.4	2.8	5.6	7.2	**7.4**	5.2	1.3	-1.8	-4.4	-4.3	-4.6	-4.3	-5.0	**-5.3**	-4.4	-1.9	0.0	-0.8	1.0	2.8	2.2	0.4	414.0
Äqu.	6.6	5.6	5.7	5.2	7.0	6.7	2.5	-4.5	-10.2	-15.8	**-17.4**	-15.4	-12.6	-8.8	-6.4	-4.4	-2.5	1.8	6.1	8.6	10.6	**12.5**	10.4	8.2	411.2
N. S.	9.2	8.0	7.3	7.2	5.7	0.2	-6.2	-12.5	.19.4	**-23.3**	-22.6	-19.4	-13.6	-8.3	-4.2	0.5	4.0	8.7	12.3	14.8	**15.0**	13.5	12.6	10.6	418.2
W.	1.7	1.5	3.1	3.5	5.8	**7.4**	6.9	3.8	-1.0	-5.8	**-8,0**	-7.5	-7.1	-5.9	-5.7	-5.3	-4.4	-1.8	1,4	1.6	4.0	5.6	4.1	2.2	412.6
S.	8.9	7.5	6.5	6.7	6.3	2.0	-4.4	-11.7	-17.8	**-21.6**	**-21.6**	-18.4	-13.4	-8.4	-4.7	-0.9	2.4	7.6	10.9	13.5	**13.8**	13.6	12.6	10.7	416.4
J.	5.3	4.5	4.8	5.1	6.1	4.7	1.2	-3.9	-9.4	-13.7	**-14.8**	-13.0	-10.2	-7.1	-5.2	-3.1	-1.0	2.9	6.1	7.5	8.9	**9.6**	8.4	6.4	414.5

ΔY Ostkomponente

	0h–1h	1h–2h	2h–3h	3h–4h	4h–5h	5h–6h	6h–7h	7h–8h	8h–9h	9h–10h	10h–11h	11h–12h	12h–13h	13h–14h	14h–15h	15h–16h	16h–17h	17h–18h	18h–19h	19h–20h	20h–21h	21h–22h	22h–23h	23h–24h	T.-M.
	γ	γ	γ	γ	γ	γ	γ	γ	γ	γ	γ	γ	γ	γ	γ	γ	γ	γ	γ	γ	γ	γ	γ	γ	γ
J.	3.4	3.6	2.3	0.3	-0.7	-1.7	-1.5	-2.3	-5.2	-9.7	-11.4	**-14.3**	-12.9	7.8	-5.7	0.8	0.9	2.8	10.4	**11.9**	11.7	9.0	7.6	7.4	-830.2
F.	3.6	3.3	5.9	6.4	4.9	2.5	0.0	-0.5	-0.7	-5.4	-12.2	-16.6	**-17.4**	.14.2	-9.4	-4.6	-0.5	3.5	6.4	9.6	6.7	10.3	**10.9**	6.4	828.6
M.	6.2	6.6	4.3	4.2	4.9	3.9	4.4	7.5	5.9	-1.1	-13.0	-23.6	**-27.0**	-25.8	-19.1	-8.8	-0.1	-1.3	10.2	13.2	**14.4**	13.5	11.0	9.1	823.3
A.	6.1	6.4	7.7	7.7	6.2	8.9	13.8	**17.5**	14.1	5.7	-8.5	-22.2	**-29.2**	-26.9	-20.7	-14.6	-6.5	-1.2	1.9	4.8	4.7	6.7	7.2	9.3	825.1
M.	10.8	8.4	8.1	9.4	11.9	16.8	20.0	**20.6**	13.3	0.7	-13.0	-26.3	**-32.3**	-29.1	-22.7	-15.5	-9.2	-3.7	1.1	2.8	2.6	5.0	9.5	9.8	820.1
J.	5.7	6.6	9.4	15.2	19.4	**23.5**	22.1	20.7	13.2	2.3	-10.5	-21.7	-27.8	**-29.8**	-25.6	-18.2	-13.8	-8.6	-3.1	1.5	1.7	4.7	7.2	7.0	819.5
J.	6.4	6.5	6.9	11.8	16.4	**19.1**	19.0	17.3	13.0	3.8	-6.9	-17.6	-24.1	**-27.9**	-24.6	-15.9	-11.4	-7.6	-4.3	-1.6	1.6	4.9	6.3	8.5	816.1
A.	4.6	3.0	5.0	9.9	13.1	18.6	**20.7**	19.2	9.8	-3.8	-18.2	-28.3	**-31.1**	-26.4	-18.5	-6.9	-1.8	1.8	1.7	5.0	9.2	5.7	3.8	3.0	812.2
S.	**9.9**	8.9	6.1	7.5	9.4	8.0	8.7	8.2	2.6	-7.4	-18.1	**-28.2**	-26.3	-22.5	-12.3	-3.9	0.3	3.1	7.6	7.3	7.7	7.4	8.2	7.0	807.1
O.	6.7	2.1	-0.2	-2.9	-2.4	-1.1	1.9	6.3	7.0	1.2	-10.7	-18.8	**-21.9**	-19.6	-12.1	-1.5	-2.9	2.5	7.1	8.5	**15.6**	12.7	12.8	10.8	803.6
N.	0.8	0.9	-2.5	-3.3	-3.3	-2.3	-2.5	1.3	2.7	-2.5	-9.4	-12.8	**-14.0**	-9.5	-7.2	-2.9	0.5	4.4	10.2	10.9	**13.2**	12.3	9.4	6.5	801.2
D.	3.7	2.2	0.1	-0.3	-1.2	-1.6	-1.3	-1.2	-1.5	-5.0	-7.8	-10.4	**-10.8**	-8.1	-5.3	-4.1	-3.0	1.1	5.1	9.1	10.7	10.2	**12.2**	6.4	800.4
S. S.	2.9	2.5	1.4	0.8	-0.1	-0.8	-1.3	-0.7	-1.2	-5.6	-10.2	-13.5	**-13.8**	-9.9	-6.9	-2.7	-0.5	3.0	8.0	10.4	**10.6**	10.4	10.0	6.7	815.1
Äqu.	7.2	6.0	4.5	4.1	4.5	4.9	7.2	9.9	7.4	-0.4	-12.6	-23.2	**-26.1**	-23.7	-16.0	-7.2	-2.3	0.8	6.7	8.4	**10.6**	10.1	9.8	9.0	814.8
N. S.	6.9	6.1	7.4	11.6	15.2	19.5	**20.4**	19.4	12.3	0.8	-12.2	-23.5	**-28.8**	-28.3	-22.8	-14.1	-9.0	-4.5	-1.2	1.9	3.8	5.1	6.7	7.1	817.0
W.	4.1	3.1	1.6	0.7	0.4	0.0	0.2	1.8	1.4	-3.8	-10.8	-16.1	**-17.3**	-14.2	-9.8	-3.5	-0.8	2.2	8.2	10.5	**12.0**	11.3	10.6	7.8	814.6
S.	7.2	6.6	7.2	10.2	12.7	15.8	**17.4**	17.2	11.0	0.2	-12.5	-24.0	**-28.5**	-27.1	-20.7	-12.5	-7.1	-2.7	0.8	3.3	4.6	5.7	7.0	7.4	816.7
J.	5.7	4.9	4.4	5.5	6.6	7.9	8.8	**9.6**	6.2	-1.8	-11.6	-20.1	**-22.9**	-20.6	-15.3	-8.0	-4.0	-0.3	4.5	6.9	8.3	8.5	8.8	7.6	815.6

ΔZ Vertikalkomponente

	0h–1h	1h–2h	2h–3h	3h–4h	4h–5h	5h–6h	6h–7h	7h–8h	8h–9h	9h–10h	10h–11h	11h–12h	12h–13h	13h–14h	14h–15h	15h–16h	16h–17h	17h–18h	18h–19h	19h–20h	20h–21h	21h–22h	22h–23h	23h–24h	T.-M.
	γ	γ	γ	γ	γ	γ	γ	γ	γ	γ	γ	γ	γ	γ	γ	γ	γ	γ	γ	γ	γ	γ	γ	γ	γ
J.	-2.3	-3.3	-3.9	-3.9	-4.6	-4.2	-4.2	**-4.7**	-4.1	-3.4	2.8	-1.6	0.5	3.0	4.9	6.2	**6.5**	6.4	5.6	4.9	3.9	2.2	-0.1	-1.1	43847.4
F.	-2.5	-3.5	-3.2	-3.0	-2.7	-3.0	-3.8	-3.3	-2.9	-4.8	**-5.6**	-3.4	-0.5	2.1	3.7	5.3	**6.4**	6.2	5.8	5.7	4.3	1.9	0.9	-0.2	839.1
M.	-3.6	-4.2	-4.9	-5.7	-5.5	-3.9	-1.7	-1.3	-2.8	-5.8	**-7.5**	-5.5	-1.4	2.7	8.2	11.0	**12.2**	10.6	7.4	4.9	1.6	-1.1	-1.5	-1.7	845.1
A.	-1.3	-1.7	-2.1	-2.2	-2.9	-1.8	-1.2	-2.1	-4.8	-9.2	**-12.5**	-11.6	-6.9	-0.5	5.2	8.8	**11.4**	10.8	9.0	7.0	6.2	3.1	0.4	-0.8	843.7
M.	-3.4	-3.9	-2.5	-1.2	-9.5	0.2	-0.3	-2.6	-6.1	-10.1	**-13.0**	-11.5	-6.7	1.0	6.5	10.1	**11.7**	11.6	10.0	8.2	5.8	1.9	-1.4	-2.9	846.3
J.	0.3	-0.8	-0.8	-0.6	0.4	-0.7	-0.6	-1.0	-3.7	-7.3	**-11.6**	**-11.6**	-9.5	-3.0	2.0	4.4	6.8	9.1	**9.5**	8.6	6.1	3.3	1.1	0.8	849.6
J.	-2.4	-4.3	-3.4	-3.1	-2.9	-2.9	-0.7	-1.0	-2.8	-7.1	**-10.4**	**-11.0**	-8.2	-2.1	4.3	8.1	10.2	**10.6**	9.9	8.9	6.0	3.1	0.6	0.2	851.2
A.	-4.1	-4.5	-6.5	-5.4	-3.8	-2.0	-0.3	0.3	-2.4	-8.4	**-9.1**	-7.5	-3.3	1.5	7.5	12.4	**12.5**	10.6	8.3	5.8	3.1	1.2	-1.3	-3.9	854.2
S.	-6.5	-7.0	-6.7	-6.9	-3.9	-1.5	0.5	0.9	-2.1	-7.8	**-9.9**	-7.6	-2.4	3.1	9.3	11.2	**11.3**	9.8	9.0	7.0	4.3	1.2	-0.7	-4.1	858.2
O.	-4.6	-5.3	-5.2	-4.8	-4.8	-3.1	-0.6	0.2	-1.3	-5.4	**-6.6**	-5.2	-1.3	3.3	7.1	**10.7**	9.7	9.0	7.4	4.8	2.3	-0.7	-2.0	-4.3	860.8
N.	-2.2	-2.4	-3.2	-3.9	-3.8	-3.2	-2.3	-1.7	-3.4	**-6.3**	-4.7	-2.1	2.5	5.7	5.5	6.0	**6.1**	4.8	4.5	4.7	2.2	-0.2	-0.5	-0.9	866.2
D.	-0.9	-1.0	-1.2	-1.4	-1.5	-1.7	-1.8	-2.0	-2.4	**-3.2**	-3.1	-2.8	-0.4	1.3	1.7	2.1	2.4	3.1	3.8	**3.9**	2.8	1.9	0.9	0.4	862.7
S. S.	-2.0	-2.6	-2.9	-3.0	-3.2	-3.0	-3.0	-2.9	-3.2	**-4.4**	-4.0	-2.5	0.5	3.0	4.0	4.9	**5.4**	5.1	4.9	4.8	3.3	1.4	0.3	-0.4	853.8
Äqu.	-4.0	-4.6	-4.7	-4.9	-4.3	-2.6	-0.8	-0.6	-2.8	-7.0	**-9.1**	-7.5	-3.0	2.2	7.4	10.4	**11.2**	10.0	8.2	5.9	3.6	0.6	-1.0	-2.7	852.0
N. S.	-2.4	-3.4	-3.3	-2.6	-1.7	-1.4	-0.5	-1.1	-3.8	-8.2	**-11.0**	-10.4	-6.9	-0.6	5.1	8.8	10.3	**10.5**	9.4	7.9	5.2	2.4	-0.2	-1.4	850.3
W.	-2.7	-3.3	-3.6	-3.8	-3.8	-3.2	-2.4	-2.1	-2.8	-4.8	**-5.0**	-3.4	-0.1	3.0	5.2	6.9	**7.2**	6.7	5.8	4.8	2.8	0.7	-0.4	-1.3	853.6
S.	-2.9	-3.7	-3.7	-3.2	-2.3	-1.4	-0.4	-0.9	-3.6	-8.3	**-11.1**	-10.1	-6.2	0.0	5.8	9.2	**10.6**	10.4	9.3	7.6	5.2	2.3	-0.2	-1.8	850.5
J.	-2.8	-3.5	-3.6	-3.5	-3.0	-2.3	-1.4	-1.5	-3.2	-6.6	**-8.1**	-6.8	-3.1	1.5	5.5	8.0	**8.9**	8.6	7.5	6.2	4.0	1.5	-0.3	-1.5	852.0

Mittlere tägliche Gänge an Tagen weitgehend gleichen Störungscharakters

Niemegk Weltzeit Abweichung vom Tagesmittel **1953**

ΔX Nordkomponente Gruppe I

	n	0h–1h	1h–2h	2h–3h	3h–4h	4h–5h	5h–6h	6h–7h	7h–8h	8h–9h	9h–10h	10h–11h	11h–12h	12h–13h	13h–14h	14h–15h	15h–16h	16h–17h	17h–18h	18h–19h	19h–20h	20h–21h	21h–22h	22h–23h	23h–24h	Δ	SFR
		γ	γ	γ	γ	γ	γ	γ	γ	γ	γ	γ	γ	γ	γ	γ	γ	γ	γ	γ	γ	γ	γ	γ	γ	γ	
J.	—	—	—	—	—	—	—	—	—	—	—	—	—	—	—	—	—	—	—	—	—	—	—	—	—	—	—
F.	1	-1	-1	0	3	4	5	9	7	5	-6	-7	-7	-5	-2	-1	-2	-2	-1	1	4	4	0	-2	-2	-1.0	14
M.	1	4	4	4	9	11	14	16	14	6	-5	-13	-19	-17	-14	-10	-9	-7	-6	-2	5	8	3	-1	4	3.0	8
A.	—	—	—	—	—	—	—	—	—	—	—	—	—	—	—	—	—	—	—	—	—	—	—	—	—	—	—
M.	1	7	6	7	10	10	5	1	-5	-9	-13	-12	-11	-9	-7	-6	-5	-5	-2	3	7	7	8	8	7	7.1	0
J.	—	—	—	—	—	—	—	—	—	—	—	—	—	—	—	—	—	—	—	—	—	—	—	—	—	—	—
J.	1	6	10	10	14	16	10	1	-12	-22	-19	-16	-16	-13	-9	-6	-5	-2	5	9	10	8	9	6	6	7.8	17
A.	1	11	12	9	4	5	2	-9	-25	-32	-26	-22	-12	-7	-1	-1	2	7	11	12	13	13	12	11	11	11.0	17
S.	1	4	2	2	4	6	7	3	-9	-17	-19	-17	-10	.0	3	0	-2	3	6	7	8	6	5	4	5	3.8	29
O.	2	5	4	3	3	4	2	0	-2	-8	-14	-16	-11	-6	-3	-1	-1	-1	0	3	8	9	9	7	5	3.8	18
N.	2	-3	-1	-3	-1	2	3	3	2	1	-2	-4	-4	-2	0	-1	1	2	3	4	3	0	0	-1	-1	-1.4	0
D.	1	-5	-6	-3	-2	1	6	6	8	9	7	3	1	-2	-2	-3	-3	-2	0	0	-1	-2	-4	-2	-3	-3.9	0

ΔY Ostkomponente Gruppe I

	n	0h–1h	1h–2h	2h–3h	3h–4h	4h–5h	5h–6h	6h–7h	7h–8h	8h–9h	9h–10h	10h–11h	11h–12h	12h–13h	13h–14h	14h–15h	15h–16h	16h–17h	17h–18h	18h–19h	19h–20h	20h–21h	21h–22h	22h–23h	23h–24h	Δ	SFR
		γ	γ	γ	γ	γ	γ	γ	γ	γ	γ	γ	γ	γ	γ	γ	γ	γ	γ	γ	γ	γ	γ	γ	γ	γ	
J.	—	—	—	—	—	—	—	—	—	—	—	—	—	—	—	—	—	—	—	—	—	—	—	—	—	—	—
F.	1	3	2	1	1	1	2	2	4	4	3	-3	-6	-9	-7	-4	-1	0	0	0	1	2	2	4	4	2.4	14
M.	1	5	4	3	2	2	2	7	15	20	12	-2	-16	-22	-22	-16	-7	-2	-3	0	-1	0	3	7	9	5.2	8
A.	—	—	—	—	—	—	—	—	—	—	—	—	—	—	—	—	—	—	—	—	—	—	—	—	—	—	—
M.	1	0	0	3	8	14	19	22	22	20	9	-7	-20	-26	-22	-15	-8	-4	-4	-4	-2	-2	-2	-2	0	-0.1	0
J.	—	—	—	—	—	—	—	—	—	—	—	—	—	—	—	—	—	—	—	—	—	—	—	—	—	—	—
J.	1	-4	0	1	7	10	19	20	20	11	6	-2	-10	-20	-24	-24	-17	-12	-7	1	2	3	4	5	11	2.7	17
A.	1	-3	-2	3	4	8	18	24	21	5	-15	-27	-29	-26	-17	-6	6	11	6	-1	0	2	4	6	7	2.5	17
S.	1	7	7	8	11	13	16	22	20	10	-6	-25	-35	-29	-20	-10	-2	2	-3	-2	0	2	5	5	5	6.3	29
O.	2	6	6	6	5	6	7	11	18	17	9	-4	-17	-23	-20	-13	-8	-7	-5	-3	-1	0	2	3	4	5.2	18
N.	2	6	5	4	2	2	3	4	4	5	-2	-7	-12	-12	-9	-5	-5	-4	-2	0	1	5	7	6	5	5.4	0
D.	1	5	3	2	0	1	4	4	0	-2	-3	-6	-8	-8	-6	-4	-3	-2	0	0	0	3	4	10	6	4.9	0

ΔZ Vertikalkomponente Gruppe I

	n	0h–1h	1h–2h	2h–3h	3h–4h	4h–5h	5h–6h	6h–7h	7h–8h	8h–9h	9h–10h	10h–11h	11h–12h	12h–13h	13h–14h	14h–15h	15h–16h	16h–17h	17h–18h	18h–19h	19h–20h	20h–21h	21h–22h	22h–23h	23h–24h	Δ	SFR
		γ	γ	γ	γ	γ	γ	γ	γ	γ	γ	γ	γ	γ	γ	γ	γ	γ	γ	γ	γ	γ	γ	γ	γ	γ	
J.	—	—	—	—	—	—	—	—	—	—	—	—	—	—	—	—	—	—	—	—	—	—	—	—	—	—	—
F.	1	2	1	0	0	1	0	-2	-2	-3	-4	-4	-4	-3	-2	0	0	2	1	1	1	1	2	1	1	1.6	14
M.	1	2	1	1	0	0	0	2	2	-2	-6	-9	-10	-5	0	3	4	4	4	4	1	1	1	2	1	1.3	8
A.	—	—	—	—	—	—	—	—	—	—	—	—	—	—	—	—	—	—	—	—	—	—	—	—	—	—	—
M.	1	4	4	5	5	5	6	4	-1	-8	-12	-13	-12	-8	-1	2	2	2	1	1	2	3	3	3	3	3.7	0
J.	—	—	—	—	—	—	—	—	—	—	—	—	—	—	—	—	—	—	—	—	—	—	—	—	—	—	—
J.	1	-1	-1	1	3	5	4	1	0	-2	-7	-10	-11	-8	-1	4	4	1	-1	3	6	5	2	1	0	0.7	17
A.	1	2	2	2	3	5	6	7	5	-3	-11	-11	-9	-7	-4	3	6	3	-1	-3	1	1	2	2	2	1.9	17
S.	1	3	4	5	4	5	6	7	5	-2	-14	-18	-14	-8	-2	5	3	-2	0	2	4	4	4	4	4	3.6	29
O.	2	2	1	1	1	1	3	3	3	0	-6	-9	-10	-7	-5	-1	3	2	4	3	3	2	2	2	2	1.6	18
N.	2	0	0	0	0	0	0	0	-1	-3	-5	-6	-3	-1	1	1	2	2	2	2	1	2	2	2	2	1.1	0
D.	1	1	0	1	1	0	0	-3	-6	-6	-5	-6	-3	1	1	2	2	2	3	2	2	3	3	3	2	1.7	0

Über die Gruppeneinteilung und die Daten der Tage für jede einzelne Gruppe vgl. Tabelle 25 und Tabelle 26

Mittlere tägliche Gänge an Tagen weitgehend gleichen Störungscharakters

Niemegk Weltzeit Abweichung vom Tagesmittel **1953**

ΔX Nordkomponente Gruppe II

	n	0h–1h	1h–2h	2h–3h	3h–4h	4h–5h	5h–6h	6h–7h	7h–8h	8h–9h	9h–10h	10h–11h	11h–12h	12h–13h	13h–14h	14h–15h	15h–16h	16h–17h	17h–18h	18h–19h	19h–20h	20h–21h	21h–22h	22h–23h	23h–24h	Δ	SFR
		γ	γ	γ	γ	γ	γ	γ	γ	γ	γ	γ	γ	γ	γ	γ	γ	γ	γ	γ	γ	γ	γ	γ	γ	γ	
J.	—	—	—	—	—	—	—	—	—	—	—	—	—	—	—	—	—	—	—	—	—	—	—	—	—	—	—
F.	2	-3	-2	3	3	3	4	8	9	7	1	-3	-6	-2	-1	-3	-6	-7	-6	-1	3	0	0	2	-1	-0.4	11
M.	2	-1	1	0	6	9	13	13	9	-1	-9	-16	-17	-12	-8	-6	-5	-3	-2	2	7	6	4	3	4	2.1	4
A.	4	7	4	3	3	4	6	4	0	-9	-17	-17	-18	-17	-10	-6	1	4	8	10	9	8	8	9	7	6.2	34
M.	7	5	4	3	3	4	1	-2	-5	-9	-15	-12	-12	-10	-5	-2	2	3	5	6	9	7	7	6	6	5.2	16
J.	10	6	5	7	7	5	1	-5	-12	-16	-18	-16	-14	-11	-7	-2	3	4	8	12	10	10	10	8	8	7.0	23
J.	4	7	6	8	8	9	4	-1	-10	-19	-20	-19	-14	-11	-6	0	2	2	7	9	8	8	8	6	6	7.1	16
A.	5	9	8	7	6	5	1	-6	-16	-21	-20	-18	-12	-8	-5	-3	3	5	7	10	11	10	10	9	9	8.3	23
S.	2	2	1	1	3	6	7	4	-5	-12	-17	-18	-12	-4	0	1	1	5	8	8	8	5	4	3	2	2.2	18
O.	5	7	5	4	5	4	4	4	0	-6	-13	-15	-14	-10	-6	-3	-2	-2	1	3	7	7	8	7	6	6.0	14
N.	4	-4	-3	-2	0	2	4	4	3	1	-3	-7	-6	-4	-2	-2	0	1	2	4	5	4	2	0	-1	-1.3	3
D.	6	-4	-3	-2	0	2	4	7	6	2	0	-2	0	-1	1	0	0	1	0	-1	-1	-2	-3	-2	-3	-2.8	2

ΔY Ostkomponente Gruppe II

	n	0h–1h	1h–2h	2h–3h	3h–4h	4h–5h	5h–6h	6h–7h	7h–8h	8h–9h	9h–10h	10h–11h	11h–12h	12h–13h	13h–14h	14h–15h	15h–16h	16h–17h	17h–18h	18h–19h	19h–20h	20h–21h	21h–22h	22h–23h	23h–24h	Δ	SFR
		γ	γ	γ	γ	γ	γ	γ	γ	γ	γ	γ	γ	γ	γ	γ	γ	γ	γ	γ	γ	γ	γ	γ	γ	γ	
J.	—	—	—	—	—	—	—	—	—	—	—	—	—	—	—	—	—	—	—	—	—	—	—	—	—	—	—
F.	2	4	3	0	7	3	2	2	3	4	1	-9	-13	-13	-12	-6	-3	-2	1	1	3	5	6	7	6	4.4	11
M.	2	2	2	1	1	2	2	6	16	22	12	-2	-18	-25	-25	-18	-7	-1	-1	5	6	3	5	7	7	4.0	4
A.	4	7	10	12	13	13	12	17	18	14	8	-6	-21	-28	-26	-20	-13	-8	-4	-3	0	-1	0	2	3	5.7	34
M.	7	4	4	6	9	15	20	24	23	17	6	-8	-23	-29	-26	-19	-12	-8	-4	-4	-2	1	3	1	2	3.4	16
J.	10	6	8	9	14	21	25	25	23	16	3	-10	-22	-27	-27	-23	-17	-12	-10	-5	-4	-3	0	2	6	5.2	23
J.	4	4	3	5	12	19	25	22	21	14	6	-5	-17	-24	-27	-22	-14	-8	-5	-4	-4	-2	0	0	3	2.4	16
A.	5	5	7	6	11	19	21	24	20	11	-4	-16	-25	-26	-23	-15	-6	-1	-2	-6	-4	-2	2	1	3	4.0	23
S.	2	7	8	8	9	9	12	17	19	14	4	-12	-24	-25	-23	-16	-12	-8	-6	-3	0	3	5	6	6	6.8	18
O.	5	8	7	6	6	5	4	9	15	16	9	-5	-17	-22	-21	-13	-8	-6	-6	-3	0	2	4	6	6	6.2	14
N.	4	6	5	4	2	2	2	3	5	4	-2	-7	-13	-13	-10	-6	-4	-1	-2	-1	0	3	6	8	7	5.9	3
D.	6	3	0	-2	-1	0	0	1	0	-1	-5	-8	-10	-8	-4	-2	-1	-1	0	3	5	5	7	8	7	3.9	2

ΔZ Vertikalkomponente Gruppe II

	n	0h–1h	1h–2h	2h–3h	3h–4h	4h–5h	5h–6h	6h–7h	7h–8h	8h–9h	9h–10h	10h–11h	11h–12h	12h–13h	13h–14h	14h–15h	15h–16h	16h–17h	17h–18h	18h–19h	19h–20h	20h–21h	21h–22h	22h–23h	23h–24h	Δ	SFR
		γ	γ	γ	γ	γ	γ	γ	γ	γ	γ	γ	γ	γ	γ	γ	γ	γ	γ	γ	γ	γ	γ	γ	γ	γ	
J.	—	—	—	—	—	—	—	—	—	—	—	—	—	—	—	—	—	—	—	—	—	—	—	—	—	—	—
F.	2	1	0	-2	-2	-1	-1	-3	-2	-3	-6	-6	-5	-2	-1	0	2	4	4	4	4	5	5	3	3	1.6	11
M.	2	1	1	2	0	0	1	3	4	-1	-6	-11	-11	-7	-2	3	5	4	3	3	2	2	1	2	1	1.4	4
A.	4	-1	0	0	-1	0	2	0	-1	-3	-8	-11	-10	-7	-3	1	4	6	6	5	6	5	5	3	2	1.4	34
M.	7	3	3	3	4	4	4	2	-1	-5	-9	-15	-14	-10	-4	1	3	6	5	4	4	4	4	3	3	3.0	16
J.	10	2	2	2	3	3	2	2	1	-3	-7	-10	-12	-10	-5	-1	1	4	5	5	6	4	3	3	2	2.2	23
J.	4	2	1	1	2	3	3	3	3	-2	-9	-14	-16	-12	-4	2	4	4	3	4	5	4	3	3	3	2.3	16
A.	5	2	2	2	2	4	4	4	3	-2	-10	-11	-10	-7	-5	1	3	3	2	1	2	2	2	3	2	2.0	23
S.	2	3	4	4	4	3	5	6	5	0	-10	-13	-12	-10	-6	0	1	-1	0	2	4	4	4	4	3	3.7	18
O.	5	1	0	0	0	0	2	3	3	1	-5	-8	-8	-6	-4	0	2	2	3	3	2	2	2	2	2	1.3	14
N.	4	0	0	0	0	0	0	0	-1	-3	-6	-6	-4	0	2	2	2	2	2	1	1	2	2	2	1	0.9	3
D.	6	0	-1	0	-1	-1	-1	-1	-2	-2	-3	-4	-4	0	1	2	2	1	2	2	2	2	2	2	1	0.8	2

Über die Gruppeneinteilung und die Daten der Tage für jede einzelne Gruppe vgl. Tabelle 25 und Tabelle 26

Mittlere tägliche Gänge an Tagen weitgehend gleichen Störungscharakters

Niemegk Weltzeit Abweichung vom Tagesmittel **1953**

ΔX Nordkomponente Gruppe III

	n	0h–1h	1h–2h	2h–3h	3h–4h	4h–5h	5h–6h	6h–7h	7h–8h	8h–9h	9h–10h	10h–11h	11h–12h	12h–13h	13h–14h	14h–15h	15h–16h	16h–17h	17h–18h	18h–19h	19h–20h	20h–21h	21h–22h	22h–23h	23h–24h	SFR
		γ	γ	γ	γ	γ	γ	γ	γ	γ	γ	γ	γ	γ	γ	γ	γ	γ	γ	γ	γ	γ	γ	γ	γ	
J.	4	2	0	-3	0	6	6	9	7	1	-8	-8	-10	-3	-1	2	-1	1	-5	-1	2	-4	0	3	4	12
F.	3	-2	0	2	0	3	8	12	10	5	-3	-4	0	-3	-2	-1	-6	-8	-4	-1	-1	0	-1	0	0	2
M.	6	9	2	0	0	0	2	1	0	-5	-12	-9	-9	-11	-10	-5	-3	-8	1	10	7	10	14	8	6	14
A.	11	7	7	5	7	9	9	4	-2	-9	-18	-22	-23	-19	-12	-9	-5	1	2	7	10	12	11	15	11	28
M.	5	12	4	1	-1	2	-3	-3	-5	-15	-16	-18	-21	-18	-16	-7	-2	8	10	16	23	18	12	9	10	12
J.	8	8	6	8	10	4	-2	-6	-10	-19	-23	-24	-23	-16	-10	-6	-1	5	14	15	16	15	12	15	11	28
J.	10	12	8	4	6	5	0	-10	-14	-19	-24	-23	-25	-16	-10	-3	3	8	9	14	16	17	18	12	13	8
A.	5	10	8	8	8	7	10	2	-14	-26	-23	-24	-18	-10	-2	1	1	1	4	8	12	14	9	6	8	47
S.	6	8	5	3	3	7	3	-6	-11	-19	-25	-18	-10	-7	-2	-1	-2	0	5	8	16	8	12	15	9	20
O.	3	2	1	4	2	12	8	9	6	-2	-9	-15	-17	-21	-16	-8	-6	-3	6	7	11	5	12	8	4	2
N.	3	2	-1	5	2	3	13	9	10	8	2	-11	-14	-9	-5	-5	-1	-3	-7	-2	-1	-2	5	1	0	0
D.	4	-6	-4	0	2	1	3	4	8	8	5	5	5	4	0	-2	-3	-3	-3	-6	-1	-2	-7	-3	-6	6

ΔY Ostkomponente Gruppe III

	n	0h–1h	1h–2h	2h–3h	3h–4h	4h–5h	5h–6h	6h–7h	7h–8h	8h–9h	9h–10h	10h–11h	11h–12h	12h–13h	13h–14h	14h–15h	15h–16h	16h–17h	17h–18h	18h–19h	19h–20h	20h–21h	21h–22h	22h–23h	23h–24h	SFR
		γ	γ	γ	γ	γ	γ	γ	γ	γ	γ	γ	γ	γ	γ	γ	γ	γ	γ	γ	γ	γ	γ	γ	γ	
J.	4	-3	9	8	2	2	3	0	0	-4	-9	-11	-16	-12	-6	-5	-2	-4	-4	8	13	9	8	9	3	12
F.	3	0	2	4	-3	1	3	-1	-2	-1	-6	-11	-10	-16	-10	-5	2	0	0	3	10	11	12	10	6	2
M.	6	15	12	7	6	6	-1	1	6	4	-1	-13	-24	-28	-24	-18	-12	-3	-1	13	11	13	15	9	8	14
A.	11	6	4	5	8	8	10	13	18	15	7	-8	-22	-30	-27	-21	-16	-6	1	2	3	3	7	8	9	28
M.	5	10	9	7	8	9	14	15	16	12	-1	-12	-28	-31	-31	-24	-17	-9	-3	4	14	11	10	7	8	12
J.	8	8	4	6	11	15	20	19	21	14	1	-9	-21	-28	-29	-23	-16	-10	-5	0	1	3	5	6	6	28
J.	10	6	7	9	16	19	20	17	15	11	4	-6	-14	-24	-29	-27	-22	-14	-8	-4	-1	2	8	6	9	8
A.	5	1	3	8	7	17	24	27	22	9	-6	-19	-30	-32	-27	-18	-11	-3	2	3	3	5	5	2	7	47
S.	6	8	6	6	8	11	12	12	12	2	-8	-21	-31	-27	-20	-8	0	-1	2	2	8	8	8	6	4	20
O.	3	11	4	1	-4	-6	1	6	15	14	7	-10	-17	-22	-18	-6	-7	-8	-4	2	0	6	8	12	15	2
N.	3	-9	-7	-4	-7	-8	-5	-5	2	-1	-2	-8	-5	-12	-8	0	9	6	2	3	10	13	15	16	5	0
D.	4	2	3	2	2	-3	-4	-2	-3	-5	-8	-12	-8	-8	-7	-3	-4	0	0	1	18	13	8	12	7	6

ΔZ Vertikalkomponente Gruppe III

	n	0h–1h	1h–2h	2h–3h	3h–4h	4h–5h	5h–6h	6h–7h	7h–8h	8h–9h	9h–10h	10h–11h	11h–12h	12h–13h	13h–14h	14h–15h	15h–16h	16h–17h	17h–18h	18h–19h	19h–20h	20h–21h	21h–22h	22h–23h	23h–24h	SFR
		γ	γ	γ	γ	γ	γ	γ	γ	γ	γ	γ	γ	γ	γ	γ	γ	γ	γ	γ	γ	γ	γ	γ	γ	
J.	4	-3	-5	-3	-3	-4	-3	-2	-2	-1	1	0	1	1	3	2	3	3	4	4	2	3	2	-1	-2	12
F.	3	1	1	0	-1	-2	-2	-4	-4	-5	-7	-8	-6	-3	0	3	4	5	5	4	5	4	3	2	2	2
M.	6	-3	-5	-4	-4	-3	-2	-1	-1	-3	-6	-7	-6	-1	3	6	8	9	8	6	4	2	-1	0	-1	14
A.	11	-1	-1	-2	-2	-2	-2	0	-2	-6	-10	-13	-12	-8	-2	4	7	11	12	10	7	6	4	1	0	28
M.	5	-4	-2	0	2	1	1	1	-1	-4	-9	-13	-12	-9	-5	1	5	8	10	10	8	6	3	1	-1	12
J.	8	1	1	-2	-3	-1	-1	-1	-2	-3	-7	-11	-10	-8	-2	1	3	7	9	9	8	6	4	1	0	28
J.	10	-4	-3	-2	0	-1	-1	0	0	-1	-7	-10	-10	-8	-4	1	4	8	11	10	9	6	1	0	-1	8
A.	5	-3	-3	-3	-2	-1	0	2	2	-2	-8	-10	-10	-7	-2	4	9	10	7	6	6	3	1	1	-1	47
S.	6	-2	0	0	-1	0	1	2	1	-3	-8	-11	-9	-4	1	5	7	6	5	4	3	4	0	0	0	20
O.	3	-1	-1	-2	-2	-6	-4	-1	-1	-4	-8	-7	-5	1	3	6	7	7	6	6	4	4	2	-1	-2	2
N.	3	-5	-5	-3	-3	-2	-4	-2	-2	-2	-6	-2	-2	1	2	5	5	6	6	4	4	4	2	1	-1	0
D.	4	0	0	0	-1	-1	-1	-1	-1	-1	-2	-4	-4	-2	0	0	0	2	2	4	3	3	3	1	1	6

Über die Gruppeneinteilung und die Daten der Tage für jede einzelne Gruppe vgl. Tabelle 25 und Tabelle 26

Mittlere tägliche Gänge an Tagen weitgehend gleichen Störungscharakters

Niemegk · Weltzeit Abweichung vom Tagesmittel **1953**

ΔX Nordkomponente Gruppe IV

	n	0h–1h	1h–2h	2h–3h	3h–4h	4h–5h	5h–6h	6h–7h	7h–8h	8h–9h	9h–10h	10h–11h	11h–12h	12h–13h	13h–14h	14h–15h	15h–16h	16h–17h	17h–18h	18h–19h	19h–20h	20h–21h	21h–22h	22h–23h	23h–24h	SFR
		γ	γ	γ	γ	γ	γ	γ	γ	γ	γ	γ	γ	γ	γ	γ	γ	γ	γ	γ	γ	γ	γ	γ	γ	
J.	2	8	11	17	-5	24	22	18	11	11	-2	-20	-4	-8	-17	-29	-16	-8	-10	4	3	-3	-6	0	-2	12
F.	2	4	-6	-3	6	12	3	1	-13	-26	-28	-14	-12	-2	-1	6	2	-3	2	16	10	5	12	24	4	0
M.	5	-2	1	4	-1	7	10	1	-3	-7	-10	-17	-23	-16	-6	-4	2	4	0	10	7	21	11	8	1	7
A.	3	6	8	14	1	14	1	-4	-13	-31	-18	-24	-28	-18	-18	-12	2	4	8	21	17	6	24	30	10	9
M.	2	12	11	16	15	3	1	3	-1	-3	-6	-33	-37	-28	-25	-21	-14	-15	0	20	14	14	38	18	17	4
J.	3	10	27	19	17	3	-1	-5	-34	-30	-37	-31	-26	-15	-15	-11	-2	16	14	19	22	15	14	20	12	19
J.	5	15	17	13	3	12	0	-12	-11	-32	-35	-39	-36	-20	-10	-4	7	5	16	14	16	17	16	32	18	1
A.	6	19	8	14	9	3	-8	-19	-23	-33	-42	-36	-26	-16	-11	2	6	3	19	17	20	26	28	24	17	0
S.	3	11	9	-2	11	10	8	-4	-35	-16	-12	-25	-22	-18	-13	-5	-10	-6	4	6	14	38	21	15	19	20
O.	3	8	21	31	11	1	3	-9	-11	-19	-33	-30	-15	-25	-15	-11	-16	-3	14	19	16	24	28	-1	13	6
N.	5	3	4	14	19	26	10	-1	-2	-9	-11	-17	-13	-27	-27	-6	-6	-8	3	2	-2	17	18	8	2	1
D.	1	2	10	14	6	20	10	2	9	5	8	5	-6	-20	-12	-14	-17	-2	8	7	-14	-13	-6	-4	1	0

ΔY Ostkomponente Gruppe IV

	n	0h–1h	1h–2h	2h–3h	3h–4h	4h–5h	5h–6h	6h–7h	7h–8h	8h–9h	9h–10h	10h–11h	11h–12h	12h–13h	13h–14h	14h–15h	15h–16h	16h–17h	17h–18h	18h–19h	19h–20h	20h–21h	21h–22h	22h–23h	23h–24h	SFR
		γ	γ	γ	γ	γ	γ	γ	γ	γ	γ	γ	γ	γ	γ	γ	γ	γ	γ	γ	γ	γ	γ	γ	γ	
J.	2	7	-4	10	-14	-19	-18	-14	-18	-10	-14	-18	-16	-16	-11	-13	11	14	14	21	22	34	18	19	12	12
F.	2	-5	-17	-15	-2	4	-1	-5	-6	-1	-9	-16	-16	-18	-6	-5	2	1	11	28	21	20	26	14	-5	0
M.	5	3	4	0	-13	-3	6	4	1	-7	-11	-20	-23	-26	-25	-18	9	6	5	19	32	20	13	13	9	7
A.	3	-5	2	10	-5	-8	-11	1	10	5	0	-10	-18	-23	-24	-8	-3	-4	7	31	12	14	9	12	6	9
M.	2	15	14	8	10	7	5	13	11	10	-1	-14	-17	-29	-26	-21	-24	-15	-5	14	8	1	21	12	4	4
J.	3	-10	8	11	25	27	24	20	14	3	-1	-9	-21	-27	-39	-36	-23	-17	-15	3	17	19	4	10	9	19
J.	5	10	8	2	-3	-1	4	14	15	17	9	-5	-19	-22	-29	-28	-8	-8	-6	3	9	7	7	12	14	1
A.	6	1	-5	-3	4	-1	5	11	13	10	1	-18	-26	-29	-25	-11	8	7	16	13	10	9	10	5	-3	0
S.	3	7	11	-3	4	4	3	1	0	-2	-10	-14	-22	-14	-22	-2	1	-2	14	8	4	16	10	12	-7	20
O.	3	-4	-19	-30	-23	-18	-16	-18	-10	-5	-8	-22	-27	-16	-11	2	13	23	30	22	29	31	39	28	9	6
N.	5	-9	-6	-15	-23	-16	-11	-13	-10	1	-3	-9	-8	-8	0	-9	1	12	26	30	19	28	14	8	3	1
D.	1	-24	1	1	-16	-16	-20	-20	-5	-3	3	-2	-11	-14	-18	-11	24	4	29	41	39	25	8	6	-21	0

ΔZ Vertikalkomponente Gruppe IV

	n	0h–1h	1h–2h	2h–3h	3h–4h	4h–5h	5h–6h	6h–7h	7h–8h	8h–9h	9h–10h	10h–11h	11h–12h	12h–13h	13h–14h	14h–15h	15h–16h	16h–17h	17h–18h	18h–19h	19h–20h	20h–21h	21h–22h	22h–23h	23h–24h	SFR
		γ	γ	γ	γ	γ	γ	γ	γ	γ	γ	γ	γ	γ	γ	γ	γ	γ	γ	γ	γ	γ	γ	γ	γ	
J.	2	-4	-9	-10	-5	-14	-14	-13	-10	-8	-5	-2	-2	3	9	16	12	11	12	7	5	7	6	3	1	12
F.	2	-12	-16	-13	-10	-6	-4	-3	-3	0	2	1	3	7	10	10	12	11	8	6	6	5	1	-5	-10	0
M.	5	-9	-6	-2	-4	-8	-5	-1	0	-3	-4	-5	-1	3	4	11	14	15	12	6	3	-2	-5	-6	-7	7
A.	3	-8	-5	-4	-6	-10	-5	-6	-4	-4	-8	-11	-9	-4	6	13	16	14	16	14	10	9	1	-6	-7	9
M.	2	-5	-9	-15	-12	-7	-7	-9	-12	-14	-15	-10	-8	-4	6	13	16	19	20	20	19	16	1	2	-4	4
J.	3	-5	-18	-15	-14	-9	-9	-7	-6	-7	-6	-10	-10	-7	4	13	15	16	22	22	19	11	5	-3	-1	19
J.	5	-7	-12	-13	-16	-17	-13	-9	-8	-8	-8	-8	-5	-2	7	16	22	24	22	19	16	9	4	-5	-4	1
A.	6	-13	-10	-14	-9	-7	-4	-4	1	-1	-6	-6	-4	2	8	16	22	20	13	12	6	0	-5	-8	-12	0
S.	3	-15	-12	-9	-10	-6	-4	0	4	0	-2	0	2	8	14	18	17	17	12	8	2	-9	-12	-11	-14	20
O.	3	-18	-25	-26	-27	-14	-9	-2	2	4	3	4	8	16	24	23	28	23	15	10	3	-7	-11	-9	-18	6
N.	5	-3	-4	-8	-14	-16	-10	-6	-4	-3	-4	-1	2	11	16	12	12	12	9	9	8	-1	-6	-5	-4	1
D.	1	-7	-8	-7	-6	-7	-6	-6	-6	-3	-4	-3	-2	4	4	6	11	8	7	6	7	7	6	4	-3	0

Über die Gruppenenteilung und die Daten der Tage für jede einzelne Gruppe vgl. Tabelle 25 und Tabelle 26

Mittlere tägliche Gänge an Tagen weitgehend gleichen Störungscharakters

Niemegk — Weltzeit — Abweichung vom Tagesmittel — **1953**

ΔX — Nordkomponente — Gruppe V

	n	0–1h	1–2h	2–3h	3–4h	4–5h	5–6h	6–7h	7–8h	8–9h	9–10h	10–11h	11–12h	12–13h	13–14h	14–15h	15–16h	16–17h	17–18h	18–19h	19–20h	20–21h	21–22h	22–23h	23–24h	SFR
		γ	γ	γ	γ	γ	γ	γ	γ	γ	γ	γ	γ	γ	γ	γ	γ	γ	γ	γ	γ	γ	γ	γ	γ	
J.	1	8	-23	17	1	0	9	11	5	2	-7	-16	-20	-14	-10	-17	-19	0	9	-1	6	0	30	24	10	0
F.	—	—	—	—	—	—	—	—	—	—	—	—	—	—	—	—	—	—	—	—	—	—	—	—	—	—
M.	1	43	26	31	19	41	52	35	18	-21	-31	-32	-27	-38	-30	-39	-36	-15	-45	-34	-6	8	13	30	39	0
A.	—	—	—	—	—	—	—	—	—	—	—	—	—	—	—	—	—	—	—	—	—	—	—	—	—	—
M.	1	27	12	2	52	16	-25	-19	-11	-28	-36	-58	-52	-28	20	13	-2	16	1	12	32	7	5	2	42	7
J.	1	12	15	16	47	19	14	7	-16	-20	-38	-51	-41	-21	-17	-20	-17	12	6	19	21	18	-3	26	10	28
J.	—	—	—	—	—	—	—	—	—	—	—	—	—	—	—	—	—	—	—	—	—	—	—	—	—	—
A.	1	12	2	20	22	-12	-26	-38	-44	-48	-38	-26	-14	-24	2	0	2	20	32	6	54	26	32	30	12	0
S.	1	47	16	-13	-4	1	-4	-50	-67	-25	-29	-65	-14	-23	0	-14	-12	-9	52	-6	30	39	63	44	43	34
O.	1	29	32	62	3	8	2	-21	-38	-32	-59	-56	-14	-42	-20	-5	0	-19	22	42	12	32	34	12	18	0
N.	—	—	—	—	—	—	—	—	—	—	—	—	—	—	—	—	—	—	—	—	—	—	—	—	—	—
D.	—	—	—	—	—	—	—	—	—	—	—	—	—	—	—	—	—	—	—	—	—	—	—	—	—	—

ΔY — Ostkomponente — Gruppe V

	n	0–1h	1–2h	2–3h	3–4h	4–5h	5–6h	6–7h	7–8h	8–9h	9–10h	10–11h	11–12h	12–13h	13–14h	14–15h	15–16h	16–17h	17–18h	18–19h	19–20h	20–21h	21–22h	22–23h	23–24h	SFR
		γ	γ	γ	γ	γ	γ	γ	γ	γ	γ	γ	γ	γ	γ	γ	γ	γ	γ	γ	γ	γ	γ	γ	γ	
J.	1	5	18	16	3	9	-8	-10	-12	-16	-24	-31	-43	-21	-27	-16	-5	25	31	16	24	5	7	21	31	0
F.	—	—	—	—	—	—	—	—	—	—	—	—	—	—	—	—	—	—	—	—	—	—	—	—	—	—
M.	1	-16	-1	-3	-21	-22	-9	-20	-18	-3	-35	-25	-24	-29	-9	-1	-19	87	18	95	69	20	4	-25	14	0
A.	—	—	—	—	—	—	—	—	—	—	—	—	—	—	—	—	—	—	—	—	—	—	—	—	—	—
M.	1	73	50	40	11	9	19	17	29	15	-9	-16	-53	-66	-33	-61	-48	-40	-15	20	-34	-26	-33	69	82	7
J.	1	4	10	12	33	37	48	40	18	-2	-9	-24	-49	-52	-59	-65	-35	-26	-30	-13	41	50	17	29	24	28
J.	—	—	—	—	—	—	—	—	—	—	—	—	—	—	—	—	—	—	—	—	—	—	—	—	—	—
A.	1	12	-48	-29	-1	-1	12	13	17	-3	-11	-29	-42	-29	-12	-17	-8	50	32	18	47	21	21	5	-16	0
S.	1	33	17	-16	-52	-26	-10	-35	-58	-27	-22	-7	-27	-32	-18	-11	19	82	66	14	38	7	22	23	20	34
O.	1	-1	-10	-47	-48	-29	-24	-35	-20	-15	-3	-17	-20	-7	21	0	34	32	53	42	17	30	26	19	1	0
N.	—	—	—	—	—	—	—	—	—	—	—	—	—	—	—	—	—	—	—	—	—	—	—	—	—	—
D.	—	—	—	—	—	—	—	—	—	—	—	—	—	—	—	—	—	—	—	—	—	—	—	—	—	—

ΔZ — Vertikalkomponente — Gruppe V

	n	0–1h	1–2h	2–3h	3–4h	4–5h	5–6h	6–7h	7–8h	8–9h	9–10h	10–11h	11–12h	12–13h	13–14h	14–15h	15–16h	16–17h	17–18h	18–19h	19–20h	20–21h	21–22h	22–23h	23–24h	SFR
		γ	γ	γ	γ	γ	γ	γ	γ	γ	γ	γ	γ	γ	γ	γ	γ	γ	γ	γ	γ	γ	γ	γ	γ	
J.	1	-11	-6	-12	-16	-12	-10	-6	-6	-6	1	-2	3	4	14	16	21	15	8	13	9	4	-3	-10	-8	0
F.	—	—	—	—	—	—	—	—	—	—	—	—	—	—	—	—	—	—	—	—	—	—	—	—	—	—
M.	1	-22	-22	-26	-27	-35	-33	-30	-23	-14	-15	-9	1	15	36	78	73	62	41	17	-6	-12	-13	-16	-19	0
A.	—	—	—	—	—	—	—	—	—	—	—	—	—	—	—	—	—	—	—	—	—	—	—	—	—	—
M.	1	-41	-38	-42	-61	-55	-41	-36	-29	-18	-15	-14	-3	23	62	76	82	82	75	45	25	21	-11	-39	-49	7
J.	1	-5	-7	-8	-22	-16	-16	-16	-17	-15	-8	-13	-11	-12	4	21	22	22	24	25	26	17	11	-6	-1	28
J.	—	—	—	—	—	—	—	—	—	—	—	—	—	—	—	—	—	—	—	—	—	—	—	—	—	—
A.	1	-19	-17	-21	-22	-17	-10	-2	-1	-1	-7	-3	0	9	15	14	15	26	33	24	8	10	2	-1	-36	0
S.	1	-28	-42	-36	-48	-35	-16	-7	-7	-8	-4	4	7	19	22	46	64	66	44	25	13	-2	-24	-24	-28	34
O.	1	-19	-26	-36	-33	-24	-12	-2	8	13	17	18	15	27	34	21	24	23	8	-1	-4	-10	-14	-14	-13	0
N.	—	—	—	—	—	—	—	—	—	—	—	—	—	—	—	—	—	—	—	—	—	—	—	—	—	—
D.	—	—	—	—	—	—	—	—	—	—	—	—	—	—	—	—	—	—	—	—	—	—	—	—	—	—

Über die Gruppeneinteilung und die Daten der Tage für jede einzelne Gruppe vgl. Tab. 25 und Tab. 26

VII. Zeichnerische Darstellung

a) Typische Variationen 1953

Sonneneruptionseffekte (sfe):

Oktober	14.	7^h-12^h	(Beginn $9^h\,50^m$ MGZ)
,,	14.	12^h-17^h	(Beginn $14^h\,23^m$ MGZ)

Plötzliche geomagnetische Änderungen oder Impulse (si):

Mai	6.	5^h-10^h	(Beginn $7^h\,40^m$)

Plötzliche Sturmausbrüche (ssc):

August	22.	$22^h-23.\ 3^h$	(Beginn 23. $00^h\,24^m$)
September	15.	$1^h-\ 6^h$	(Beginn $2^h\,59^m$)
September	18.	13^h-18^h	(Beginn $16^h\,09^m$)

Baystörungen (psc):

Februar	14.	17^h-22^h	(psc: $19^h\,01^m$)
April	16.	19^h-24^h	(psc: $20^h\,50^m$)
Juni	5.	17^h-22^h	(psc: $19^h\,14^m$)
Juli	5.	$22^h-6.\ 3^h$	(psc: $0^h\,37^m$)
August	30.	13^h-18^h	(psc: $14^h\,46^m$)
September	10.	$22^h-11.\ 3^h$	(psc: $22^h\,13^m$ und $0^h\,33^m$)
Oktober	17.	13^h-18^h	(psc: $14^h\,57^m$)
November	19.	18^h-23^h	(psc: $19^h\,55^m$)

Pulsationen (zeitliche Gradienten)

langandauernde Pulsationen

Januar	25.	$8^h\,40^m-\ 9^h\,22^m$
Juli	29.	$8^h\,05^m-\ 9^h\,00^m$
August	24.	$10^h\,00^m-10^h\,50^m$
August	24.	$11^h\,00^m-11^h\,50^m$

Plötzliche Pulsationseinsätze (psc)

Februar	9.	$21^h\,05^m-21^h\,55^m$
Juli	12.	$20^h\,20^m-20^h\,40^m$
Juli	21.	$21^h\,45^m-22^h\,05^m$
August	5.	$18^h\,35^m-19^h\,20^m$
August	18.	$1^h\,10^m-\ 1^h\,40^m$
August	28.	$20^h\,30^m-21^h\,20^m$
November	19.	$19^h\,50^m-20^h\,40^m$

b) Störungskurven 1953

Zur Darstellung gelangten folgende Tage:

1.	Januar	26. 10^h	bis	Januar	27. 6^h
2.	März	8. 12^h	bis	März	9. 8^h
3.	März	24. 0^h	bis	März	25. 6^h
4.	Mai	15. 10^h	bis	Mai	16. 8^h
5.	Mai	16. 8^h	bis	Mai	17. 8^h
6.	September	3. 14^h	bis	September	4. 8^h
7.	September	19. 10^h	bis	September	20. 4^h
8.	Oktober	15. 10^h	bis	Oktober	16. 8^h
9.	Oktober	16. 8^h	bis	Oktober	17. 6^h

c) Tagesmittel der Komponenten in Abweichung vom Normalwert

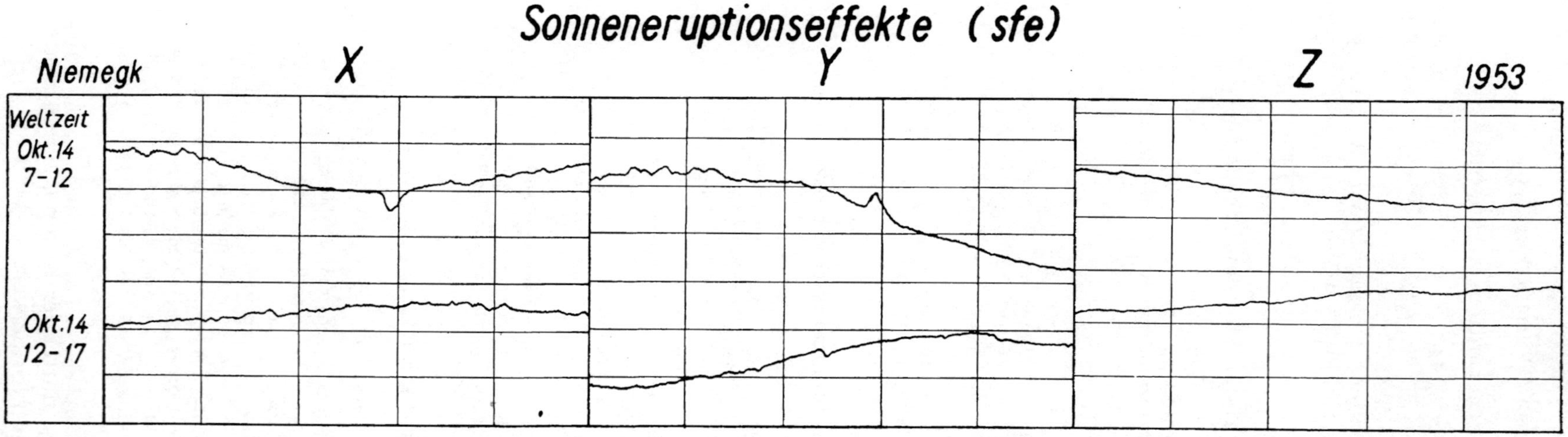

Einheit der Ordinaten 20γ. Die Ungleichheit der Teilung ist durch die Verschiedenheit der Skalenwerte bedingt.

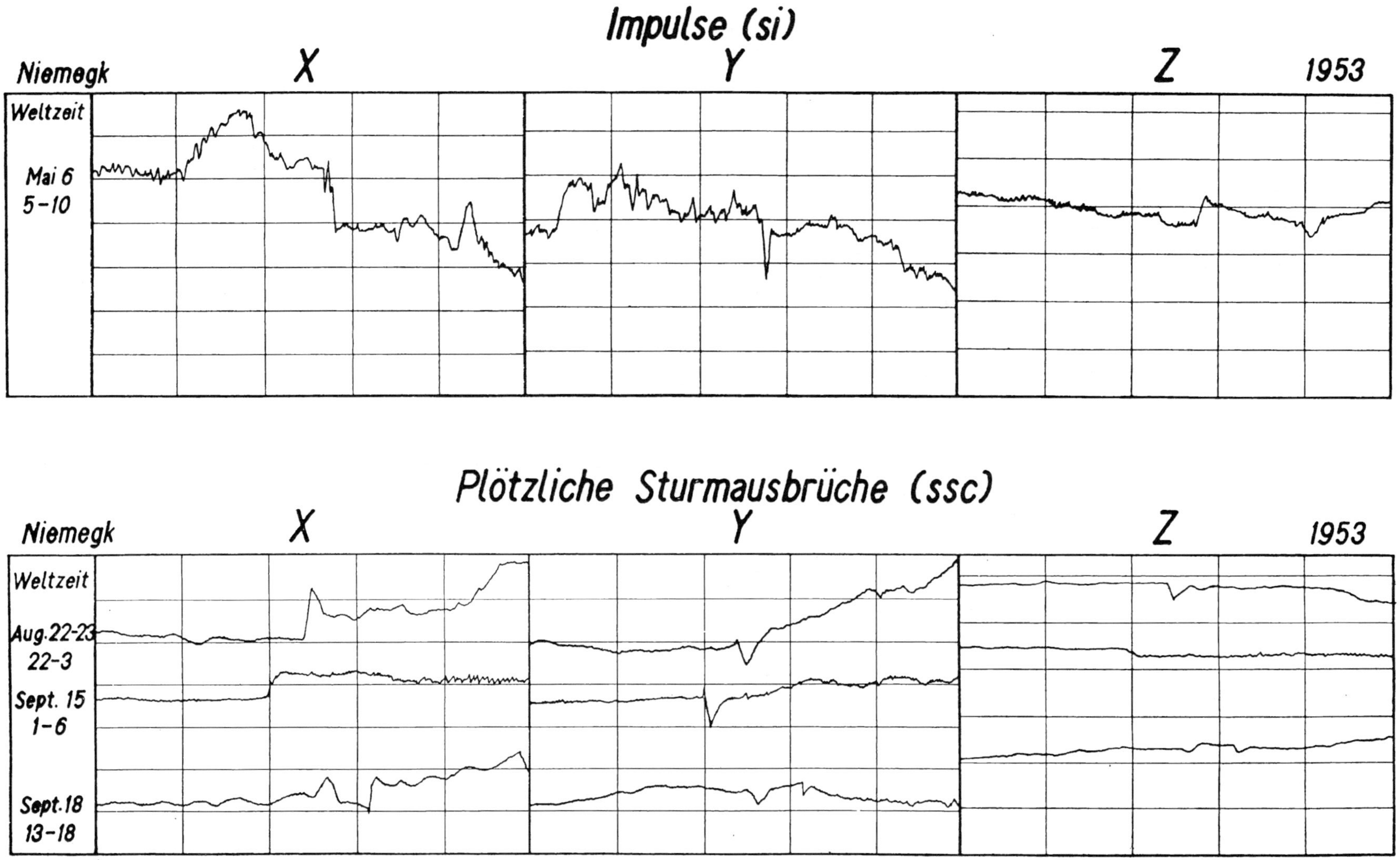

Einheit der Ordinaten 20γ. Die Ungleichheit der Teilung ist durch die Verschiedenheit der Skalenwerte bedingt.

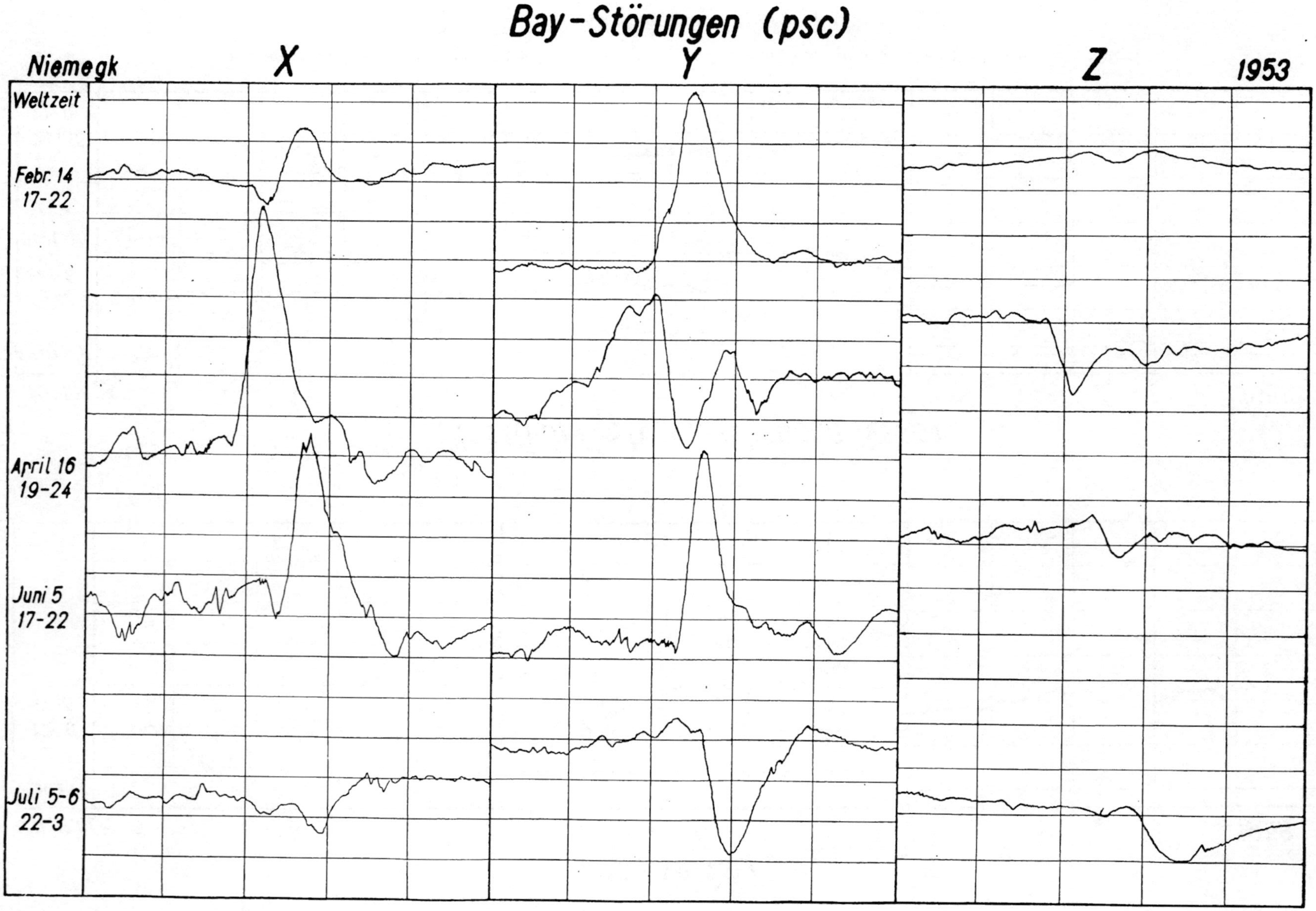

Einheit der Ordinaten 20γ. Die Ungleichheit der Teilung ist durch die Verschiedenheit der Skalenwerte bedingt.

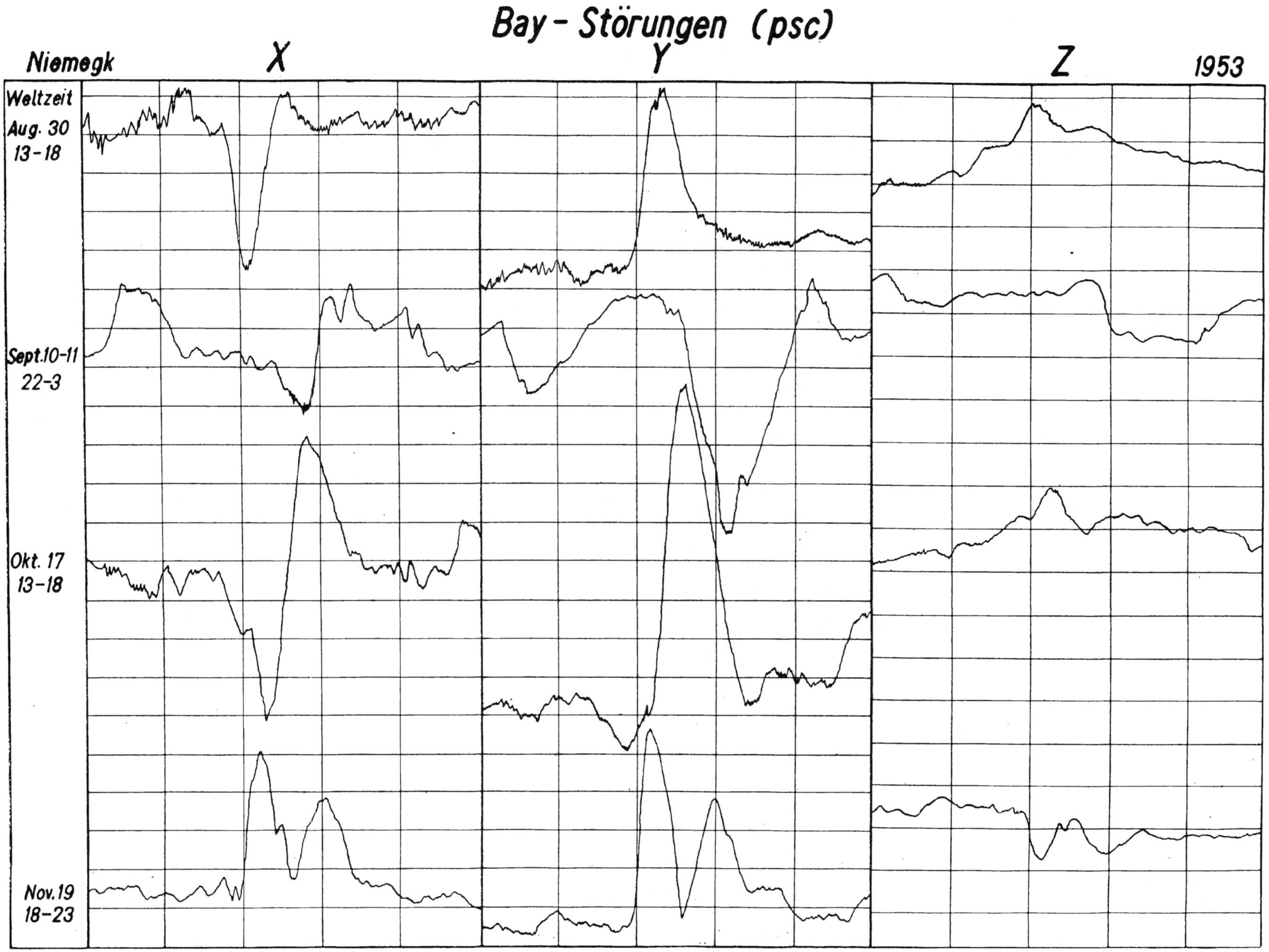

Einheit der Ordinaten 20γ. Die Ungleichheit der Teilung ist durch die Verschiedenheit der Skalenwerte bedingt.

Lang andauernde Pulsationen (Zeitliche Gradienten)

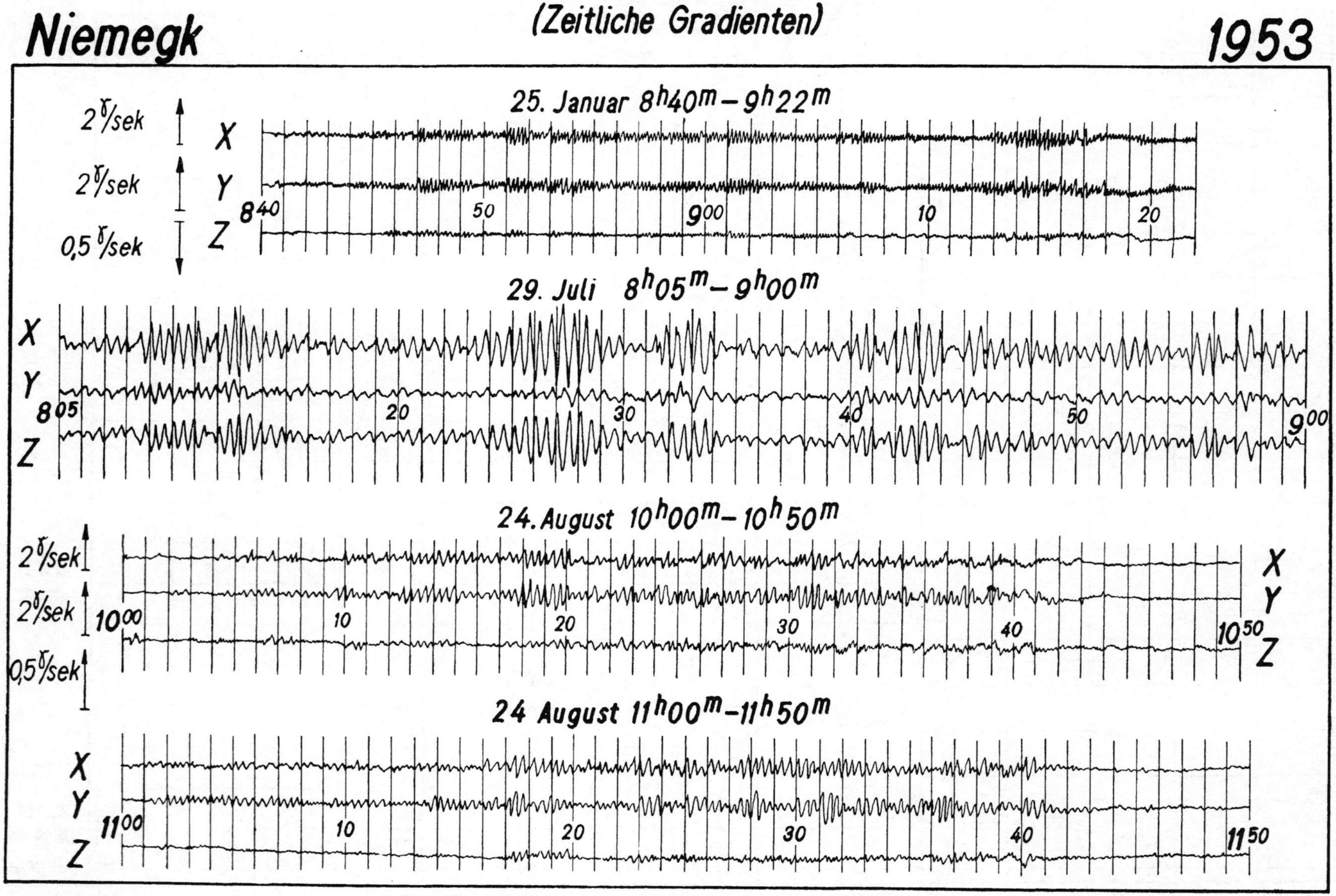

29. Juli und 24. August gleiche Empfindlichkeiten

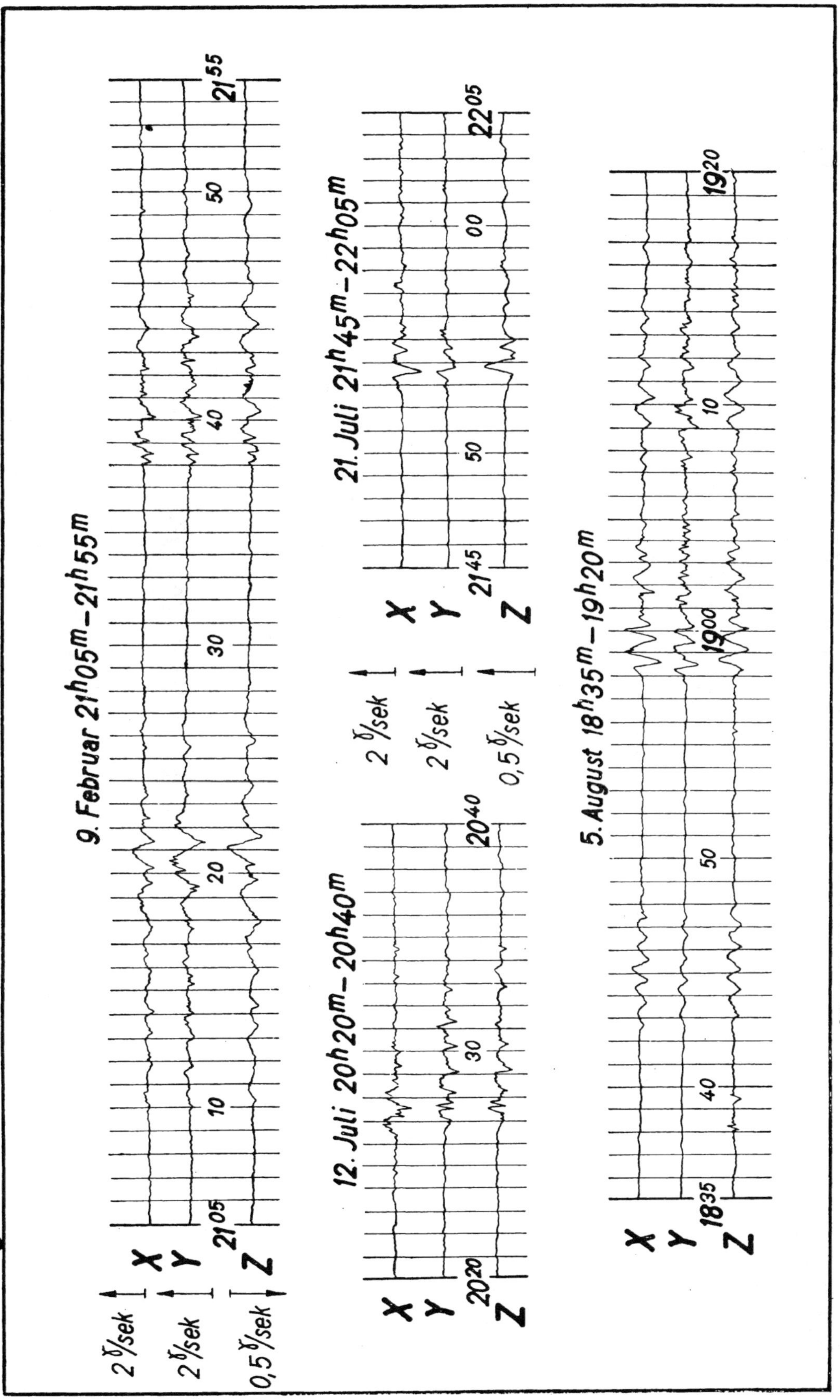
Niemegk
1953
Plötzliche Pulsationseinsätze (psc)
(Zeitliche Gradienten)
9. Februar 21h05m–21h55m
2 γ/sek
2 γ/sek
0,5 γ/sek
X
Y
Z
12. Juli 20h20m–20h40m
21. Juli 21h45m–22h05m
2 γ/sek
2 γ/sek
0,5 γ/sek
5. August 18h35m–19h20m
12. Juli, 21. Juli und 5. August gleiche Empfindlichkeiten

Niemegk — Plötzliche Pulsationseinsätze (psc) (Zeitliche Gradienten) — 1953

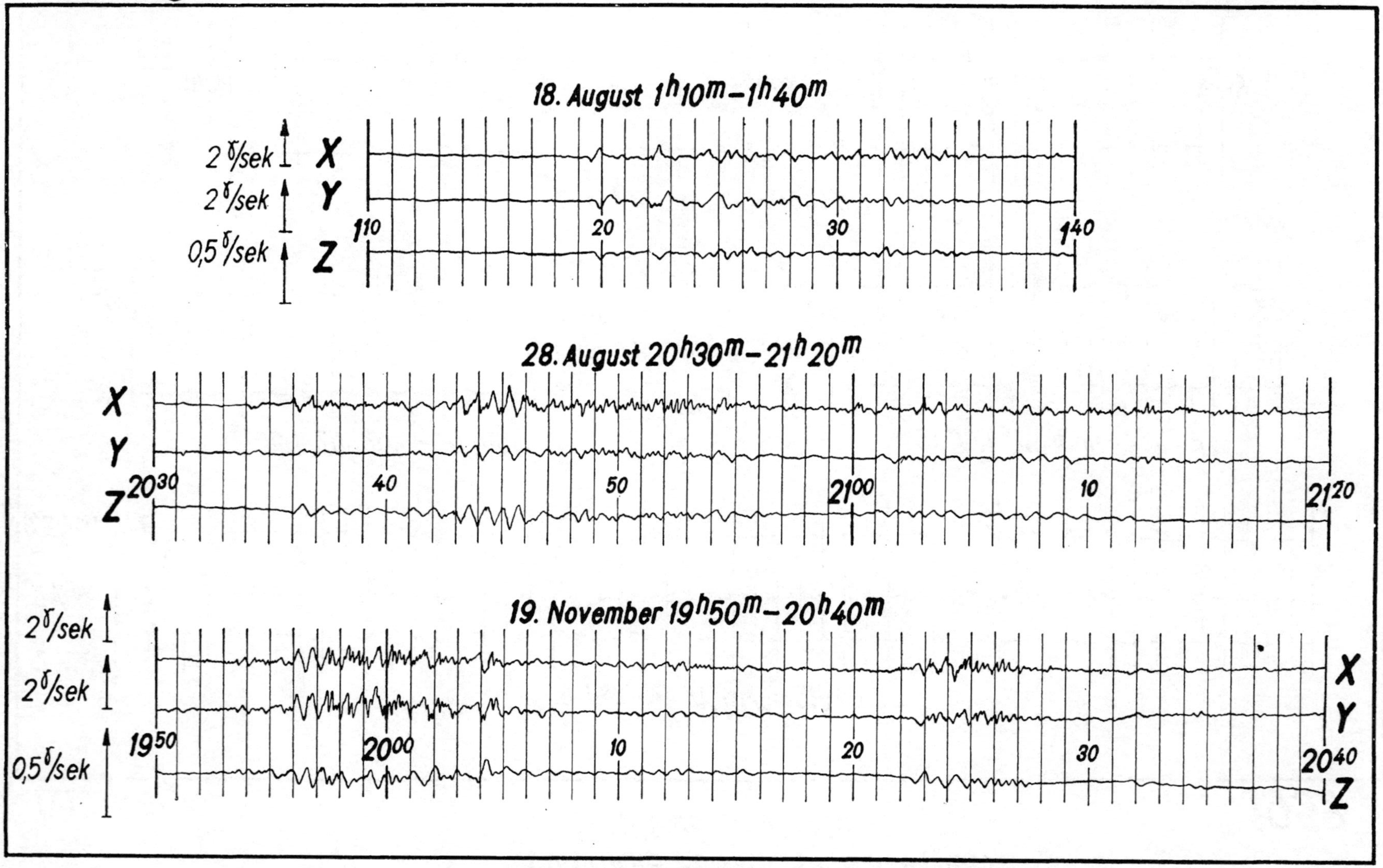

18. August und 28. August gleiche Empfindlichkeiten

Störungskurven

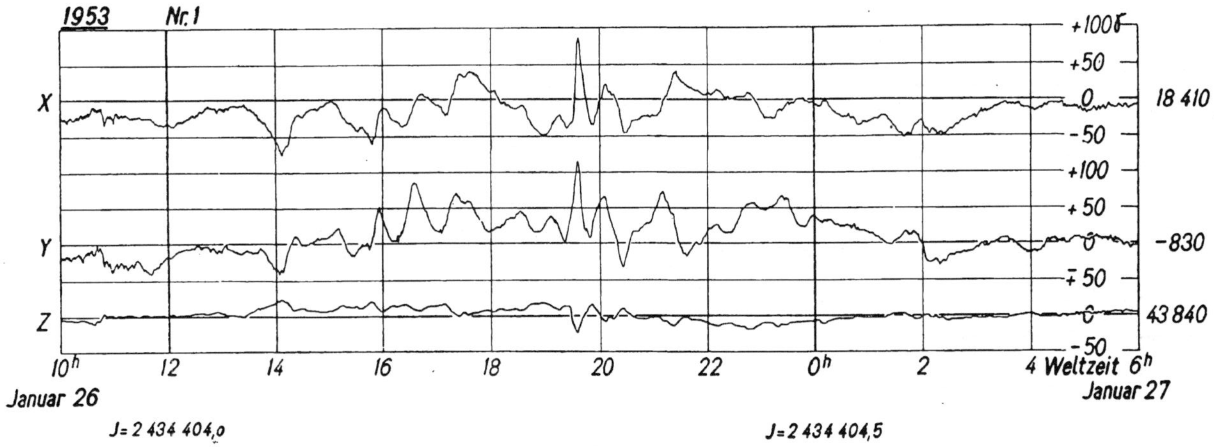

Die Nullinien entsprechen dem Durchschnitt der 10 Tage von Januar 16. bis 25.

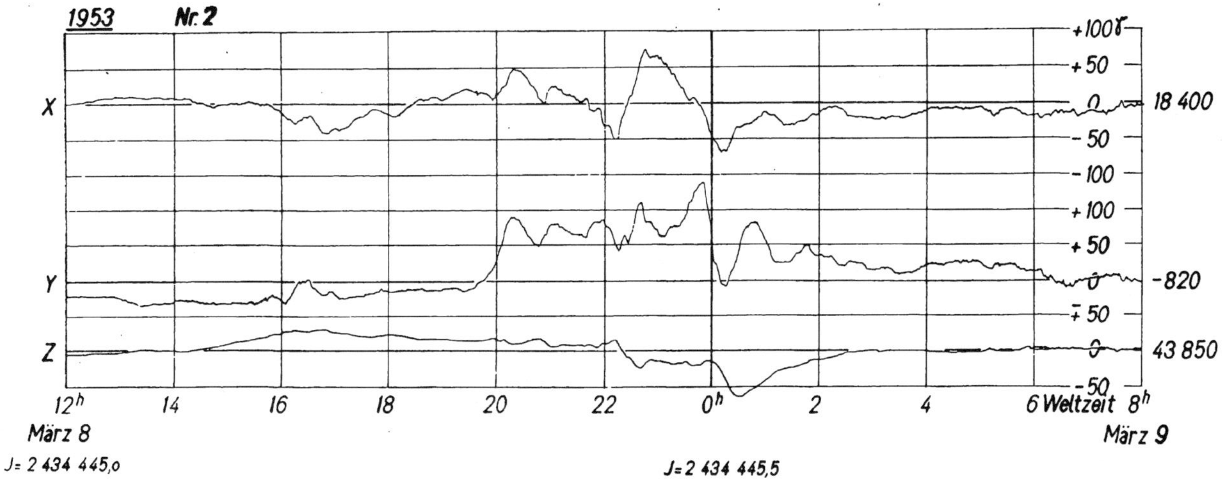

Die Nullinien entsprechen dem Durchschnitt der 10 Tage von Februar 26. bis März 7.

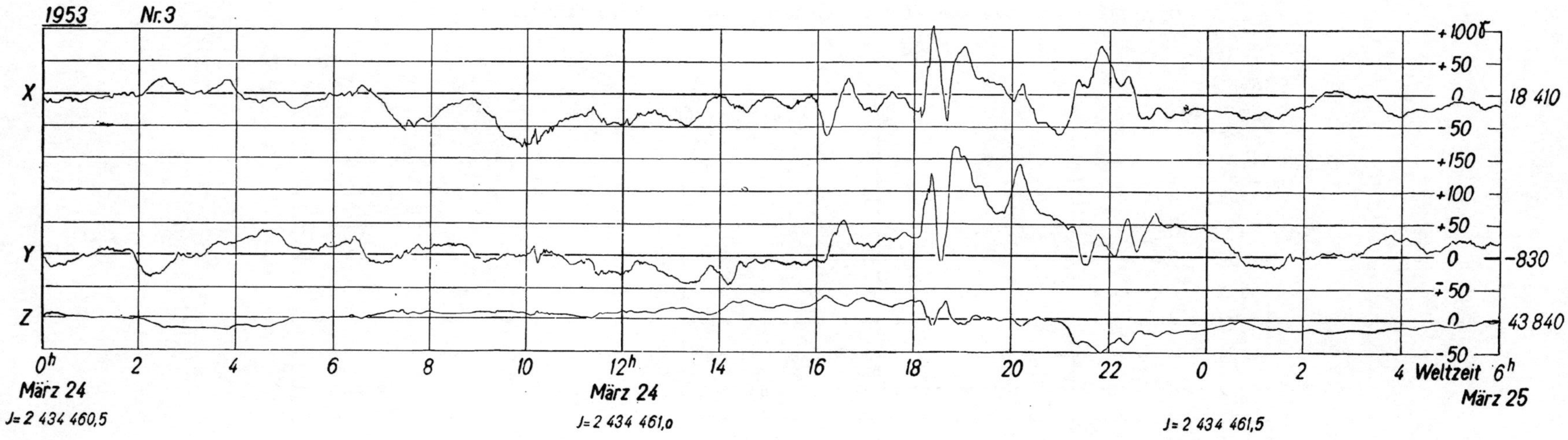

Die Nullinien entsprechen dem Durchschnitt der 10 Tage von März 14. bis 23.

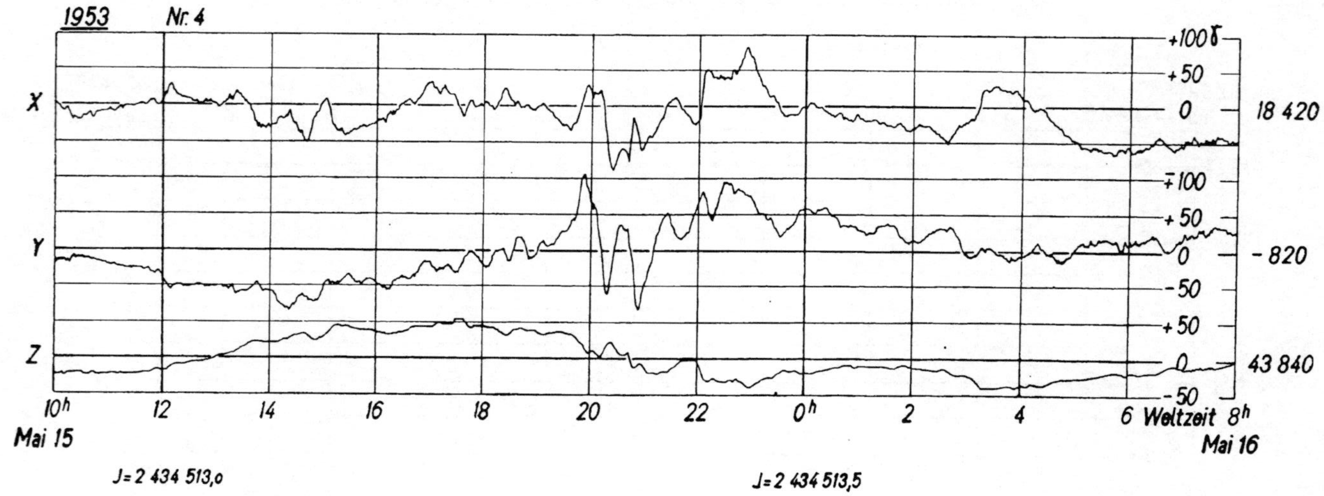

Die Nullinien entsprechen dem Durchschnitt der 10 Tage von Mai 5. bis 14.

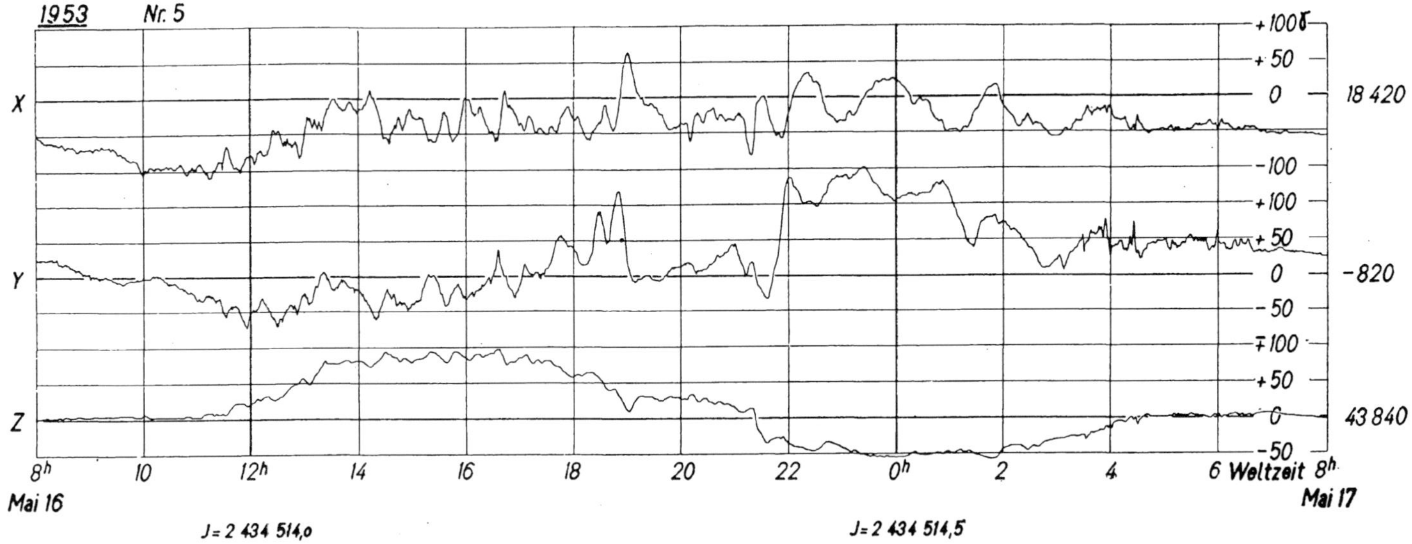

Die Nullinien entsprechen dem Durchschnitt der 10 Tage von Mai 5. bis 14.

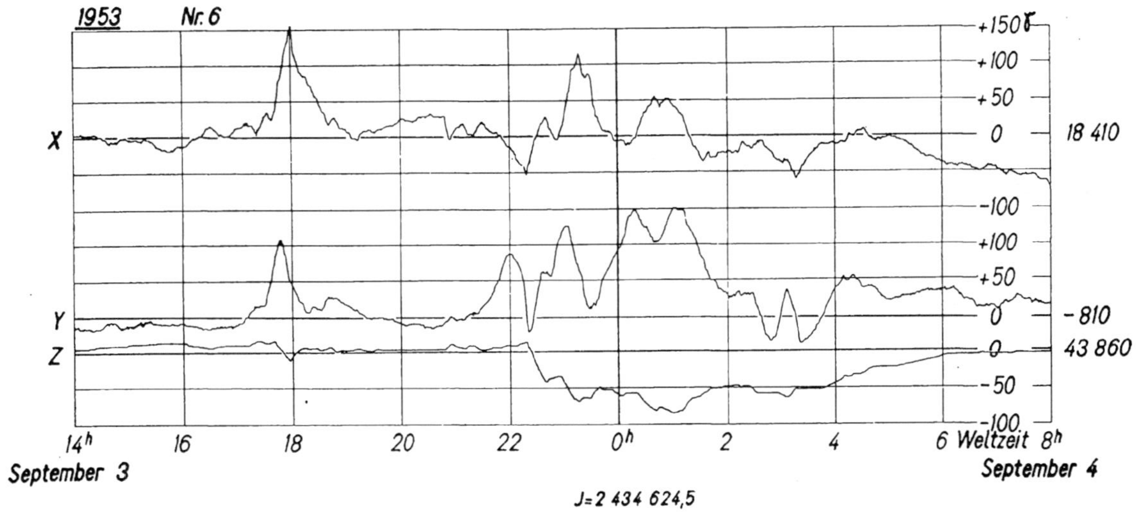

Die Nullinien entsprechen dem Durchschnitt der 10 Tage von August 24. bis September 2.

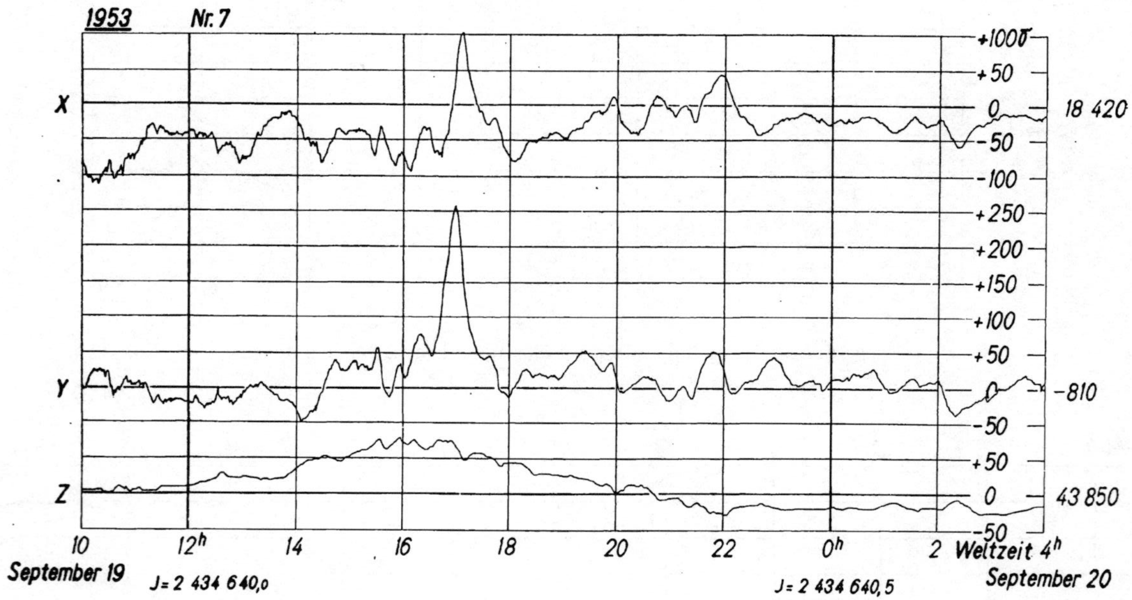

Die Nullinien entsprechen dem Durchschnitt der 10 Tage von September 9. bis 18.

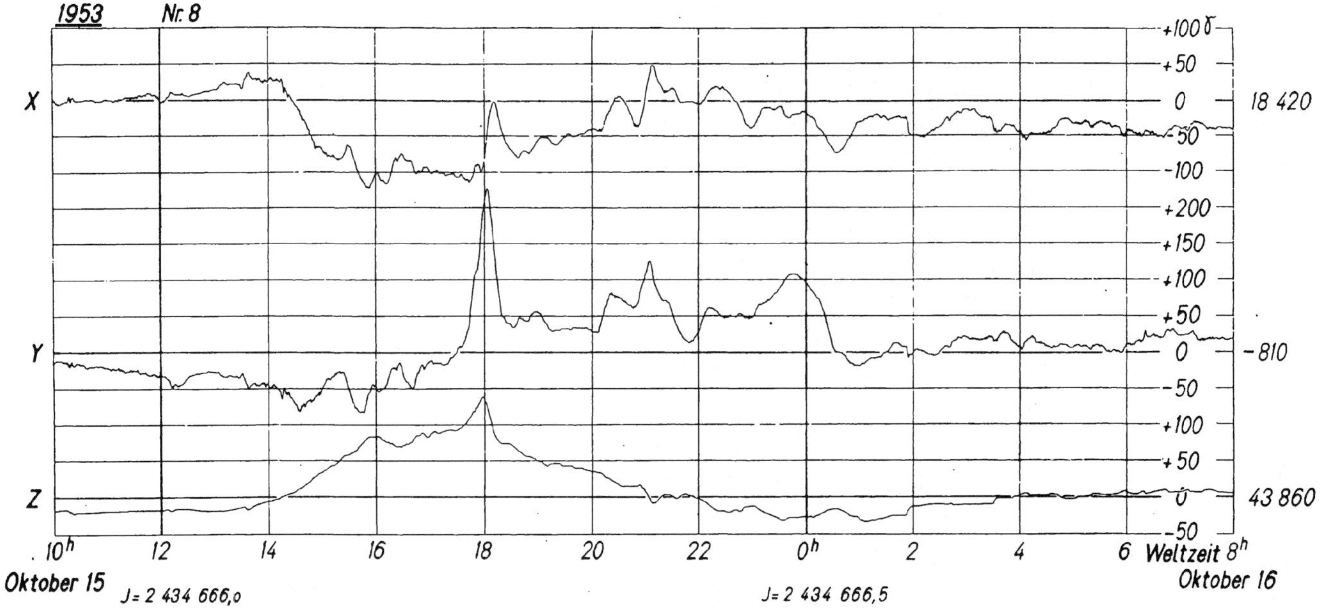

Die Nullinien entsprechen dem Durchschnitt der 10 Tage von Oktober 5. bis 14.

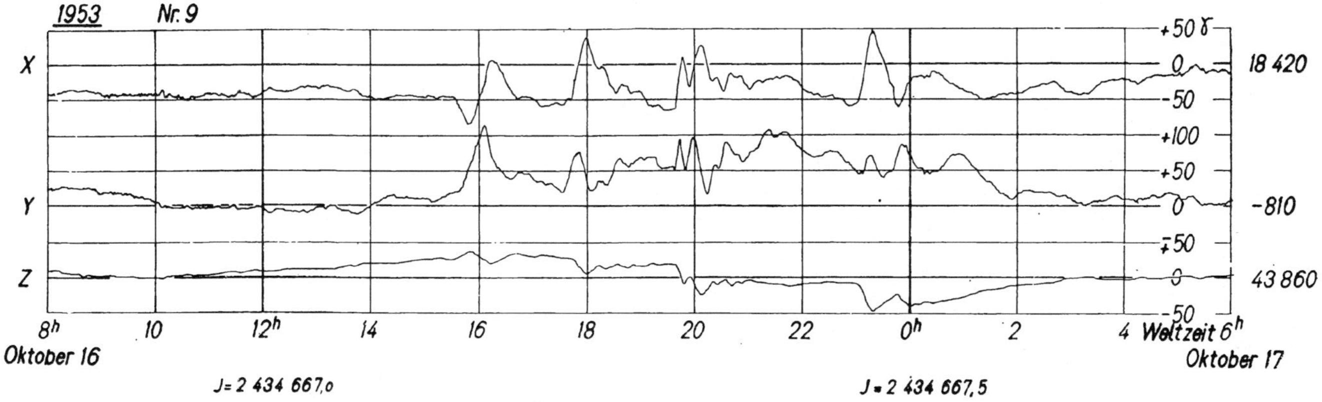

Die Nullinien entsprechen dem Durchschnitt der 10 Tage von Oktober 5. bis 14.

Tagesmittel der Komponenten in Abweichung vom Normalwert

Niemegk **1953**

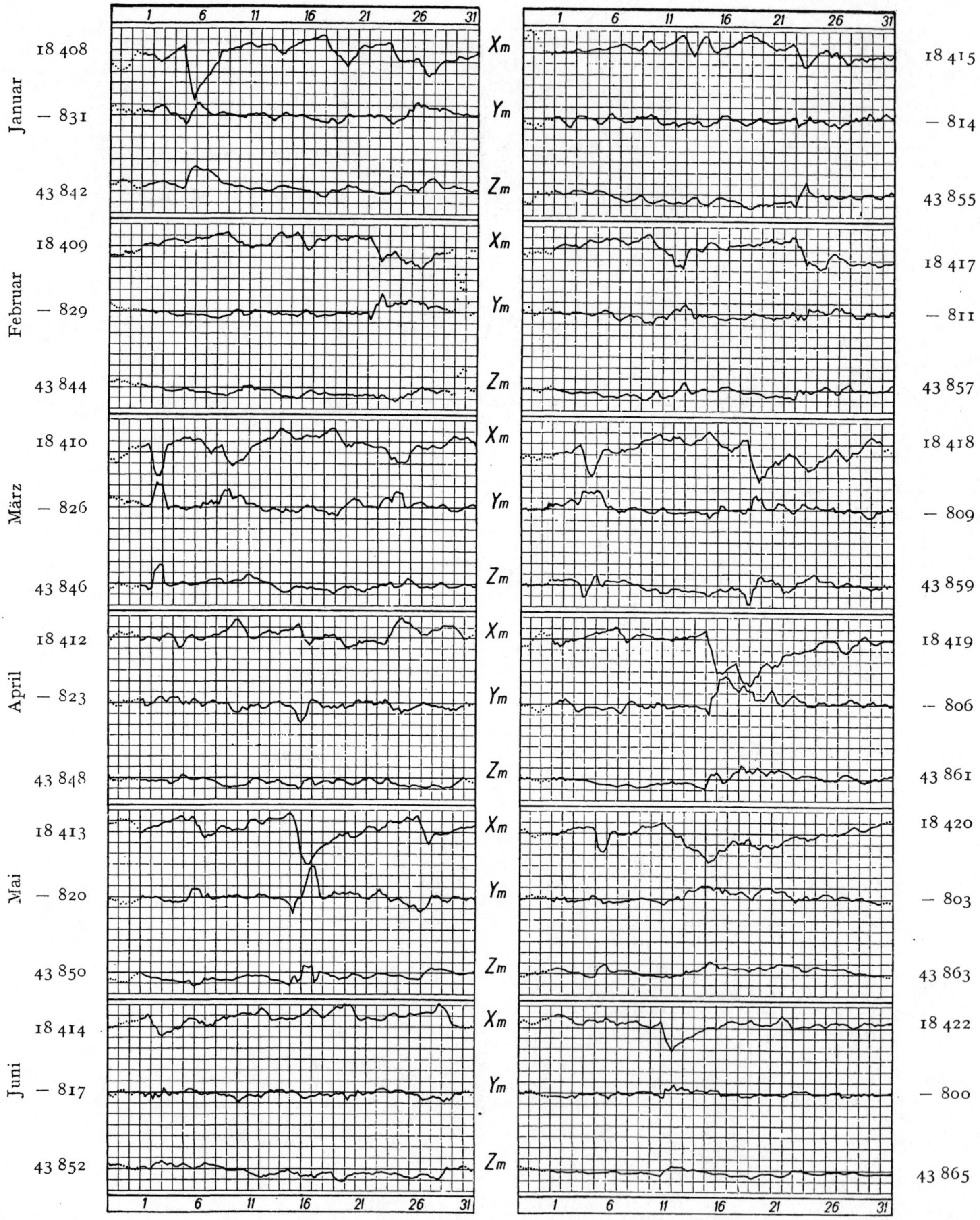

Die lotrechten Linien bezeichnen den Augenblick 0^h nach Weltzeit. Die absoluten Werte am Rande gelten für die Mitte des Monats. Einheit der Zahlen: γ; Einheit der Ordinaten: 10γ.

Die Anlage zur Registrierung der zeitlichen Gradienten des geomagnetischen Feldes in Niemegk

von H. WIESE

Zusammenfassung. Nach einem kurzen Überblick über die Möglichkeiten zur Registrierung der erdmagnetischen Pulsationen von einigen sec bis zu einigen Minuten Dauer wird die in Niemegk aufgebaute Anlage beschrieben. Mit großen Induktionsspulen werden die zeitlichen Änderungen des Erdmagnetfeldes durch Galvanometer registriert. Wie die experimentelle Prüfung ergeben hat, erhält man mit der Anlage amplituden- und phasentreue Registrierungen der erdmagnetischen Gradienten.

Methoden zur Registrierung von Pulsationen

Bei den erdmagnetischen Registrierungen mit normalem Papiervorschub fallen besonders die Variationen auf, die teils regelmäßig, teils unruhig schwankend, große Störbeträge erreichen. Neben den großen Schwankungen des erdmagnetischen Vektors gibt es kleine, schnell verlaufende Pulsationen, die bei der normalen Empfindlichkeit der Variometer und der geringen Zeitauslösung der Registrierungen kaum auffallen. Ihre Ursachen und Zusammenhänge mit anderen ionosphärischen Erscheinungen sind noch wenig erforscht.

Die Aufzeichnung der Pulsationen, von ESCHENHAGEN [1] Elementarwellen genannt, kann auf verschiedene Art und Weise erfolgen:

1a) Durch empfindliche Variometer mit Magnetsystemen kleiner Schwingungsdauer. Die Registrierung erfolgt mit einem Papiervorschub von 3—4 mm pro Minute. Für sparsamen Papierverbrauch werden Anordnungen nach ADOLF SCHMIDT oder LA COUR verwendet.

1b) Durch empfindliche Variometer unter Kompensation der langen Perioden, indem ein Magnetsystem kurzer Schwingungsdauer mit einem solchen sehr großer Schwingungsdauer gekoppelt ist (ANGENHEISTER [2]).

2) Durch Induktionsströme

a) Bei der Methode nach GRENET [3] schwingt der kräftige Variometermagnet in einer Spule. Die Induktionsströme werden durch ein Galvanometer registriert. Schaltet man mehrere Galvanometer verschiedener Eigenschwingungsdauer hintereinander, so kann man durch die verschiedenen Resonanzstellen der Variometer Aussagen über die vorherrschenden Perioden machen (ANGENHEISTER [2]).

b) Wickelt man eine Spule auf einen langen hochpermeablen Kern, so kann man auch die Induktionsströme mit einem Galvanometer registrieren (MEYER [4], KATO [5], Registrierungen in Fürstenfeldbruck).

c) Durch Aufstellung von Luftspulen mit sehr großer Windungsfläche kann man direkt die Flußänderung des erdmagnetischen Feldes messen [6]. Diese Methode ist für die Z-Komponente (horizontaler Spulenring) sehr leicht zu verwirklichen, dagegen ist es schwieriger für die horizontalen Komponenten. Eine solche Registrierung wurde für die horizontalen Komponenten wohl erstmalig in Kakioka [7] aufgestellt. Durch Schwankungen der Gerüste im Winde war jedoch die Registrierung immer nur für kurze Zeiten einwandfrei.

3. Durch eine Anlage, wie sie zuerst von ASCHENBRENNER und GOUBAU [8] beschrieben worden ist und allgemein unter dem Namen Förstersonde bekannt ist.

Je nachdem, ob man die zeitlichen Gradienten der Pulsationen oder die Pulsationen selbst registrieren will, schaltet man bei den unter Punkt 2. beschriebenen Anlagen entweder ein angepaßtes Galvanometer oder ein Fluxmeter [9] in den Kreis.

Unter den in Punkt 2. angedeuteten Methoden dürfte die in 2c) angeführte Registrierung der zeitlichen Gradienten durch Luftspulen die einwandfreisten Ergebnisse liefern, da in den anderen Anordnungen durch Kopplung, Selbstinduktion, Dämpfung usw. Phasen- und Amplitudentreue der Aufzeichnungen nicht in dem Maße gewährleistet ist. Die im Jahre 1952 in Niemegk aufgebaute Anlage wird den Anforderungen in bezug auf Phasen- und Amplitudentreue in jeder Weise gerecht.

Bemessung der Niemegker Anlage

Für die Registrierung der zeitlichen Gradienten des erdmagnetischen Feldes ist das FARADAYsche Induktionsgesetz maßgebend:

$$E = -n \cdot \frac{d\Phi}{dt}$$

Die induzierte EMK in einer Spule mit n Windungen ist also gleich der negativen zeitlichen Veränderung des magnetischen Flusses. Hat die Spule die Fläche F, und ist das Feld B längs ihrer Achse gerichtet, so ist $\Phi = B \cdot F = \mu \cdot H \cdot F$. Da im vorliegenden Falle $\mu = 1$ ist, kann man auch schreiben:

$$E = -10^{-8}\, n\, F \frac{dH}{dt} \text{ (Volt)} \qquad (1)$$

H wird in Gauß gemessen.

Da die induzierte Stromstärke eine gewisse Größe haben muß, die sich nach den Daten des verwendeten Galvanometers und nach dem Widerstand der Spule richtet, kann man für die Dimensionierung der Spule nur noch über die Windungszahl n und die Fläche F verfügen. Die Spannungsempfindlichkeit der verwendeten Galvanometer ist 10^{-6} V/mm m. Als Empfindlichkeit der Gradienten der Horizontalkomponenten ist 1 bis $2 \cdot 10^{-6}$ Gauß/sec mm, für die Vertikalkomponente $5 \cdot 10^{-7}$ Gauß/sec mm auf der Registrierung zu fordern. Daraus ergibt sich $n \cdot F$ zu 0,5 bzw. $2 \cdot 10^{8}$ cm².

Der Spulenaufbau

Als $\frac{dX}{dt}$-Spule wurde die Spule bezeichnet, deren Achse in Nord-Süd-Richtung zeigt. Entsprechend steht die Achse der $\frac{dY}{dt}$-Spule in Ost-West-Richtung, die der $\frac{dZ}{dt}$-Spule senkrecht. Als Gerüst für die $\frac{dZ}{dt}$-Spule wurde der Zaun des Geländes benutzt, die Höhenunterschiede wurden ausgeglichen, indem der Draht einmal am oberen Ende und einmal am Fuß des Zaunes befestigt wurde. Somit ist gewährleistet, daß die Spule gut ausgerichtet ist und die horizontalen Komponenten nicht induzierend wirken können. Mitte 1953 wurde das Gelände vergrößert, die $\frac{dZ}{dt}$-Registrierung mußte daher 3 Monate unterbrochen werden. Für die Spule wurde igelitisolierter Kupferdraht verwendet.

Der Einfluß des Windes auf die Registrierung von dZ/dt ist sehr klein. Nur bei sehr stürmischen Winden treten kleine unregelmäßige Zacken von höchstens 1 mm Amplitude auf, die von den Pulsationen sehr gut zu unterscheiden sind. Im allgemeinen sind die Windeinflüsse gar nicht zu erkennen, da das Gelände sehr geschützt in einer Mulde liegt und teilweise auch im Walde. Außerdem ist der Zaun äußerst stabil.

Die $\frac{dX}{dt}$- und $\frac{dY}{dt}$-Spule wurden an den Wänden des Hauses für absolute Messungen angebracht. Zwar muß in Kauf genommen werden, daß während 6 Stunden in der Woche durch die magnetischen Absolutmessungen die Registrierung etwas beeinflußt wird, da die Bewegung der Magnete in der Spule naturgemäß eine EMK erzeugt. Auch hier ergibt sich nur bei sehr stürmischen Winden durch Winddruck auf das Gebäude eine kleine Beeinflussung der Registrierung.

Die horizontalen Spulen wurden auf kräftigen Haltern befestigt und so bemessen, daß sie ungefähr gleiche Windungsfläche haben. Die Spulen wurden in vier Lagen gewickelt. Die einzelnen Daten sind folgende:

	$\frac{dX}{dt}$-Spule	$\frac{dY}{dt}$-Spule	$\frac{dZ}{dt}$-Spule
Länge	6,50 m	12,12 m	Zaunumfang
Höhe	3,00 m	2,95 m	
Windungszahl	264	144	1
Gesamtfläche	5148 qm	5149 qm	27600 qm bis 30. 6. 53 47062 „ ab 1. 11. 53
Gleichstrom-Widerstand, Spule	172 Ohm	146 Ohm	11 Ohm bis 30. 6. 53 40 „ ab 1. 11. 53
Widerstand der Galvanometer-Zuleitung	6 „	6 „	15 „
Vorwiderstand am Galvanometer	91 „	127 „	223 „
Widerstand des Galvanometers	80 „	80 „	80 „
Gesamtwiderstand des Kreises	349 „	359 „	329 „ bis 30. 6. 53 358 „ ab 1. 11. 53

Die Galvanometer

Zur Registrierung werden Kernmagnet-Galvanometer benutzt, die ein sehr geringes äußeres magnetisches Streufeld besitzen, so daß die Registrierung im äquithermen Variationshaus erfolgen kann. Die Galvanometerdaten sind folgende:

Innenwiderstand	80 Ohm
Äußerer Grenzwiderstand . .	200 Ohm
Spannungsempfindlichkeit . .	$0{,}8$–$1{,}0 \cdot 10^{-6}$ V/mm m
Schwingungsdauer	3 sec.

Der Registrierapparat

Der Registrierapparat ist ein Uhrwerkapparat mit einer Trommel von 48 cm Umfang und zwei Stunden Umlauf. Am Registrierapparat sind zwei Walzen angebaut, auf einer ist das unbelichtete Papier aufgerollt, das über die zweite Walze läuft. Vor dieser befindet sich eine Zylinderlinse. Der Registrierlichtpunkt wird. dadurch scharf auf der Walze abgebildet. Auf der großen Trommel wird dann das belichtete Papier aufgespult. Der Papiervorschub ist 4 mm pro Minute, also 6 m pro Tag. Das verwendete Papier ist 6 cm breit. Die Minutenlampe erzeugt durch die Zylinderlinse einen senkrechten Strich auf der Kurve. Das Licht der Stundenmarke fällt auf einen festen Basisspiegel und von da auf die Walze. Der Kontakt dauert 5 Minuten, der dann als Strich vor der vollen Stunde zu bemerken ist. Die Paralaxe der Registrierpunkte ist kleiner als $^1/_{10}$ mm.

Von einer Registriermethode mit sparsamem Papierverbrauch (AD. SCHMIDT) wurde Abstand genommen, da dann wegen der geringen Registrierbreite nicht drei Komponenten auf einem Streifen aufgezeichnet werden können, wodurch der Vergleich der drei Komponenten unübersichtlicher würde.

Phasen- und Amplitudentreue der abgebildeten Gradienten

Die Bedeutung der Galvanometergrößen und der Größen des elektrischen Kreises für die Phasen- und Amplitudentreue der Registrierungen erkennt man aus den Differentialgleichungen für das gekoppelte System Spule und Galvanometer. Die Spannungsgleichung lautet (ANGENHEISTER [2]):

$$\mathfrak{E} = R\,\mathfrak{J} + L\,\dot{\mathfrak{J}} + q\,\dot{\varphi} \tag{2}$$

und die Galvanometergleichung:

$$q\,\mathfrak{J} = \Theta\,\ddot{\varphi} + p\,\dot{\varphi} + D\,\varphi \tag{3}$$

$\mathfrak{J}$ Strom,
$\mathfrak{E}$ Spannung,
R Ohmscher Widerstand,
L Selbstinduktion,
q dynamische Galvanometerkonstante,
Θ Trägheitsmoment der Galvanometerspule,
φ Winkelausschlag der Galvanometerspule,
p Dämpfungskonstante.

Weiter ist $\omega_0 = \sqrt{\frac{D}{\Theta}}$ die Kreisfrequenz der Galvanometer-Eigenschwingung. Um Gl. (3) zu vereinfachen, setzen wir statt der Zeit t in sec die auf die Eigenschwingungsdauer des Galvanometers bezogene Zeit τ. Ferner ist der Dämpfungsgrad

$$b = \frac{p}{2\sqrt{\Theta D}}$$

Damit wird Gl. (3):

$$\frac{q\,\mathfrak{J}}{D} = \frac{d^2\varphi}{d\tau^2} + 2b\frac{d\varphi}{d\tau} + \varphi. \tag{4}$$

Gl. (2) und (4) werden für den periodischen Fall ohne Berücksichtigung des Einschwingvorgangs durch die Ansätze erfüllt:

$$\mathfrak{E} = E_0\,e^{i\omega t} \qquad \mathfrak{J} = I_0\,e^{i(\omega\tau - \zeta)} \qquad \varphi = \varphi_0\,e^{i(\omega\tau - \varrho)}$$

$$\omega = \frac{\omega_s}{\omega_0} \qquad \omega_s \text{ Kreisfrequenz in sec.}$$

ζ Phasenverschiebung des Stromes gegen die induzierte EMK.
ϱ Phasenverschiebung der Drehung der Galvanometerspule gegen die induzierte EMK.

Für die Amplitude des Galvanometerausschlags ergibt sich:

$$\varphi_0 = \frac{E_0 q}{D}\,\frac{1}{\sqrt{R^2 + \omega^2\left\{2R\left[R(2b^2-1) + \frac{2q^2 b\,\omega_0}{D}\right] + L\,\omega_0\left(L\,\omega_0 + \frac{2\,\omega_0 q^2}{D}\right) + \frac{q^4\omega_0^2}{D^2}\right\} + \omega^4\left\{R^2 + 2L\,\omega_0^2\left[L(2b^2-1) - \frac{q^2}{D}\right]\right\} + \omega^6 L^2\omega_0^2}}\,. \tag{5}$$

Für die Phasenverschiebung:

$$\operatorname{tg}\varrho = \frac{\omega\left(L\,\omega_0 + 2\,R\,b + \frac{q^2\,\omega_0}{D} - L\,\omega^2\,\omega_0\right)}{R - \omega^2\,(R + L\,\omega_0\,2\,b)}. \tag{6}$$

Will man Phasen und Amplituden aus Gl. (5, 6) feststellen, so ist eine recht genaue Kenntnis der einzelnen Glieder notwendig, die teilweise nur mit großem experimentellem Aufwand zu erreichen ist. Einfacher und genauer ist eine direkte Prüfung der gesamten Anlage.

Die Selbstinduktion L ist bei dieser Anlage klein gegen die anderen Glieder. Sie hat eine größere Bedeutung, wenn man Spulen mit hochpermeablen Kernen verwendet (Meyer [4], Kato [5]). So handlich die Spulen werden und so bequem transportabel sie sind, geben sie doch die zeitlichen Gradienten, besonders in der Phase, nie richtig wieder. Auch die Amplitude ist frequenzabhängig. Für Untersuchungen der örtlichen Unterschiede der zeitlichen Gradienten sind Kernspulen gut zu gebrauchen. Die Phasenverschiebung und Frequenzabhängigkeit der Amplituden kann experimentell bestimmt werden. So werden im Observatorium Niemegk derartige Kernspulen gebaut, um gleichzeitige Registrierungen an verschiedenen Orten, evtl. auch an der Erdoberfläche und in einem Bergwerk durchzuführen. Diese Registrierungen können zur geophysikalischen Mutung dienen, ähnlich wie die Tellurik [10].

Paßt man den Widerstand des Kreises dem Grenzwiderstand des Galvanometers an, so ergibt sich nach der allgemeinen Theorie der Galvanometer [11], daß bei einer Anzeigegenauigkeit von 1% die aufgezeichneten Perioden mindestens zehnmal größer sein müssen als die Eigenperiode des Galvanometers. Bei den verwendeten Galvanometern würden also kürzere Elementarwellen nicht mehr amplituden- und phasengetreu aufgezeichnet werden. Beträgt jedoch der Widerstand des Meßkreises das 1,5-fache des äußeren Grenzwiderstandes, so wird die Anzeigegenauigkeit bei dreifach längeren Perioden als die Eigenperiode des Galvanometers bedeutungslos.

Zur Prüfung der Amplituden- und der Phasentreue der Aufzeichnungen wurde der folgende Versuch durchgeführt:

Ein durch ein Uhrwerk angetriebener rotierender Magnet wurde in die dX/dt- bzw. die dY/dt-Spule hineingebracht. Die Rotationszeiten betrugen zwischen 10 und 120 sec. Die aus 5 Rotationen gemittelten Amplituden wurden in Abb. 1 eingetragen.

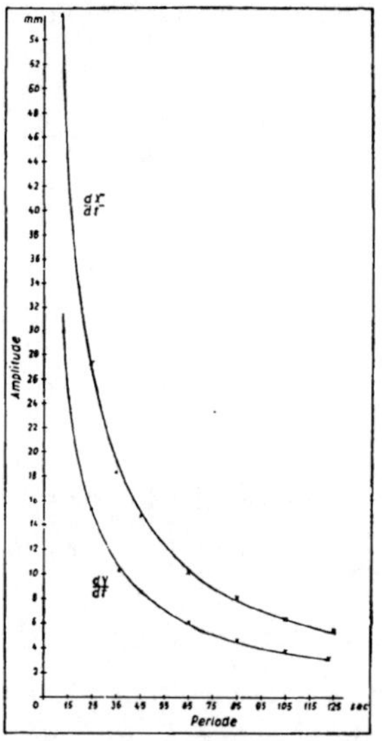

Abb. 1. Prüfung der Amplitudentreue der zeitlichen Gradient-Registrierung. Ausgezogene Kurve gilt, wenn frequenzabhängige Glieder in Gl. (5) klein gegen R^2 sind. Gemessene Werte (Abweichung geringer als 4% von der Kurve).

Sind nun die unter der Wurzel stehenden Glieder in Gl. (5) klein gegen R^2, so muß für alle in Betracht kommenden Frequenzen gelten:

$$\varphi_0 = \text{const.}\ E_0.$$

E_0 ist bei diesem Versuch proportional der Frequenz f, also gilt

$$E_0 = \text{const.}\cdot f \qquad \varphi_0 = \text{const.}\cdot f. \tag{7}$$

Die entsprechenden Kurven wurden in Abb. 1 eingezeichnet. Die Konstante wurde so gewählt, daß sich dieKurve am besten an die beobachteten Werte der längeren Perioden anschmiegt. Man sieht, daß die experimentell bestimmten Amplituden auch für kurze Perioden um weniger als 4% um die Kurve streuen, ein Beweis, daß die frequenzabhängigen Glieder in Gl. (5) wirklich klein für den in Frage kommenden Bereich sind.

Die Genauigkeit der Phase braucht nicht größer zu sein als die Ablesegenauigkeit auf der Registrierung. 4 mm Papiervorschub entsprechen einer Minute. Da höchstens $^1/_{10}$ mm = 1,5 sec geschätzt werden kann, ist die Phase in Grad bei den einzelnen Perioden T nur mit einer Unsicherheit von

$$\Delta\varphi^{(0)} = \frac{1{,}5}{T}\cdot 360^\circ$$

anzugeben.

Die in Abb. 2 eingezeichneten Kreuze (dX/dt) bzw. Kreise (dY/dt) sind die gemessenen Phasenverschiebungen, die kleiner sind als die Beobachtungsgenauigkeit. Die Phasenverschiebung wurde so ermittelt, daß bei einer bestimmten Stellung des rotierenden Magneten die Registrierlampe ausgeschaltet wurde, wodurch eine genauere Phasenbestimmung als bei einer nicht unterbrochenen Registrierung möglich ist.

Die dZ/dt-Registrierung ist genau so aufgebaut, jedoch nur mit einer Windung (kleinere Selbstinduktion). Eine experimentelle Prüfung wie für die horizontalen Komponenten ist jedoch nicht möglich, da die Spulenfläche zu groß ist. Man kann aber sicher annehmen, daß die Phasen- und Amplitudengenauigkeiten keinesfalls größer sind.

Kommen Perioden von 8 bis 10 sec vor, so sind sie sehr klein und haben auf den Registrierungen noch nie eine Amplitude von 2 mm überschritten, so daß selbst eine Ungenauigkeit der Amplitudenaufzeichnung von maximal 10% an der Grenze der Ablesegenauigkeit liegt.

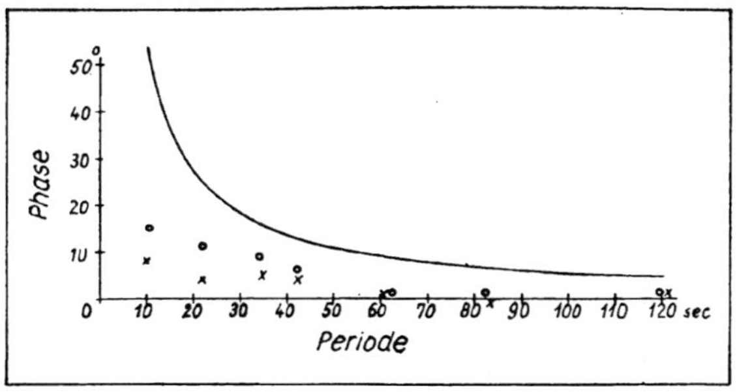

Abb. 2. Prüfung der Phasentreue der zeitlichen Gradient-Registrierung. Ausgezogene Kurve: Grenze der Ablesegenauigkeit der Registrierung. Gemessene Phasen für dX/dt bzw. dY/dt. Alle Phasenabweichungen sind kleiner als die Ablesegenauigkeit.

Empfindlichkeitsbestimmung der Anlage

Da für alle in Frage kommenden Perioden die Phasen- und Amplitudentreue der Aufzeichnung gewährleistet ist, kann man Spulenwiderstand und Galvanometerempfindlichkeit durch Anlegen einer geringen Gleichspannung unter Kontrolle halten. Mit Hilfe der Windungsfläche läßt sich dann die Empfindlichkeit in γ/sec mm angeben. Solche Skalenwertsbestimmungen werden jede Woche einmal durchgeführt.

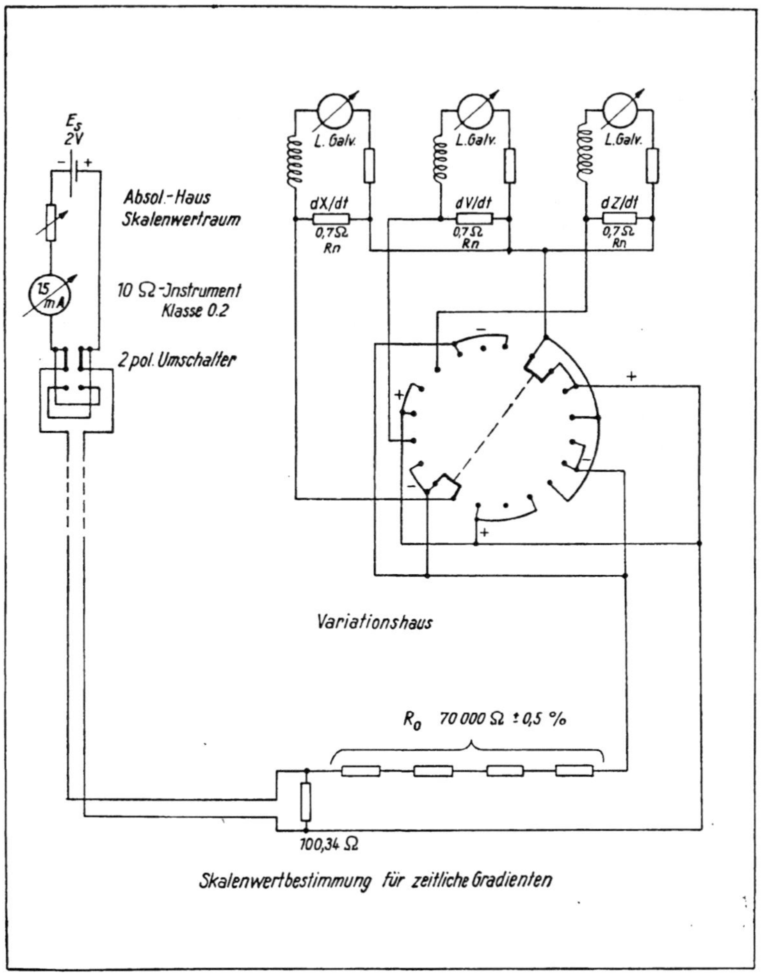

Abb. 3. Schaltschema zur Bestimmung der Empfindlichkeit der Anlage.

Die Schaltung (Abb. 3) besteht im wesentlichen aus einem Spannungsteiler, der dem Galvanometer eine hinreichend kleine Spannung zuführt. Das Verhältnis von Spannungsteiler R_0 zu dem Widerstandsabgriff R_n ist 10^5.

Die Spannungsempfindlichkeit der Anlage ist also

$$E_A = \frac{E_S}{\alpha} \frac{1}{\frac{R_0}{R_n} + \frac{R_0 - R_n}{R_G + R}} \tag{8}$$

wobei E_S die Spannung der Stromquelle,
α der Ausschlag des Galvanometers in mm,
R_G der Widerstand des Galvanometers und
R der Widerstand des Spulenkreises ist.

Wenn $R_n \ll R_0$ und $R_n \ll R_G + R$ sind, so geht obige Formel (8) über in

$$E_A = \frac{E_S}{\alpha} \cdot \frac{R_n}{R_0} \text{ [V/mm]}. \tag{9}$$

Nach Gl. (1) und (9) ist also der Skalenwert der erdmagnetischen Gradienten in Gauß/sec mm

$$\frac{dH}{dt} = -\frac{E_S R_n 10^8}{\alpha R_0 n F}. \tag{10}$$

Die Skalenwerte der einzelnen Kraftkomponenten sind im Jahresmittel 1953 rund

$dX/dt = 0{,}239\ \gamma/\text{sec mm}$
$dY/dt = 0{,}208\ \gamma/\text{sec mm}$
$dZ/dt = 0{,}046\ \gamma/\text{sec mm}$ bis 30. 6. 53
$0{,}025\ \gamma/\text{sec mm}$ ab 1. 11. 53

Die einzelnen Bestimmungen streuen um weniger als $\pm$ 4%.

Temperatureinfluß auf die Registrierungen

Außer den Spulen und ihren Zuleitungen bzw. ihren Widerständen sind alle Widerstände Temperaturschwankungen von nicht größer als 3° ausgesetzt.

Während bei der dX/dt- und dY/dt-Spule innerhalb weniger Tage Temperaturschwankungen von 15° C auftreten können, können sie bei der dZ/dt-Spule bis zu 25° C betragen. Mit dem Temperaturkoeffizienten des Widerstandes von Kupfer $4{,}3 \cdot 10^{-3}$ Ohm/Grad ergeben sich Widerstandsschwankungen der Kreise von weniger als 12 Ohm. Damit ist die daraus entspringende Unsicherheit der Empfindlichkeit geringer als 3%.

Vergleich von Gradientregistrierung und normalen magnetischen Registrierungen

Viele Amplituden von Pulsationen verschiedener Periode wurden in den direkten magnetischen Registrierungen und in den Gradienten ausgemessen. Es ergab sich eine vollkommene Übereinstimmung und somit die Richtigkeit der Skalenwerte der Gradientanlage.

Oft treten im Erdmagnetismus lange Sequenzen von sinusförmigen kleinen Wellen mit Perioden von 10 bis 60 sec auf. Diese Variationen lassen sich darstellen durch

$$\Delta H = a \sin \omega t. \tag{11}$$

$\omega = \frac{2\pi}{T}$ Kreisfrequenz,
a = Amplitude der Welle in $\gamma = 10^{-5}$ Gauß,
T = Periode der Welle in sec.

In den Registrierungen der zeitlichen Gradienten tritt dagegen eine Variation auf:

$$\frac{dH}{dt} = a\, \omega \cos \omega t. \tag{12}$$

Die Wellen der zeitlichen Gradient-Registrierung zeigen gegenüber den Wellen der erdmagnetischen Feldstärke selbstverständlich eine Phasenverschiebung von 90°. Je kürzer die Periode T der Pulsation ist, um so mehr vergrößert wird sie in der $\frac{dH}{dt}$-Registrierung, woraus sich der Vorteil der induktiven Methode für die Aufzeichnung der Pulsationen ergibt. Die langwelligen teilweise um Zehnerpotenzen größeren Variationen werden aber in der $\frac{dH}{dt}$-Registrierung völlig unterdrückt, so daß man einen ungetrübten Einblick in die kurzperiodischen Variationen erhält.

Um aus sinusförmigen Variationen in der $\frac{dH}{dt}$-Registrierung bei Kenntnis der Periode schnell die Amplitude der Schwankung des erdmagnetischen Vektors zu erhalten, wurde nachstehende Abb. 4 gezeichnet. Auf logarithmischem Papier ist in der Abszisse die Periode der Welle, in der Ordinate die Amplitude der Welle in der zeitlichen Gradientregistrierung aufgetragen. Die Amplituden der erdmagnetischen Pulsationen in γ ist der Parameter der Darstellung.

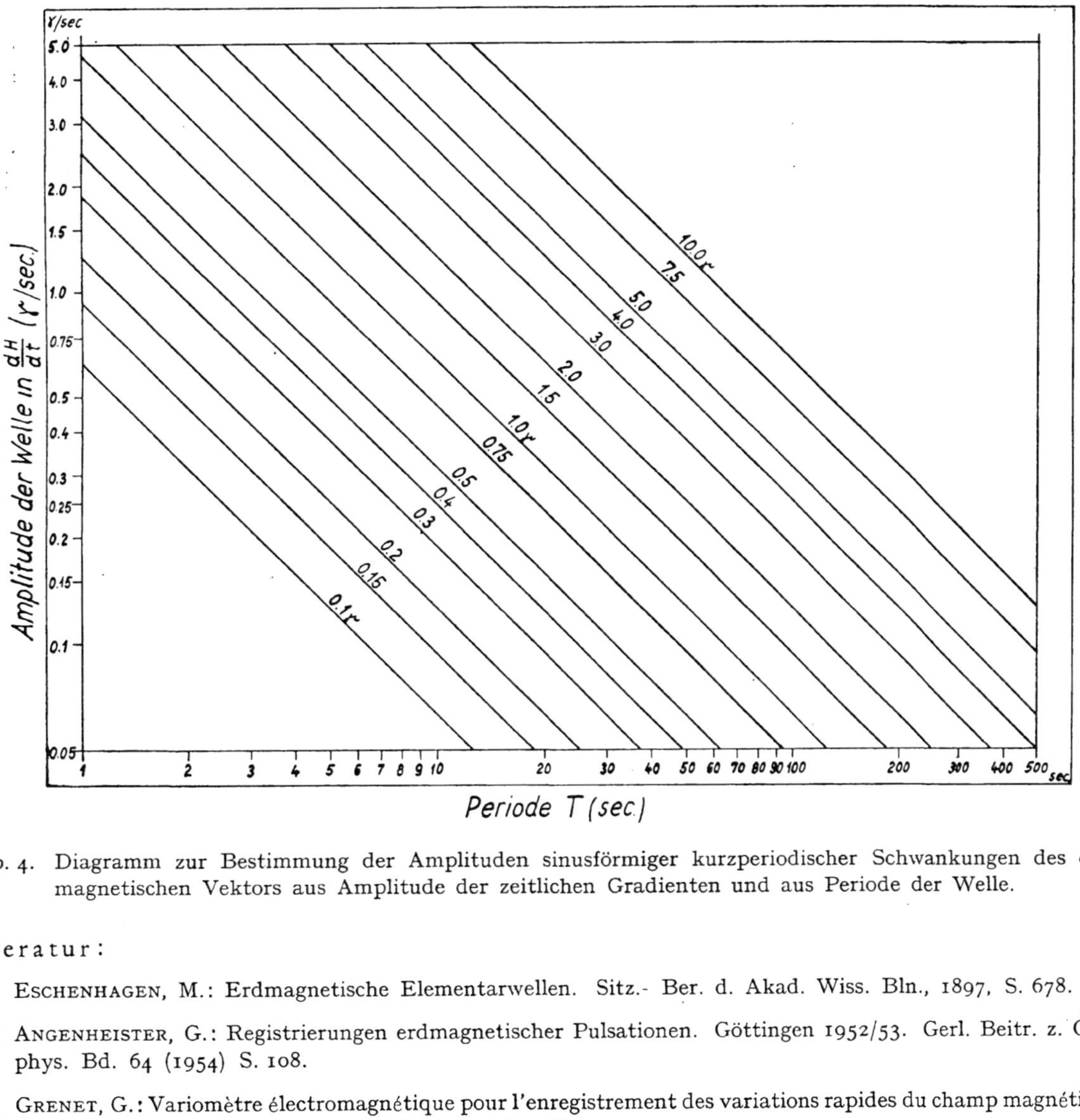

Abb. 4. Diagramm zur Bestimmung der Amplituden sinusförmiger kurzperiodischer Schwankungen des erdmagnetischen Vektors aus Amplitude der zeitlichen Gradienten und aus Periode der Welle.

Literatur:

[1] Eschenhagen, M.: Erdmagnetische Elementarwellen. Sitz.- Ber. d. Akad. Wiss. Bln., 1897, S. 678.

[2] Angenheister, G.: Registrierungen erdmagnetischer Pulsationen. Göttingen 1952/53. Gerl. Beitr. z. Geophys. Bd. 64 (1954) S. 108.

[3] Grenet, G.: Variomètre électromagnétique pour l'enregistrement des variations rapides du champ magnétique terrestre. Annales de Géophys. Bd. V (1949) S. 188.

[4] Meyer, O.: Über eine besondere Art von erdmagnetischen Baystörungen. Deutsche Hydr. Zeitschr. Bd. IV (1951) S. 61.

[5] Kato, Y.: Ossaka, Investigation of the magnetic disturbance by the induction magnetograph. Sci. Rep. Tohoku Univ. Geophys. Bd. III (1951) No. 1, S. 40.

[6] Ebert, H.: Über Pulsationen von geringer Periodendauer in der erdmagnetischen Feldkraft. Sitz.- Ber. d. Bayr. Akad. Wiss. Bd. 36 (1906) S. 527.
Crichton-Mitchell, A.: On the vertical force changes during the sudden commencement of a magnetic storm. Proc. Roy. Soc., Edinburgh, Bd. 45 (1926) S. 297.
Holmberg, E.: Rapid periodic fluctuations of the geomagnetic field, I, Monthly Not. Roy. Astron. Soc., Geoph. Suppl. Bd. VI (1953) S. 467.

PÖDDER, A.: Untersuchungen der mikromagnetischen Oszillationen in Zui (Irkutsk) mit Hilfe von Induktionsspulen. Gerl. Beitr. z. Geophys. Bd. 17 (1927) S. 232.

[7] NAGAOKA, H., IKEBE, T.: Induction magnetograph for recording sudden changes of terrestrial magnetic fields. Sci. Pap. Inst. Phys. and chem. Res., Tokyo, (1939) S. 183.
IMAMITI, S.: Magnetic Pulsations observed by Induction Loops. Mem. of Kakioka Magnet. Observ. Bd. 7 (1954) Nr. 1, S. 1.

[8] ASCHENBRENNER, H., u. G. GOUBAU: Eine Anordnung zur Registrierung rascher magnetischer Störungen. Hochfrequenztechnik u. Elektroakustik Bd. 47 (1936) S. 177.

[9] RÖSSIGER, M.: Die Aufzeichnungen der erdmagnetischen Elementarwellen mittels Kriechgalvanometer. Zeitschr. f. Geophys. Bd. 11 (1935) S. 75.
VESTINE, E. H., L. LAPORTE: The geomagnetic field, its description and analysis. Carn. Inst. Wash., Publ. S. 580 (1947).

[10] PORSTENDORFER: Tellurik, Grundlagen und Anwendungen. Freiberger Forschungshefte, Reihe C (1954) S. 16.

[11] MEYER, E., C. MOERDER: Spiegelgalvanometer und Lichtzeigerinstrumente. Akad. Verlagsges. Geest u. Portig, Leipzig 1952.

Theoretische Unterlagen für die Bestimmung der dia- und paramagnetischen Suszeptibilitäten mit Hilfe der magnetischen Waagen

Von O. LUCKE

Um die Suszeptibilität bei Materialprüfungen behelfsmäßig zu bestimmen, wird das folgende Verfahren benutzt:

Man bringt das zu prüfende Material in die Nähe des Magneten einer Vertikalfadenwaage nach Prof. Dr. FANSELAU [1]. Ihre Daten, soweit sie für die nachstehende Rechnung gebraucht werden, sind die folgenden: Magnetisches Moment des Stabmagneten $\mathfrak{m}_I$: 900—1000 [Oerstedt cm³] (em E). Länge des Magneten 4,5 cm [1].

Wir fassen sein Feld angenähert als das Feld eines Dipols auf, dessen Pole die Entfernung $4{,}5 \cdot 5/6 = 3{,}75$ cm haben. Das Material kann man bis auf 1,25 cm an den einen Pol, den wir als Nordpol annehmen, heranbringen. Wenn man z. B. eine Kupferstange von 0,6 cm Durchmesser und 14 cm Länge prüfen will, so ist die günstigste Lage in Abb. 1 zu erkennen. Die Polstärke eines Pols bestimmen wir so, daß $\vec{\mathfrak{l}} \cdot \mathrm{P} = \mathfrak{m}_I$ ist, also

$$\mathrm{P} = \frac{|\mathfrak{m}_I|}{|\vec{\mathfrak{l}}|} = \frac{1000}{3{,}75} = 266{,}7 \text{ Oerstedt cm}^2.$$

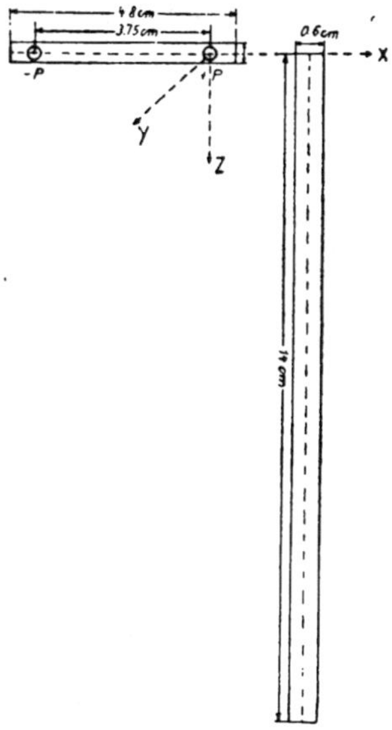

Abb. 1.

Wir rechnen zunächst mit Größengleichungen im Sinne von [2], um die Suszeptibilität χ_m mit den Ausschlägen der Fadenwaage auf ihrer Skala (die man als sehr klein voraussetzen kann) in Zusammenhang zu bringen. Das Material liegt zu nahe am Nordpol des Magneten, als daß man dessen Feld als das eines Dipols ansehen könnte.

Von den beiden Polen werden magnetische Erregungsfelder $\mathfrak{H}$ erzeugt, die mit der Polstärke wie folgt zusammenhängen:

$$\mathfrak{H} = \frac{\text{Polstärke}}{\text{Fläche}}, \quad \mathfrak{H} = \frac{\mathrm{P}}{4\pi}\left[\frac{\mathfrak{r}}{\mathrm{r}^3} - \frac{\vec{\mathfrak{l}} + \mathfrak{r}}{|\vec{\mathfrak{l}} + \mathfrak{r}|^3}\right]. \tag{1}$$

Dabei wird der Nordpol als Nullpunkt des Koordinatensystems angenommen. Das Feld ist wirbelfrei, es hat nur die beiden Quellen $\pm$ P.

Das Kraftfeld, das sich bildet, wenn sich Material in der Nähe des Magneten befindet, berechnen wir nach Näherungsverfahren [3]. Das Feld $\mathfrak{H}$, wie es in (1) ausgedrückt ist, erzeugt eine Magnetisierung im Material.

$$\mathfrak{M}_m = \chi_m \mathfrak{H} = \frac{\chi_m \mathrm{P}}{4\pi}\left(\frac{\mathfrak{r}}{\mathrm{r}^3} - \frac{\vec{\mathfrak{l}} + \mathfrak{r}}{|\vec{\mathfrak{l}} + \mathfrak{r}|^3}\right). \quad \text{(Siehe [4])} \tag{2}$$

Man kann sich das Material als mit einer magnetischen Raumdichte

$$\varrho_m = -\operatorname{div} \mathfrak{M}_m,$$

die Oberfläche mit einer magnetischen Oberflächendichte

$$\sigma_m = -\operatorname{Div} \mathfrak{M}_m \tag{3}$$

angefüllt denken. Es gilt

$$-\operatorname{div} \mathfrak{M}_m = -\frac{\chi_m \mathrm{P}}{4\pi} \cdot 0 = 0,$$

so daß man das magnetische Potential aus der folgenden Formel berechnen kann.

$$\mathrm{V}_m = -\frac{1}{4\pi}\int \frac{\mathrm{M}_n}{\mathrm{r}_{12}} \mathrm{da} \quad (\mathrm{M}_n \text{ ist die Normalkomponente von } \mathfrak{M}_m). \tag{4}$$

Wir wollen aber ein etwas anderes Verfahren einschlagen und das induzierte magnetische Moment $\mathfrak{m}_{II}$ des Stabes näherungsweise direkt berechnen. Mit (2) (gem. [4], S. 229) bilden wir

$$\mathfrak{m}_{II} = \int \mathfrak{M}_m \, dV. \tag{5}$$

Das Integral (5) wird berechnet, indem wir annehmen, daß die Magnetisierung im Querschnitt des Stabes ein lineares Gefälle hat. Das Integral über die Verteilung von $\mathfrak{M}_m$ über den Querschnitt können wir dann als Fläche des Querschnittes mal dem Wert der Magnetisierung in der Stabachse berechnen. $\mathfrak{M}_m$ sei also nur eine Funktion von z und werde nur in der Stabachse betrachtet. Die Vektoren schreiben sich dann

$$\mathfrak{r} = \{a, 0, z\}, \quad \mathfrak{r} + \vec{\mathfrak{l}} = \{b, 0, z\}, \tag{6}$$

a ist die Entfernung des Nordpols von der Stabachse, $a = 1{,}25 + 0{,}3 = 1{,}55$ cm; $b = a + 3{,}75 = 5{,}30$ cm.

Das magnetische Moment des Stabes ergibt also zu:

$$\mathfrak{m}_{II} = \frac{\chi_m \cdot P \cdot F}{4\pi} \left\{ \int_{z=0}^{z=z_1} \frac{\mathfrak{r}}{\sqrt{a^2+z^2}^3} dz - \int_{z=0}^{z=z_1} \frac{\vec{\mathfrak{l}} + \mathfrak{r}}{\sqrt{b^2+z^2}^3} dz \right\}. \tag{7}$$

Den Mittelpunkt $\mathfrak{r}_a$ des diesen Moment darstellenden Dipols findet man aus

$$\{\mathfrak{r}_a \, \mathfrak{m}_{II}\} = \frac{\chi_m \cdot P \cdot F}{4\pi} \left\{ \int_{z=0}^{z=z_1} \frac{\{\mathfrak{r}\,\mathfrak{r}\}}{\sqrt{a^2+z^2}^3} dz - \int_{z=0}^{z=z_1} \frac{\{\mathfrak{r}\,(\vec{\mathfrak{l}} + \mathfrak{r})\}}{\sqrt{b^2+z^2}^3} dz \right\}. \tag{8}$$

Die Symbole $\{\cdot\cdot\}$ bedeuten die tensoriellen Produkte der umklammerten Vektoren. Um daraus $\mathfrak{r}_a$ zu gewinnen, hat man (8) mit dem reziproken Vektor $\mathfrak{m}_{II}$ zu multiplizieren. Um diese umständlichen Rechnungen abzukürzen, betrachten wir die beiden Komponenten von $\mathfrak{M}_m$ in x- und z-Richtung und bilden das Moment und den Mittelpunkt für jede der beiden Komponenten.

$$\mathfrak{m}_{II}^{(x)} = \frac{\chi_m \cdot P \cdot F}{4\pi} \left\{ \int_{z=0}^{z=z_1} \frac{a \cdot dz}{\sqrt{a^2+z^2}^3} - \int_{z=0}^{z=z_1} \frac{b\, dz}{\sqrt{b^2+z^2}^3} \right\}$$

$$= \frac{\chi_m \cdot P \cdot F}{4\pi} \left\{ \frac{1}{a} \frac{z_1}{\sqrt{a^2+z_1^2}} - \frac{1}{b} \frac{z_1}{\sqrt{b^2+z_1^2}} \right\} = \frac{\chi_m \cdot P \cdot F}{4\pi} \, \frac{z_1 \left[b\sqrt{b^2+z_1^2} - a\sqrt{a^2+z_1^2} \right]}{a\,b\sqrt{a^2+z_1^2}\,\sqrt{b^2+z_1^2}}$$

$$z^{(*)}\, \mathfrak{m}_{II}^{(x)} = \frac{\chi_m \cdot P \cdot F}{4\pi} \left\{ \int_{z=0}^{z=z_1} \left[\frac{a\,z}{\sqrt{a^2+z^2}^3} - \frac{b\,z}{\sqrt{b^2+z^2}^3} \right] \right\} dz = \frac{\chi_m \cdot P \cdot F}{4\pi} \left\{ \frac{b}{\sqrt{b^2+z_1^2}} - \frac{a}{\sqrt{a^2+z_1^2}} \right\} \tag{7a}$$

$$= \frac{\chi_m \cdot P \cdot F}{4\pi} \, \frac{\left[b\sqrt{a^2+z_1^2} - a\sqrt{b^2+z_1^2} \right]}{\sqrt{b^2+z_1^2}\,\sqrt{a^2+z_1^2}}, \qquad z^{(*)} = \frac{a\,b\,z_1 \left[b\sqrt{b^2+z_1^2} - a\sqrt{a^2+z_1^2} \right]}{a\,z_1\,b \left[b\sqrt{a^2+z_1^2} - a\sqrt{b^2+z_1^2} \right]}$$

$$\mathfrak{m}_{II}^{(z)} = \frac{\chi_m \cdot P \cdot F}{4\pi} \left[\int_{z=0}^{z=z_1} \left(\frac{z}{\sqrt{a^2+z^2}} - \frac{z}{\sqrt{b^2+z^2}} \right) \right] dz_1 = \frac{\chi_m \cdot P \cdot F}{4\pi} \left[\frac{-1}{\sqrt{a^2+z_1^2}} + \frac{1}{a} + \frac{1}{\sqrt{b^2+z_1^2}} - \frac{1}{b} \right]$$

$$z^{(*)} \cdot \mathfrak{m}_{II}^{(z)} = \frac{\chi_m \cdot P \cdot F}{4\pi} \left\{ \int_{z=0}^{z=z_1} \frac{z^2}{\sqrt{a^2+z^2}} dz - \int_{z=0}^{z=z_1} \frac{z^2}{\sqrt{a^2+z^2}} dz \right\}$$

$$= \frac{\chi_m \cdot P \cdot F}{4\pi} \left\{ \frac{z_1}{\sqrt{a^2+z_1^2}} - \frac{1}{2} \ln \frac{\sqrt{a^2+z_1^2}+z_1}{\sqrt{a^2+z_1^2}-z_1} - \frac{z_1}{\sqrt{b^2+z_1^2}} + \frac{1}{2} \ln \frac{\sqrt{b^2+z_1^2}+z_1}{\sqrt{b^2+z_1^2}-z_1} \right\}.$$

Die Formeln können sehr vereinfacht werden, wenn man bedenkt, daß

$$z_1 = 14 \text{ cm}, \quad z_1^2 \approx 200 \text{ cm}^2, \quad \begin{matrix} a = 1{,}55 \text{ cm}, & a^2 \approx 2{,}3 \text{ cm}^2 \\ b = 5{,}3 \quad ,, & b^2 \approx 28 \quad ,, \end{matrix} \qquad \text{ist.}$$

Im Rahmen der hier vorliegenden Aufgabe ist es hinreichend, a^2 und auch b^2 neben z_1^2 zu vernachlässigen. Man erhält:

$$\begin{aligned} \mathfrak{m}_{II}^{(x)} &= \frac{\chi_m \cdot P \cdot F}{4\pi} \frac{(b-a)}{a\,b}, & z^{(*)} &= \frac{a\,b}{z_1} \\ \mathfrak{m}_{II}^{(z)} &= \frac{\chi_m \cdot P \cdot F \cdot (b-a)}{a\,b} & z^{(*)} &= 0 \text{ (bis auf Fehler der 3. Ordnung).} \end{aligned} \tag{9}$$

Man kann jetzt das Drehmoment ausrechnen, das von $\mathfrak{m}_{II}$ auf $\mathfrak{m}_I$ ausgeübt wird. Da diese Rechnungen wiederum auf einer umständlichen Formel (siehe [3]) beruhen, so wollen wir noch einen anderen Weg einschlagen. Wir gehen aus von der Formel (2). $\mathfrak{M}_m$ hat die Bedeutung einer Dipoldichte im Medium. Jedes Volumenelement dV gibt einen Beitrag zum magnetischen Potential. V_m von $\mathfrak{H}$ im Nullpunkt gemäß der Gleichung

$$dV_m = \frac{1}{4\pi}(\mathfrak{M}_m \cdot \nabla)\frac{1}{r_{12}}dV = +\frac{1}{4\pi}\left(\mathfrak{M}_m \cdot \frac{\mathfrak{r}}{r^3}\right)dV. \qquad (10)$$

Dabei ist berücksichtigt, daß die Gradientbildung den Aufpunkt betrifft. Das magnetische Potential im Nordpol ist also:

$$V_m = \frac{\chi_m P}{(4\pi)^2}\int dV\left[\frac{1}{r^4} - \frac{((\vec{l}+\mathfrak{r})\,\mathfrak{r})}{r^3|\vec{l}+\mathfrak{r}|^3}\right] = \frac{\chi_m P}{(4\pi)^2}\int dV\left[\frac{1}{r^4} - \frac{1}{r|\vec{l}+\mathfrak{r}|^3} - \frac{l\cdot a}{r^3|\vec{l}+\mathfrak{r}|^3}\right].$$

Wenn man jetzt die Annahme macht, daß r nur die Punkte der Stabachse durchlaufen soll, erhält man

$$V_m = \frac{\chi_m \cdot P \cdot F}{(4\pi)^2}\int_{z=0}^{z=z_1} dz\left[\frac{1}{\sqrt{a^2+z^2}^4} - \frac{1}{\sqrt{a^2+z^2}\sqrt{b^2+z^2}^3} - \frac{l\cdot a}{\sqrt{a^2+z^2}^3\sqrt{b^2+z^2}^3}\right]. \qquad (11)$$

Es kommt bei der Aufgabe nicht so sehr darauf an, das magnetische Potential, sondern das magnetische Feld $\mathfrak{B}$

$$\mathfrak{B} = \mu_0\,\mathfrak{H}$$

zu berechnen und von $\mathfrak{B}$ nur die Z-Komponente.

$$\mathfrak{B}_z = -\mu_0\frac{\partial}{\partial z'}V_m. \qquad (12)$$

Die Differentiation nach z betrifft die Aufpunktkoordinate. Sie kann unter das Integralzeichen gebracht werden. Dort kann man sie, weil in den Entfernungen (r, ...) die Koordinatendifferenzen vorkommen, in eine Differentiation nach $\frac{\partial}{\partial z}$ verwandeln: $\frac{\partial}{\partial z'} = -\frac{\partial}{\partial z}$.

Man erhält deshalb aus: (11)

$$|\mathfrak{B}_z|^{(+)} = \frac{\mu_0\chi_m \cdot P \cdot F}{(4\pi)^2}\left[\frac{1}{\sqrt{a^2+z_1^2}^4} + \frac{1}{a\,b^3} + \frac{l}{a^2 b^3} - \frac{1}{a^4} - \frac{1}{\sqrt{a^2+z_1^2}\sqrt{b^2+z_1^2}^3} - \frac{l\,a}{\sqrt{a^2+z_1^2}^3\sqrt{b^2+z_1^2}^3}\right]. \qquad (13)$$

Die Feldstärke im Punkte des Südpols des Magneten erhält man aus dem Ausdruck:

$$V_m = \frac{\chi_m P}{(4\pi)^2}\int dV\left[\frac{(\mathfrak{r}\cdot(\vec{l}+\mathfrak{r}))}{r^3|\vec{l}+\mathfrak{r}|^3} - \frac{1}{|\vec{l}+\mathfrak{r}|^4}\right]. \qquad (14)$$

Man kann auch hier so vorgehen wie bei der Formel (11) und erhält schließlich:

$$\begin{aligned}|\mathfrak{B}_z|^{(-)} &= \frac{\mu_0\chi_m \cdot P \cdot F}{(4\pi)^2}\,\frac{-\partial}{\partial z'}\int_{z=0}^{z=z_1} dz\left[\frac{1}{r\sqrt{b^2+z^2}^3} + \frac{a\cdot l}{\sqrt{a^2+z^2}^3\sqrt{b^2+z^2}^3} - \frac{1}{\sqrt{(b^2+z^2)}^4}\right] \\ &= \frac{\mu_0\cdot\chi_m \cdot P \cdot F}{(4\pi)^2}\left[\frac{1}{\sqrt{a^2+z_1^2}\sqrt{b^2+z_1^2}^3} + \frac{a\cdot l}{\sqrt{a^2+z_1^2}^3\sqrt{b^2+z_1^2}^3} + \frac{1}{b^4} - \frac{1}{a\,b^3} - \frac{l}{a^2 b^3} - \frac{1}{\sqrt{b^2+z_1^2}^4}\right].\end{aligned} \qquad (15)$$

Im GAUSSschen cgs-Maßsystem setzten wir $\mu_0 = 4\pi$. Die Summe der eckigen Klammern ([13] + [15]), die nur von geometrischen Verhältnissen abhängen, sei A. Dann erhält man:

$$\chi_m = \frac{4\pi|\mathfrak{B}_z|}{P\cdot F\cdot A} \qquad (16)$$

wegen

$$F = \pi(0{,}3)^2$$

$$\chi_m = \frac{2\cdot|\mathfrak{B}_z|}{P\cdot 0{,}09\cdot A}. \qquad (16a)$$

Bei der Berechnung von A sind wegen der Größe von z_1 gegenüber den übrigen Abmessungen nur die Ausdrücke

$$A = -\frac{1}{a^4} + \frac{1}{b^4}$$

zu berechnen. Man erhält: $A = -0{,}17$.

Weil $0{,}09 \cdot 0{,}17 \approx 0{,}015$ gilt, erhält man $\chi_m = \frac{3\cdot 10^2\cdot|\mathfrak{B}_z|}{P}$.

Nehmen wir, wie es bei der Feldwaage vorgesehen,

$$P \approx 250\ [\text{Oerstedt cm}^2]\ \text{an,}$$

so gilt:

$$\chi_m = \frac{6}{5} \cdot |\mathfrak{B}_z| = 1{,}2\,|\mathfrak{B}_z|.$$

Wenn man also bei der Feldwaage keine Ausschläge von der Größe $0{,}5\gamma$ und größer mehr bemerkt, so ist χ_m kleiner als 10^{-5}, $|\chi_m| \leq 0{,}5 \cdot 10^{-5}$. Wenn die Proben ein größeres Volumen haben, so kann die behelfsmäßige Prüfung in ähnlicher Weise durchgeführt werden. Es sei bemerkt, daß man größere Ausschläge erzeugen kann, wenn man die Probestücke im Felde des Magneten ruckartig bewegt. Die erzeugten Felder gehören dann aber zu Wirbelströmen, die in den Probestücken fließen. Sie sagen nichts über die Suszeptibilität aus und sind bei den Messungen nicht zu beachten. Bei wesentlich kleineren Probestücken, als in dem berechneten Beispiel, gewährleistet die Prüfung nicht mehr, daß die Forderung $\chi_m \leq 0{,}5 \cdot 10^{-5}$, die man an die Materialien beim Bau sehr empfindlicher geomagnetischer Meßgeräte stellen muß, erfüllt ist.

Literaturangabe

[1] Fanselau, G.: Über eine neue Vertikalfadenwaage. Z. f. Met., 1948, 2, S. 216.
[2] Wegen der Maßeinheiten und Größengleichungen siehe etwa Sommerfeld, A.: Verl. über theor. Physik III. Elektrodynamik, Leipzig 1949. Eine zusammenfassende Arbeit darüber wird in Kürze veröffentlicht werden.
[3] Weizel, W.: Lehrbuch der theor. Physik, I, S. 373, Springer 1950.
[4] Stratton, J. A.: Elektromagnetic Theory, New York — London 1941, S. 13.

Über die Neigungsempfindlichkeit bei den geomagnetischen Feldwaagen

Von G. Fanselau

Die geomagnetische Meßtechnik im Rahmen der Lagerstättenkunde zeichnet sich bei der Verwendung von Fadenwaagen durch große Schnelligkeit aus. Immerhin ist auch jetzt noch neben dem Einnorden der Geräte das Nivellieren erforderlich und gerade dieser Meßvorgang stellt mit den zeitraubendsten Prozeß bei der ganzen Messung überhaupt dar. Jeder, der im Felde praktisch mit geomagnetischen Waagen gearbeitet hat, weiß das, er weiß auch, welche Unsicherheitsmomente gerade das Nivellieren in die ganze Messung hineinbringt, vor allem bei klarem Strahlungswetter, wo sich ein Weglaufen der Libellen kaum vermeiden läßt. Ich habe gerade diese Erscheinung wieder besonders deutlich bei Messungen mit westdeutschen Kollegen beobachtet, die Herr Dr. Wiese und ich vor einiger Zeit am Vogelsberg bei Lauterbach durchführen konnten. Es zeigte sich hierbei besonders deutlich die Überlegenheit der kombinierten Waage gegenüber der bisherigen Z- oder H-Waage. Denn bei diesen tritt ja auf Grund der besonderen Abstimmung und Meßlage keine solche Neigungsempfindlichkeit auf. Vielmehr wandert der Magnet mit dem sich neigenden Fernrohr mit, so daß eine Neigungsempfindlichkeit nicht zu beobachten ist. Das ist natürlich nur scheinbar, weil ja in Wirklichkeit doch das ganze Instrument geneigt wird. Aber da hier letzten Endes nur der Cosinus der zu messenden Feldgröße eingeht, genügt ein weit weniger genaues Nivellieren, womit eine große Meß- und vor allem auch Zeitersparnis verbunden ist.

Bei den Messungen in Lauterbach kam mir nun der Gedanke, auch die einfachen H- und Z-Waagen in diesem Sinne neigungsunempfindlich zu machen. Das geht in der Tat, allerdings nur mit einem gewissen Verlust an Empfindlichkeit, der aber ohne weiteres im Hinblick auf die zu gewinnenden Vorteile mit in Kauf genommen werden kann. Beträgt er doch nur einige wenige γ im Skalenwert; statt 10γ sind es jetzt etwa $16\,\gamma$, ähnlich wie bei der kombinierten Waage.

Es erscheint zweckmäßig, aus allen diesen Gründen die Verhältnisse noch einmal kurz rechnerisch zu beleuchten. Insgesamt sind ja bei der Fadenwaage drei Drehmomente anzusetzen:

$\mathfrak{N}_m = [\mathfrak{M}\,\mathfrak{H}]$ das magnetische mit den drei Komponenten X_m, Y_m, Z_m, ferner $\mathfrak{N}_g = [\mathfrak{s}\,\mathfrak{g}]$ das entsprechende Drehmoment der Schwerkraft und schließlich $\mathfrak{N}_d$ das Drehmoment der Bandtorsion jedes mit den entsprechenden Komponenten X_g, Y_g, Z_g und X_d, Y_d, Z_d. Die hier eingeführten Vektoren bedeuten: $\mathfrak{M}$ magnetisches Moment, $\mathfrak{H}$ magnetische Feldstärke, $\mathfrak{s}$ Vektor zum Schwerpunkt, $\mathfrak{g}$ Schwerkraft. Es sei ein rechtwinkliges, reschtshändiges Koordinatensytem festgelegt x, y, z mit dem Ursprung im Drehpunkt des Magnetsystems. Die Abb. 1 zeigt in beliebiger Lage diese Vektoren. Dann gilt im statischen Gleichgewicht

$$\mathfrak{N} = \mathfrak{N}_m + \mathfrak{N}_g + \mathfrak{N}_d = 0.$$

Für $\mathfrak{N}_m$ ist zu setzen:

$$\mathfrak{N}_m = [\mathfrak{M}\,\mathfrak{H}]; \tag{1}$$

entsprechend gilt

$$\mathfrak{N}_g = [\mathfrak{s}\,\mathfrak{g}]. \tag{2}$$

Als Nebenbedingung ist noch zu berücksichtigen, daß $\mathfrak{s}$ und $\mathfrak{M}$ durch die Konstruktion des Magnetsystems starr miteinander verbunden sind, d. h. also, es muß noch gelten

$$(\mathfrak{s}\,\mathfrak{M}) = s\,M\cos\zeta. \tag{3}$$

Nehmen wir an, das Band liege in der x-Richtung, die Schwingungsebene des Magneten sei die y z-Ebene. Dann gelte:

$$\mathfrak{M}_x = 0,\ M_y = M_z \neq 0 \quad \text{und entsprechend} \quad \mathfrak{s}_x = 0,\ \mathfrak{s}_y = \mathfrak{s}_z \neq 0.$$

Von den drei Drehmomenten kommen dann immer nur die x-Komponenten in Betracht, alle anderen können aus technischen Gründen nicht wirksam werden. $\mathfrak{M}$ liegt dann ebenso wie $\mathfrak{s}$ in der y z-Ebene. Dann gilt — vgl. Abb. 1 —:

$$\mathfrak{M}_y = M \sin\alpha \quad \text{und} \quad \mathfrak{M}_z = M \cos\alpha$$

und nach (3):

$$\mathfrak{s}_y M \sin\alpha + \mathfrak{s}_z M \cos\alpha = s M \cos\zeta .$$

Diese Gleichung ist durch

$$\mathfrak{s}_y = s \sin(\alpha - \zeta) \quad \text{und} \quad \mathfrak{s}_z = s \cos(\alpha - \zeta)$$

zu befriedigen. Weiterhin gilt $\mathfrak{g}_x = \mathfrak{g}_y = 0$, $\mathfrak{g}_z = -mg$ und schließlich $\mathfrak{H}_x = X$, $\mathfrak{H}_y = Y$ und $\mathfrak{H}_z = -Z$, mit $X = -H \sin\vartheta$ und $Y = H \cos\vartheta$ — Abb. 1 —, wenn wie üblich H den Betrag der Horizontalkomponente des geomagnetischen Feldes in der Richtung des geomagnetischen Meridians bedeutet. Es folgt dann schließlich für

$$\mathfrak{N}_x = \mathfrak{M}_y \mathfrak{H}_z - \mathfrak{M}_z \mathfrak{H}_y + \mathfrak{s}_y \mathfrak{g}_z - \mathfrak{s}_z \mathfrak{g}_y + \mathfrak{N}_d = 0. \tag{4}$$

$\mathfrak{N}_d$ hat, durch die Konstruktion gegeben, nur eine Komponente in der X-Richtung, der Bandrichtung. Setzt man in (4) nun alles ein, so kommt:

$$-MZ \sin\alpha - M \cos\alpha \, H \cos\vartheta - s \sin(\alpha - \zeta)\, mg + N_d = 0$$

oder

$$-\sin\alpha\,(MZ + mgs\cos\zeta) - \cos\alpha\,(MH\cos\vartheta - mgs\sin\zeta) + N_d = 0. \tag{5}$$

Wenn wir uns nunmehr dem eigentlichen Gegenstand der Untersuchung zuwenden, der Neigungsempfindlichkeit, so muß hier zwischen zwei Fällen unterschieden werden. Einmal kann das Gerät gedreht werden um die Längsachse des Aufhängebandes. Für diese Neigung ist die Angabe der einen Libelle des Gerätes maßgebend, und zwar der senkrecht zur Bandlängsachse. Eine solche Neigung ist physikalisch einfach zu erfassen. Die zweite mögliche Neigung ist senkrecht zur ersten, wird also angegeben durch die Libelle parallel zur Bandlängsachse. Sie bedeutet eine Neigung der Bandebene gegen die Horizontale. Die letztere Möglichkeit sei zuerst betrachtet. Eine Neigung der Bandachse um den Winkel $\varkappa$ ist gleichbedeutend mit einer Drehung der x-Achse der Abb. 1 um den Winkel $\varkappa$ in die Richtung von x′, eine Drehung des ursprünglichen Koordinatensystems x y z um die y-Achse nach x′ y′ z′. Dabei gilt:

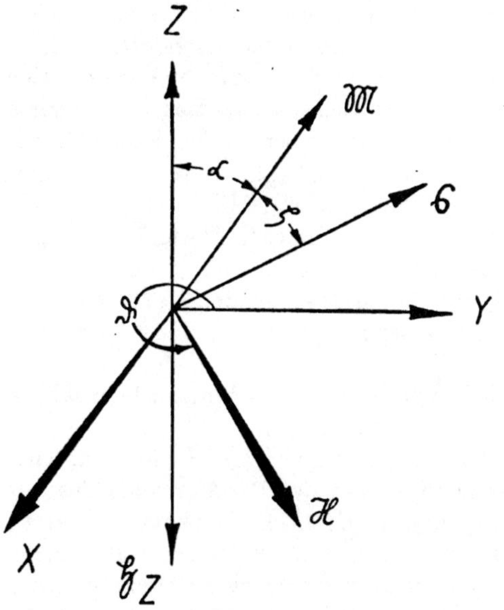

Abb. 1.

$$\begin{aligned} x' &= x\cos\varkappa - z\sin\varkappa \\ y' &= y \\ z' &= x\sin\varkappa + z\cos\varkappa . \end{aligned} \tag{6}$$

Entsprechend transformieren sich auch die Komponenten von $\mathfrak{H}$ und $\mathfrak{N}$. Statt $\mathfrak{N}_x$ wirkt jetzt $\mathfrak{N}_{x'}$:

$$\mathfrak{N}_{x'} = X'_m + X'_g + X'_d . \tag{7}$$

Dabei sind raumfest die Vektoren $\mathfrak{H}$ und $\mathfrak{g}$, sie werden also nicht mitgedreht. $\mathfrak{M}$, $\mathfrak{s}$ und $\mathfrak{N}_d$ sind systemfeste Größen, die demnach an der Neigung teilnehmen. Aus (7) folgt dann:

$$\mathfrak{N}_{x'} = \mathfrak{M}_{y'} \mathfrak{H}_{z'} - \mathfrak{M}_{z'} \mathfrak{H}_{y'} + \mathfrak{s}_{y'} \mathfrak{g}_{z'} - \mathfrak{s}_{z'} \mathfrak{g}_{y'} + N_d = 0. \tag{8}$$

Hier ist $X_d = X'_d = N_d$, ferner ist $\mathfrak{s}_{y'} = \mathfrak{s}_y$, $\mathfrak{s}_{z'} = \mathfrak{s}_z$, $\mathfrak{M}_{y'} = \mathfrak{M}_y$, $\mathfrak{M}_{z'} = \mathfrak{M}_z$ und schließlich nach (6):

$$\mathfrak{H}_{y'} = \mathfrak{H}_y , \quad \mathfrak{g}_{y'} = \mathfrak{g}_y .$$

$$\mathfrak{H}_{z'} = \mathfrak{H}_x \sin\varkappa + \mathfrak{H}_z \cos\varkappa , \quad \mathfrak{g}_{z'} = \mathfrak{g}_x \sin\varkappa + \mathfrak{g}_z \cos\varkappa .$$

Berücksichtigt man das, was oben über $\mathfrak{M}$ und $\mathfrak{g}$ gesagt wurde, so erhält man aus (8) jetzt:

$$\mathfrak{N}_{x'} = \mathfrak{M}_y (\mathfrak{H}_x \sin\varkappa + \mathfrak{H}_z \cos\varkappa) - \mathfrak{M}_z \mathfrak{H}_y + \mathfrak{s}_y \mathfrak{g}_z \cos\varkappa + N_d = 0$$

oder

$$M\sin\alpha\,(-H\sin\vartheta\sin\varkappa - Z\cos\varkappa) - M\cos\alpha\,H\cos\vartheta - s\sin(\alpha-\zeta)\,mg\cos\varkappa + N_d = 0. \tag{9}$$

Natürlich geht (9) für $\varkappa = 0$ in (5) über. Durch leichte Umformung erhält man aus (9):

$$\cos\varkappa\,[-\sin\alpha\,(MZ + mgs\cos\zeta) + \cos\alpha\,mgs\sin\zeta] - \sin\varkappa\,MH\sin\alpha\sin\vartheta - MH\cos\alpha\cos\vartheta + N_d = 0. \tag{10}$$

Will man (10) vergleichen mit der früher von mir gewählten Form der Gleichgewichtsbeziehung[1], [2], so muß man setzen:

$$\alpha + 90^\circ \text{ für } \alpha, \quad D(\tau - \alpha) \text{ für } N_d \text{ und } -X_m \text{ für } X_m ;$$

---

[1]) G. FANSELAU, Z. f. Meteorologie 2 (1948), S. 216—225

[2]) G. FANSELAU, Z. f. Meteorologie 5 (1951), S. 239—245

ferner zur Abkürzung: $s \cos \zeta = C$, $s \sin \zeta = S$. Aus (10) wird dann:

$$\cos \varkappa \left[\cos \alpha (M Z - m g C) - \sin \alpha \, m g S\right] + \sin \varkappa \, M H \cos \alpha \sin \vartheta - M H \sin \alpha \cos \vartheta + D(\tau - \alpha) = 0. \quad (11)$$

Gehen wir nunmehr zu der zweiten Neigungsmöglichkeit des Instrumentes über, nämlich der um die Längsachse des Bandes, angezeigt durch die Libelle senkrecht zur Bandachse. Bei dieser Neigung des Instruments ist zunächst darauf hinzuweisen, daß das Instrument, d. h. das Beobachtungsfernrohr, das ja stets mitgeneigt wird, in Richtung der Okularskala geneigt wird im Gegensatz zum vorher behandelten Fall, wo quer zur Okularskala gekippt wurde. Das bedeutet jetzt also insofern eine wesentliche Änderung, als der Nullpunkt der Ablesung ebenfalls mitgeneigt wird. Bleibt der Magnet beim Kippen im Raume fest stehen, wäre also nicht neigungsempfindlich, so würde trotzdem jetzt durch das Hinwegdrehen der Okularskala über den Magneten eine Neigungsempfindlichkeit zu verzeichnen sein. Man muß also hierbei unterscheiden zwischen der wahren Neigung des Magneten und der scheinbaren, der relativen, bezogen auf die gleichfalls sich neigende Okularskala.

Praktisch sehen die Dinge dann so aus: Wird das Gerät um die Längsachse des Bandes gekippt, so wird, wie gesagt, das Fernrohr mitgeneigt und mit ihm also auch das Bezugsniveau, von dem aus die Winkel α und τ gerechnet werden. Nicht mitgeneigt werden natürlich die raumfesten Vektoren $\mathfrak{H}$ und $\mathfrak{g}$. Hier ändern sich also die wirksamen Komponenten. Wird um den Winkel λ gekippt — Abb. 2 —, so ist das Magnetsystem jetzt gegen die wahre Horizontale um den Winkel $\lambda + \alpha$ geneigt, statt bisher um nur α. Bei dem Drehmoment der Torsion macht dies nichts aus. Da nur die Differenz $\tau - \alpha$ in die Rechnung eingeht, spielt der Nullpunkt der Winkelzählung naturgemäß keine Rolle. Man kann also (11) so schreiben:

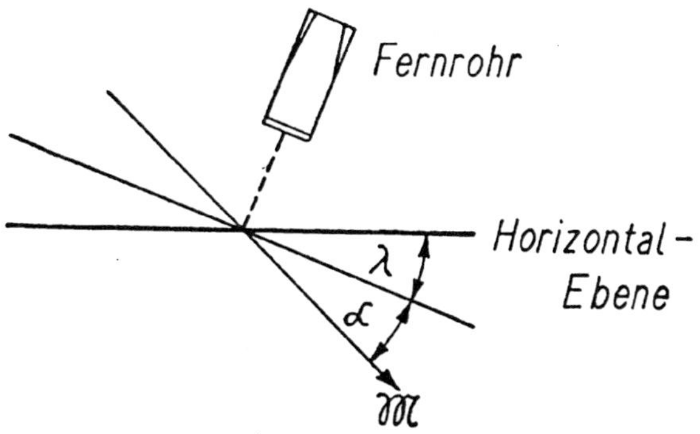

Abb. 2.

$$\cos \varkappa \left[\cos (\alpha + \lambda) (M Z - m g C) - \sin (\alpha + \lambda) m g S\right] + \sin \varkappa \, M H \cos (\alpha + \lambda) \sin \vartheta - M H \sin (\alpha + \lambda) \cos \vartheta + D (\tau - \alpha) = 0. \quad (12)$$

Gl. (12) stellt die erweiterte Gleichgewichtsbedingung für die Waage dar unter Berücksichtigung der Neigung des Instruments längs der Bandachse, quer zum Magnetsystem — $\varkappa$ — und quer zur Bandachse in der Schwingungsebene des Magnetsystems — λ —.

Will man nun den Neigungseinfluß errechnen, so muß man in (12) nach $\varkappa$, λ und α differenzieren, d. h. man muß die Änderungen von α feststellen — Ablesung des Instruments an der Okularskale des Fernrohrs —, wenn sich $\varkappa$ und λ ändern — Ablesungen an den beiden Libellen. Das gibt folgendes:

$$d\varkappa \cdot K + d\lambda \cdot \Lambda + d\alpha \, A = 0 \quad (13)$$

mit

$$K = -\sin \varkappa \left[\cos (\alpha + \lambda) (M Z - m g C) - \sin (\alpha + \lambda) m g S\right] + \cos \varkappa \, M H \cos (\alpha + \lambda) \sin \vartheta$$

$$\Lambda = \cos \varkappa \left[-\sin (\alpha + \lambda) (M Z - m g C) - \cos (\alpha + \lambda) m g S\right] - \sin \varkappa \, M H \sin (\alpha + \lambda) \sin \vartheta - M H \cos (\alpha + \lambda) \cos \vartheta$$

$$A = \Lambda - D.$$

Aus (13) folgt:

$$d\alpha = -\frac{K}{A} d\varkappa \quad \text{und} \quad d\alpha = -\frac{\Lambda}{A} d\lambda. \quad (14)$$

Die Neigungsempfindlichkeit verschwindet also, wenn K und Λ zu Null werden. Will man (13) und (14) diskutieren, so müssen natürlich spezielle Lagen ins Auge gefaßt werden, die meßtechnisch von Bedeutung sind, d. h. also in erster Linie natürlich $\varkappa = \lambda = 0$, weil ja die sauber justierte Waage das Normale darstellt und Abweichungen davon im wesentlichen durch das Auswandern der Libellen und Nivellierungsfehler — also stets kleine Größen — verursacht werden. Man hat so:

$$\begin{aligned} \underset{\varkappa=\lambda=0}{K} &= M H \cos \alpha \sin \vartheta \\ \underset{\varkappa=\lambda=0}{\Lambda} &= -\left[\sin \alpha (M Z - m g C) + \cos \alpha (M H \cos \vartheta + m g S)\right] \\ \underset{\varkappa=\lambda=0}{A} &= \underset{\varkappa=\lambda=0}{\Lambda} - D. \end{aligned} \quad (15)$$

Aus (15) folgt: K verschwindet stets für $\vartheta = 0°$ oder $180°$, d. h. für Bandrichtung senkrecht zum magnetischen Meridian, Schwingungsebene des Magnetsystems also im magnetischen Meridian. Diese Lage gilt für H-Messungen, aber auch für Z-Messungen, z. B. mit der kombinierten Feldwaage. Λ kann, wie (15) zeigt, zu Null gemacht werden, aber nicht bei der Schneidenwaage, weil dort D = o ist, sondern nur bei der Fadenwaage. Für die Schneidenwaage gilt ja nach (14), da $\Lambda = A$ ist, stets $d\alpha = - d\lambda$, d. h. die Kippung führt zu einem negativen Auswandern des Magneten im Fernrohr; das Fernrohr wird über den Magneten hinweggedreht. Für die Fadenwaage folgt für $\Lambda = 0$ nicht der unbestimmte Wert $\frac{0}{0}$ für $\frac{d\alpha}{d\lambda}$, sondern der Wert $\frac{0}{D} = 0$. Aus (15) kommt für diesen Fall:

$$\sin\alpha\,(M\,Z - m\,g\,C) + \cos\alpha\,(M\,H\cos\vartheta + m\,g\,S) = 0. \tag{16}$$

Für die Vertikalfadenwaage — $\alpha = 0$ — gibt (16):

$$M\,H\cos\vartheta + m\,g\,S = 0. \tag{17}$$

Man kann also jede solche Waage so abstimmen, daß die Neigungsempfindlichkeit λ, d. h. also senkrecht zur Bandlängsachse, verschwindet. Faßt man in (17) ϑ, die Orientierung der Waage relativ zum magneti-

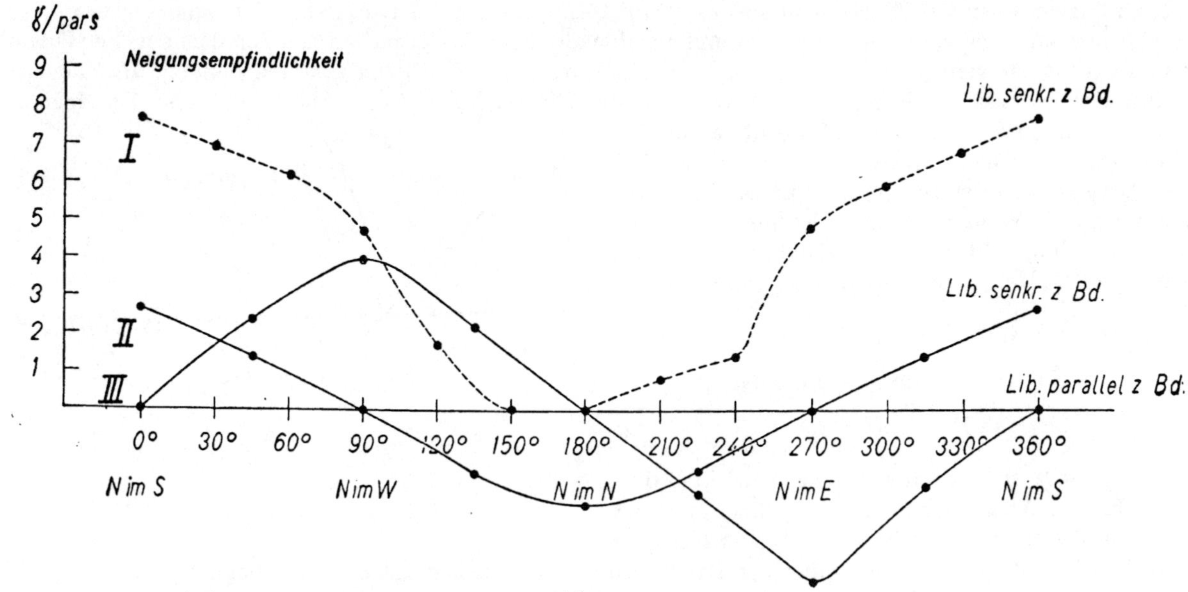

Abb. 3.

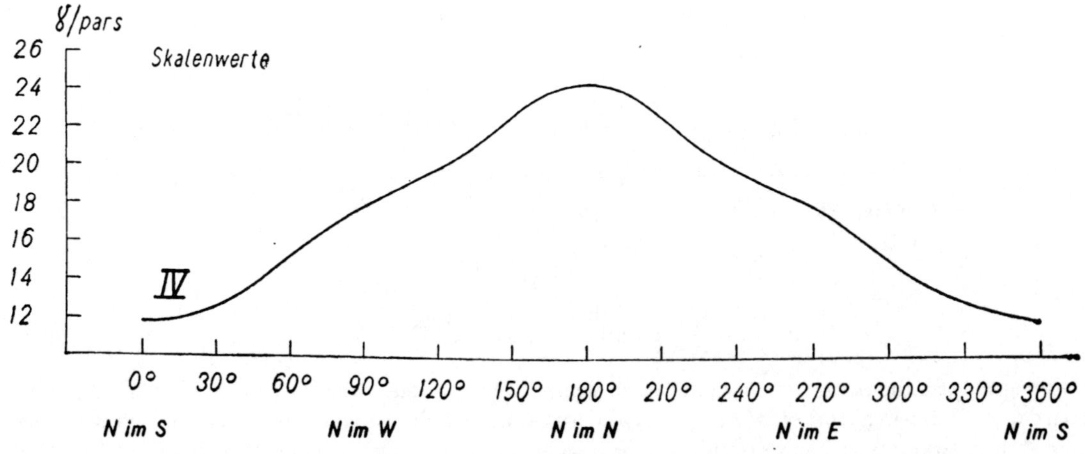

Abb. 3a.

In dem Diagramm 3 ist als Ordinate die Neigungsempfindlichkeit aufgetragen in γ/Libellenpars. Kurve I zeigt den Verlauf der Neigungsempfindlichkeit für die Libelle senkrecht zum Band bei einer Vertikalfadenwaage, die so abgestimmt ist, daß die Neigungsempfindlichkeit für Nordpol im Norden — in der Abbildung bei 180° — verschwindet. Hier verschwindet auch, vgl. Kurvenzug III, die Neigungsabhängigkeit für die Libelle parallel zum Bande. Ein solches Gerät ist also für die Lage N in N vollständig neigungsunabhängig. Kurvenzug II stellt die Neigungsempfindlichkeit für die Libelle senkrecht zum Bande für eine Vertikalfadenwaage dar, die so abgestimmt wurde, daß diese Neigungsempfindlichkeit für N in Ost und N in West verschwindet. Das sind die üblichen Meßlagen der Vertikalfadenwaage. Die Neigungsempfindlichkeit für die Libelle parallel zum Band hat dann allerdings ihre Maximalwerte. Kurvenzug IV in Abb. 3a zeigt die an sich ja bekannte Abhängigkeit des Skalenwertes — Ordinate γ/Pars der Okularskala — in Abhängigkeit von der Orientierung der Waage relativ zum magnetischen Meridian.

schen Meridian, als Variable auf, so gelingt diese Abstimmung durch Veränderung von S natürlich nur für einen bestimmten Wert von $\vartheta = \vartheta_0$. In allen anderen Lagen ϑ verschwindet dann Λ nicht mehr. Man erhält aus (17):

$$S = -\frac{M H \cos \vartheta_0}{m g}. \tag{18}$$

Einsetzen von (18) in (15) gibt für $\alpha = 0$:

$$\Lambda_{\varkappa=\lambda=\alpha=0} = -(\cos \vartheta - \cos \vartheta_0)\, M H. \tag{19}$$

Will man Neigungsunabhängigkeit erreichen, z. B. für $\vartheta_0 = 0$, d. h. für Messungen im Meridian, so folgt aus (19):

$$\Lambda = -M H (\cos \vartheta - 1),$$

ein Ausdruck, der für $\vartheta = 0$ verschwindet, für $\vartheta = \pi$ aber den Wert 2 M H annimmt. Bei $\vartheta_0 = \frac{\pi}{2}$ liefert (19):

$$\Lambda = -M H \cos \vartheta,$$

wo Λ jetzt für $\vartheta = \frac{\pi}{2}$ und $\vartheta = \frac{3\pi}{2}$ verschwindet, also in den üblichen Z-Meßlagen: Nordpol des Magneten im Osten und im Westen. Maximal erreicht Λ jetzt den Wert $\pm$ M H für $\vartheta = 0$ oder $\vartheta = \pi$, verbunden mit einem Vorzeichenwechsel der Neigungsempfindlichkeit, der für $\vartheta_0 = 0$ nicht eintritt. Der letzte Fall — $\vartheta_0 = \frac{\pi}{2}$ — ist also günstiger, denn er führt maximal in den anderen Meßlagen des Instruments nur zum halben Betrag der Neigungsempfindlichkeit, wie bei $\vartheta_0 = 0$. In der Abb. 3 sind alle diese Verhältnisse durch Messungen an einer Vertikalfadenwaage bestätigt worden. In dieser Abbildung ist die Neigungsempfindlichkeit dargestellt in γ/Libellenpars, wobei näherungsweise 1 Libellenpars etwa gleich 1 Bogenminute gesetzt werden kann. Aus Gl. (12) läßt sich natürlich auch das Differential nach Z und H bilden:

$$\cos \varkappa \cos (\alpha + \lambda)\, M\, dZ \quad \text{und} \quad -\cos \varkappa \sin (\alpha + \lambda)\, M\, dH \cos \vartheta. \tag{20}$$

Fügt man diese Differentiale in (13) hinzu, so läßt sich dZ/dα bilden und dH/dα, die Skalenwerte des Gerätes. Für eine Z-Waage im Normalstand $\varkappa = \lambda = \alpha = 0$ folgt

$$\left(\frac{dZ}{d\alpha}\right)_{\varkappa=\lambda=\alpha=0} = e_z = -\frac{A}{M}$$

und damit schließlich:

$$\left(\frac{d\alpha}{d\lambda}\frac{dZ}{d\alpha}\right)_{\varkappa=\lambda=\alpha=0} = \frac{\Lambda}{A}\frac{A}{M} = \frac{\Lambda}{M} = -H (\cos \vartheta - \cos \vartheta_0). \tag{21}$$

Man erkennt in (20) den streng periodischen Verlauf, wie ihn die Abb. 3 wiedergibt.

Aus dem Gesagten geht hervor, daß es also möglich ist, die λ-Neigungsempfindlichkeit bei der H-Waage und bei der Z-Waage zu beseitigen. Allerdings geht das nur durch Vorgabe von S nach (17) bei der Z-Waage oder entsprechend C bei der H-Waage. Der Skalenwert wird dadurch, wie gesagt, etwas erhöht, ohne damit aber die Leistungsfähigkeit des Instruments wesentlich zu beeinträchtigen.

Eine H-Waage oder eine Z-Waage, die im magnetischen Meridian benutzt werden, sind damit überhaupt vollständig neigungsunempfindlich, da hier ja das Band senkrecht zum magnetischen Meridian steht und also die $\varkappa$-Neigung automatisch verschwindet — $\vartheta = 0$ —. Nicht so einfach liegen die Dinge bei der $\varkappa$-Neigung. Hier läßt sich eine Kompensation nicht recht — zumindest nicht technisch bequem — durchführen. Beide Neigungsempfindlichkeiten — $\varkappa$ und λ — lassen sich wohlgemerkt nicht durch Umschlagen beseitigen, sie bleiben vielmehr — natürlich nur bei der Z-Waage — in den beiden Meßlagen N-Pol Ost und N-Pol West in gleicher Weise erhalten. Man kann sich das leicht überlegen, wenn man bedenkt, daß beim Durchschlagen auch die Okularskala des Fernrohrs mit herumgedreht wird. Um so wesentlicher ist also die besprochene Kompensationsmöglichkeit, die ja, wie gesagt, beim Messen im magnetischen Meridian zur völligen Neigungsunempfindlichkeit führt. Das ist natürlich so zu verstehen, daß das Instrument als ganzes wohl geneigt, aber auf Grund dieser Neigung dann jeweils nicht die Z- oder H-Komponente gemessen wird, sondern die entsprechende cos-Komponente. Das bedeutet aber eine wesentlich verringerte Neigungsempfindlichkeit nach der Gleichung:

$$K = K_0 \cos \varepsilon \quad \text{oder} \quad dK = dK_0 \cos \varepsilon,$$

wo K das zu messende Element, ε die Neigung bedeutet. Verlangt man eine Meßgenauigkeit von 0,05%, so liegt die zulässige Neigung in der Größenordnung von 1°. Das bedeutet im Hinblick darauf, daß sonst die Zehntel-Minuten in Betracht kommen, eine wesentliche Erleichterung.

Es ist wohl kaum nötig darauf zu verweisen, daß (12) für $\varkappa = 90°$ — senkrecht stehendes Band — in die übliche Gleichung des Unifilars übergeht. Setzt man noch $\lambda = 0$, so folgt

$$M H \sin (\vartheta - \alpha) + D (\tau - \alpha) = 0.$$

Über weitere Versuche betreffend die $\varkappa$-Neigung und ihre Kompensation wird noch zu berichten sein.

Die analytische Erfassung der geomagnetischen Säkularvariation

Von G. Fanselau und K. Sellien

I

Die analytische Darstellung der Verteilung des geomagnetischen Potentials über die ganze Erde wurde erstmalig von Gauss in der Form einer sphärisch-harmonischen Analyse durchgeführt. In den seither vergangenen 120 Jahren wurden diese Rechnungen mehrfach wiederholt, so daß mir jetzt der Zeitpunkt gekommen schien, die Parameter des geomagnetischen Feldes, die Konstanten jener sphärisch-harmonischen Analyse, einer zeitlichen Zusammenfassung zu unterziehen.

Störend war dabei natürlich der Umstand, daß die Autoren der verschiedenen Potentialentwicklungen nicht immer dieselbe Methode benutzten und die Reihenentwicklungen bei verschiedenen Ordnungen abbrachen. Auch das benutzte Beobachtungsmaterial – meist Weltkarten – wurde bis in verschiedene Breiten ausgedehnt. Alle diese Umstände lassen also die vorliegenden, berechneten Parameter in ihrer Gesamtheit als ein recht inhomogenes Material erscheinen. Aus diesem Grunde hatte ich Herrn Mauersberger gebeten, alle diese Inhomogenitätseinflüsse bei den Potentialberechnungen abzuschätzen und kritisch zu beleuchten. Herr Mauersberger ist meinem Wunsch in seiner Berliner Diplomarbeit nachgekommen. Die Ergebnisse seiner gründlichen Untersuchungen sind in den Abhandlungen des Geophysikalischen Instituts Nr. 5, 1952, veröffentlicht worden. Wenn auch im einzelnen keine ganz klare und eindeutige Fehlerabschätzung möglich war, so haben die Überlegungen von Mauersberger doch gezeigt, daß eine zeitliche Zusammenfassung der Parameter des geomagnetischen Feldes durchaus möglich ist. Der einzige hier gangbare Weg war der, die zeitliche Abhängigkeit in einer Potenzreihe bis zum vierten Grade einschließlich zu erfassen. Irgendwelche statistischen Rechnungen erübrigten sich im vorliegenden Falle, weil das Material zeitlich ungünstig verteilt und, wie gesagt, doch etwas inhomogen ist. Mauersberger hat diese Zeitfunktionen bis zu den Gliedern der 6. Ordnung der sphärisch-harmonischen Entwicklung ausgedehnt, also insgesamt 48 Einzelkoeffizienten in Potenzreihen der Zeit dargestellt. Da diese Reihen vom nullten bis zum vierten Grade ausgedehnt wurden, standen nun für die Beschreibung des zeitlichen Verlaufs des geomagnetischen Potentials insgesamt 240 Koeffizienten zur Verfügung, von denen allerdings eine große Zahl verschwindet.

Unter diesen Umständen liegt es nahe, zu vermuten, daß eine weitgehende Ausgleichung der Fehler der Parameter der einzelnen Berechnungen erfolgt. Zumindest erscheint es äußerst unwahrscheinlich, anzunehmen, daß sich die Fehler so häufen, daß bei der Rückberechnung durch zufällige Fehleranhäufung völlig unzutreffende Ergebnisse zu erwarten wären.

Herr Mauersberger hat nun in seiner Arbeit eine Rückberechnung der geomagnetischen Feldkomponenten in Gestalt von Weltkarten nicht vornehmen können, weil die damit verbundene Rechenarbeit zu umfangreich wäre. Auf meine Bitte hin hat sich nun Herr Dr. Sellien dieser mühevollen Arbeit unterzogen. Das Ergebnis der Rechnungen ist in Kartenform niedergelegt worden; Herr Dr. Sellien wird im 2. Teil im einzelnen darüber berichten.

Ich möchte hier nur kurz feststellen, daß meine Erwartungen durchaus erfüllt, ja sogar noch in vielen Punkten übertroffen wurden. Ein Vergleich der Theorie mit der Beobachtung ergibt, daß die sehr verwickelte örtliche Verteilung der geomagnetischen Säkularvariation befriedigend dargestellt wird. Die Theorie gibt alle jene großen örtlichen Wirbelbildungen der Säkularvariation gut wieder. Daß Differenzen zwischen Beobachtung und Rechnung auftreten, ist notwendig und physikalisch zu erwarten, da die Berechnung nur eine Reihe bis zur 6. Ordnung benutzte und die Beobachtung praktisch eine solche Reihe bis zur Ordnung unendlich repräsentiert. Trotzdem sind die Abweichungen nicht allzu groß. In der vorliegenden Arbeit sollen zunächst nur diese kurzen, mehr qualitativen Ergebnisse mitgeteilt werden. Eine ins einzelne gehende, mehr quantitative Betrachtung wird später veröffentlicht werden.

Besonders im Hinblick auf die Säkularvariation an den einzelnen Observatorien haben sich viele interessante Tatsachen ergeben, die durch ähnliche Betrachtungen von Herrn Dr. G. Barta, Budapest, bestätigt wurden. Auch die inzwischen von Vestine vorgenommene Zeitausgleichung gibt durch Vergleich mit den Werten von MAUERSBERGER manchen wertvollen Hinweis. Besonders wichtig sind die Diskussionen der zeitlichen Abhängigkeit der Parameter im Hinblick auf die heute gültigen Theorien der Entstehung des Erdinnenfeldes und der Säkularvariation, denn sie gibt die für diese Theorien unbedingt erforderlichen experimentellen Unterlagen.

II

Die Komponenten X, Y, Z des erdmagnetischen Feldes lassen sich nach AD. SCHMIDT („Erdmagnetismus„ in „Enzyklopädie d. math. Wiss.", 6, 1, B.) durch Differentiation aus der Gleichung für das Potential

$$V = R \sum_{m=0}^{n} \sum_{n=1}^{k} (g_n^m \cos m\lambda + h_n^m \sin m\lambda)\, P_n^m (\cos\vartheta) \left(\frac{R}{r}\right)^{n+1}$$

ermitteln. Wenn in dieser Formel statt der für eine bestimmte Epoche geltenden Koeffizienten g_n^m und h_n^m die von der Zeit abhängigen Koeffizienten $g_n^m(t)$ und $h_n^m(t)$ von MAUERSBERGER gesetzt werden, so erhält man schließlich durch Differentiation nach der Zeit auch die Säkularvariation der Komponenten.

Für die Untersuchung des Problems wurden zwei Zeitpunkte herausgegriffen. Da für die Berechnung der Koeffizienten von MAUERSBERGER als Nullpunkt der Zeitzählung die Epoche 1900 gewählt wurde und die Polynome einen Gültigkeitsbereich von 1830 bis 1950 haben, wurde der Zeitpunkt 1912.5 gewählt, weil er in der Nähe von 1900, der Zeitpunkt 1942.5, weil er dicht bei der Gültigkeitsgrenze liegt. Außerdem besteht die Möglichkeit, die erzielten Ergebnisse mit denen von VESTINE, LAPORTE, COOPER, LANGE und HENDRIX (Description of the Earth's Main Magnetic Field and its Secular Change 1905—1945, Carnegie Institution of Washington, Publication 578, Washington D. C., 1947) veröffentlichten Werten zu vergleichen.

Um einen Überblick von der Verteilung der weltweiten Säkularvariation zu erlangen, wurden Weltkarten mit Linien gleicher Säkularvariation von X, Y und Z für 1912.5 und 1942.5 entworfen. Aus Raummangel mußte auf eine Wiedergabe der Darstellung der Säkularvariation von 1942.5 hier verzichtet werden. Zum Vergleich sind unter die auf Grund der Koeffizienten von MAUERSBERGER gezeichneten Karten die entsprechenden von VESTINE u. a. auf Beobachtungsdaten sich stützenden Karten gesetzt. Dabei wurden bei der Neuberechnung der Werte die Kugelfunktionsreihen nur bis zur 6. Ordnung, also bis $k = 6$ ausgedehnt. Die Abstände der Isolinien betragen 10 γ (Abb. 1—6).

Eine vollständige Übereinstimmung ist aus den schon im 1. Teil dieser Arbeit erwähnten Gründen nicht zu erwarten. Es zeigt sich, daß im großen und ganzen durch eine derartige Darstellungsweise die Säkularvariation erfaßt werden kann. Im einzelnen weist ein genauerer Vergleich gewisse Unterschiede in der Lage der Extremstellen und der zahlenmäßigen Größe der Wirbel auf.

In bezug auf die Säkularvariation von X (Epoche 1912.5) sind auf beiden Karten (Abb. 1 und 2) mehrere Wirbel ersichtlich. Zur Bezeichnung der einzelnen Wirbel seien die Koordinaten (ϑ, λ) der ungefähren Mittelpunkte der Wirbel gewählt. Die beiden positiven (65,115) und (108,305) und die drei negativen Wirbel (67,285 — 120,110 — 143,355) in Abb. 1 finden sich in Abb. 2 bei (75,95) und (100,290) bzw. bei 65,290 — 125,98 — 135,350. Der erste positive Wirbel ist gegen Abb. 2 nach NE, der zweite nach ESE verschoben, während der erste negative Wirbel seine Lage beibehalten hat, die beiden letzteren nach NE und S wenig verlagert sind.

Ähnlich liegen die Verhältnisse bei der Säkularvariation von Y. Hier entsprechen den beiden positiven Wirbeln (125,25 — 95,140) und den beiden negativen Wirbeln (97,310 — 130,88) in Abb. 3 den Wirbeln (110,32 — 105,125) bzw. (90,310 — 118,78) in Abb. 4. Sie sind wenig nach S, SSW, SSE und ENE verschoben.

Die Karten der Säkularvariation von Z (Epoche 1912.5) weisen vier ausgeprägte Wirbel auf, und zwar zwei positive (60,68 — 135,58) und zwei negative (90,340 — 90,110) in Abb. 5 und entsprechende bei (67,65 — 133,50) bzw. bei (92,348 — 95,105) in Abb. 6. Die Verlagerung der Extremstellen ist auch hier relativ gering. In Abb. 6 ist noch ein großer Wirbel bei (88,283) zu erwähnen, der sich auch in Abb. 5 findet, aber nicht als geschlossener Wirbel in Erscheinung tritt.

Von Interesse dürfte die Frage sein, wie sich das Bild mit wachsendem k ändert, d. h. wie sich das Bild ändert, wenn man bei der Berechnung der Werte die Kugelfunktionsreihe mit der 1., 2., 3., 4., 5. oder 6. Ordnung abbricht. Aus diesem Grunde wurden als Beispiel für die Säkularvariation von X (Epoche 1942.5) auch die Karten für $k = 1$ bis $k = 6$ gezeichnet und in Abb. 7—12 dargestellt. Schon in Abb. 8 ($k = 2$) ist eine gewisse Differenzierung der Linienführung zu erkennen. In Abb. 9 ($k = 3$) und Abb. 10 ($k = 4$) kommen einige Wirbel deutlicher zum Ausdruck, während Abb. 12 ($k = 6$) gegenüber Abb. 11 ($k = 5$) hinsichtlich der Wirbel keine großen Unterschiede mehr erkennen läßt.

Eine mehr ins einzelne gehende Diskussion der Abweichungen ist in Aussicht genommen.

Abb. 1.

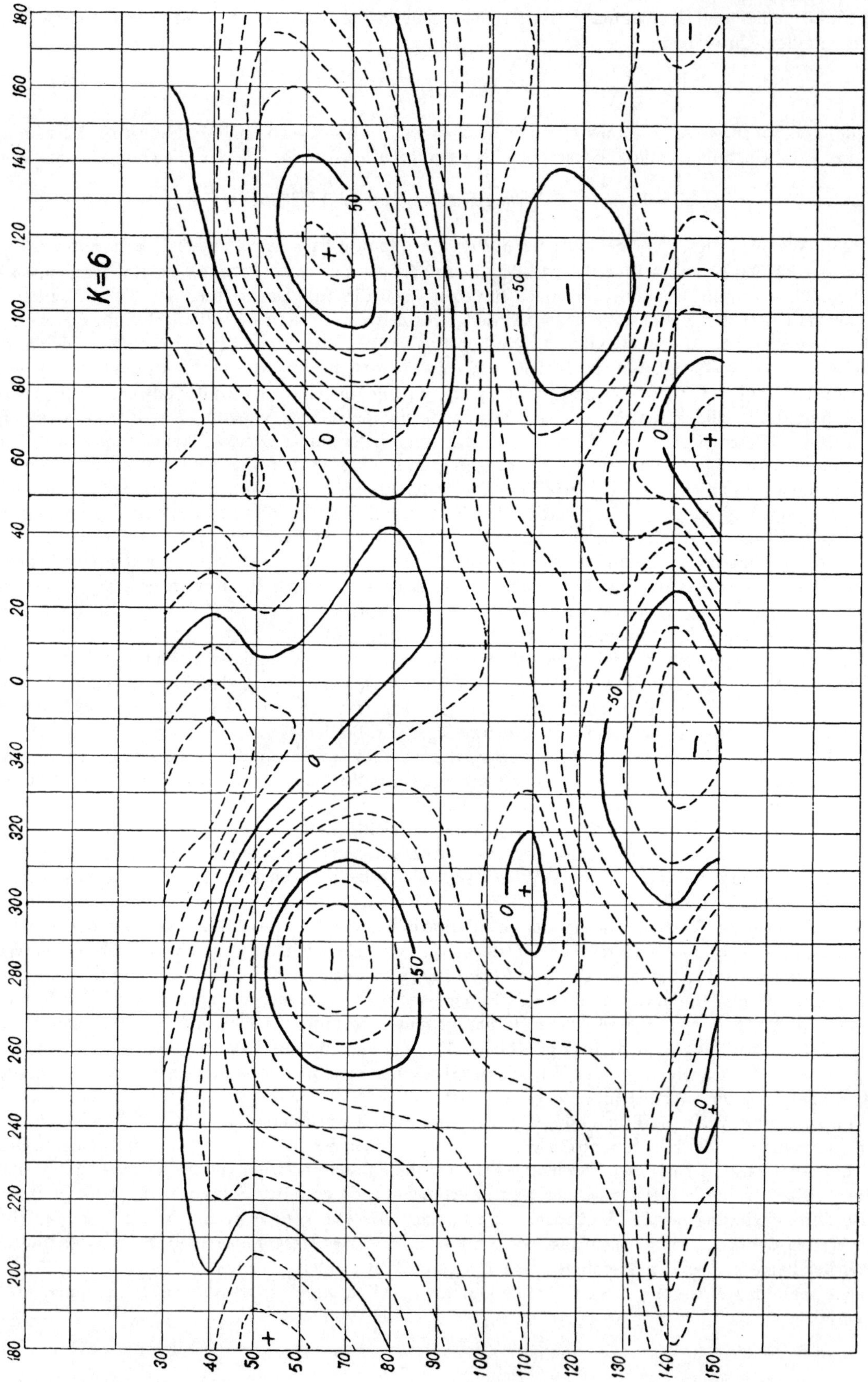

Neu berechnete jährliche Säkularvariation von X für 1912.5.

Abb. 2.

Jährliche Säkularvariation von X für 1912.5 nach Vestine.

Abb. 3.

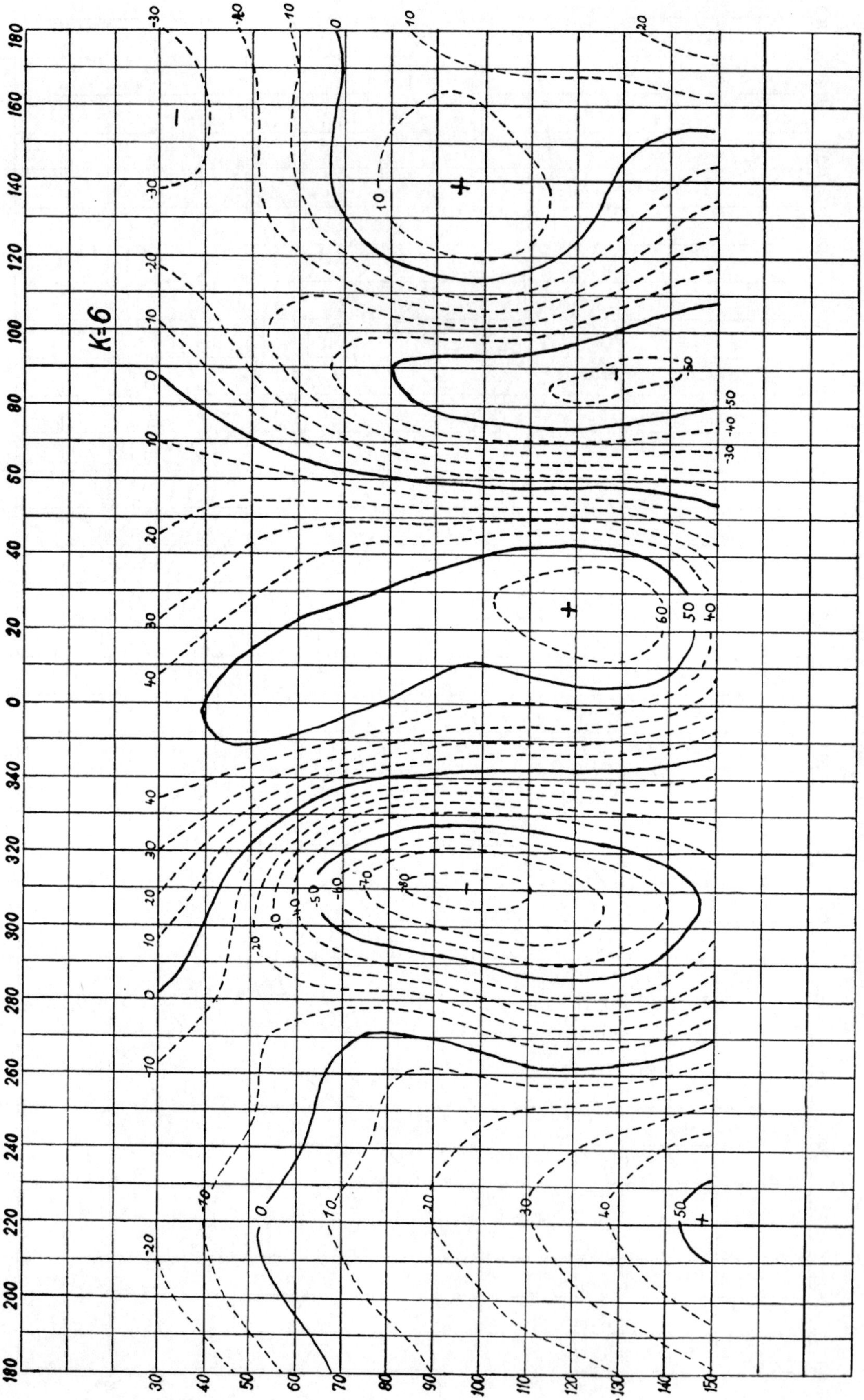

Neu berechnete jährliche Säkularvariation von Y für 1912.5.

Abb. 4.

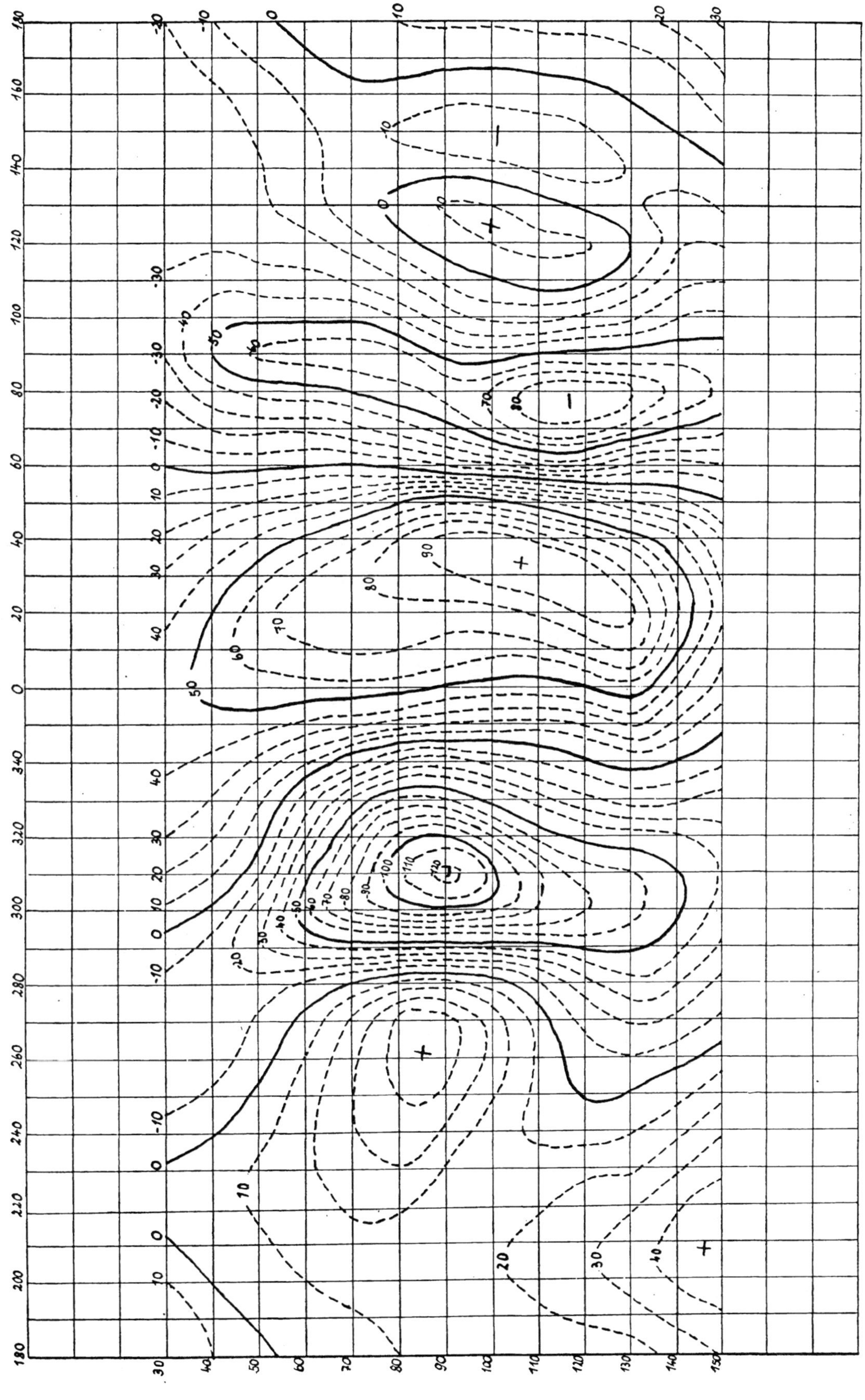

Jährliche Säkularvariation von Y für 1912.5 nach Vestine.

Abb. 5.

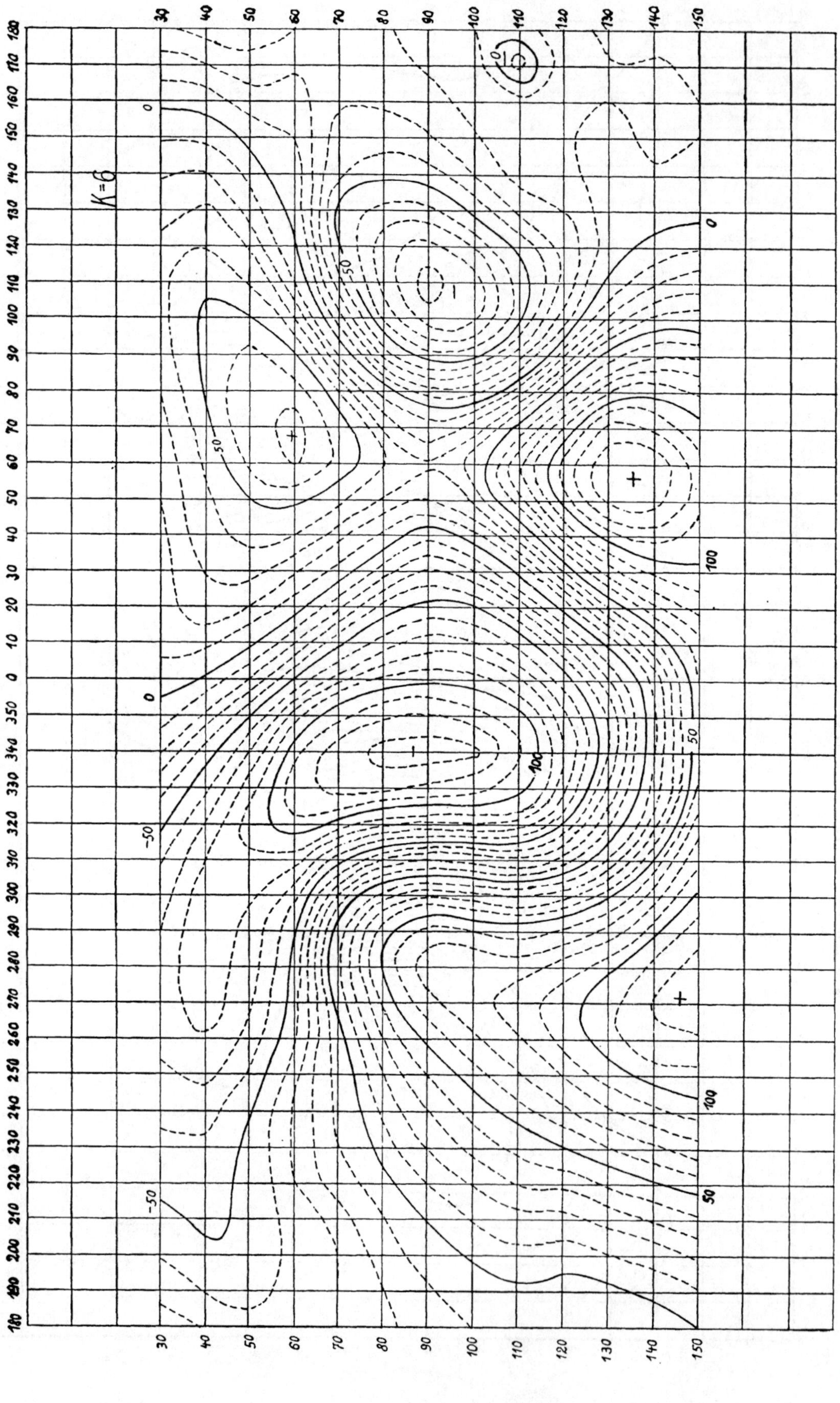

Neu berechnete jährliche Säkularvariation von Z für 1912.5.

Abb. 6.

Jährliche Säkularvariation von Z für 1912.5 nach Vestine.

Abb. 7.

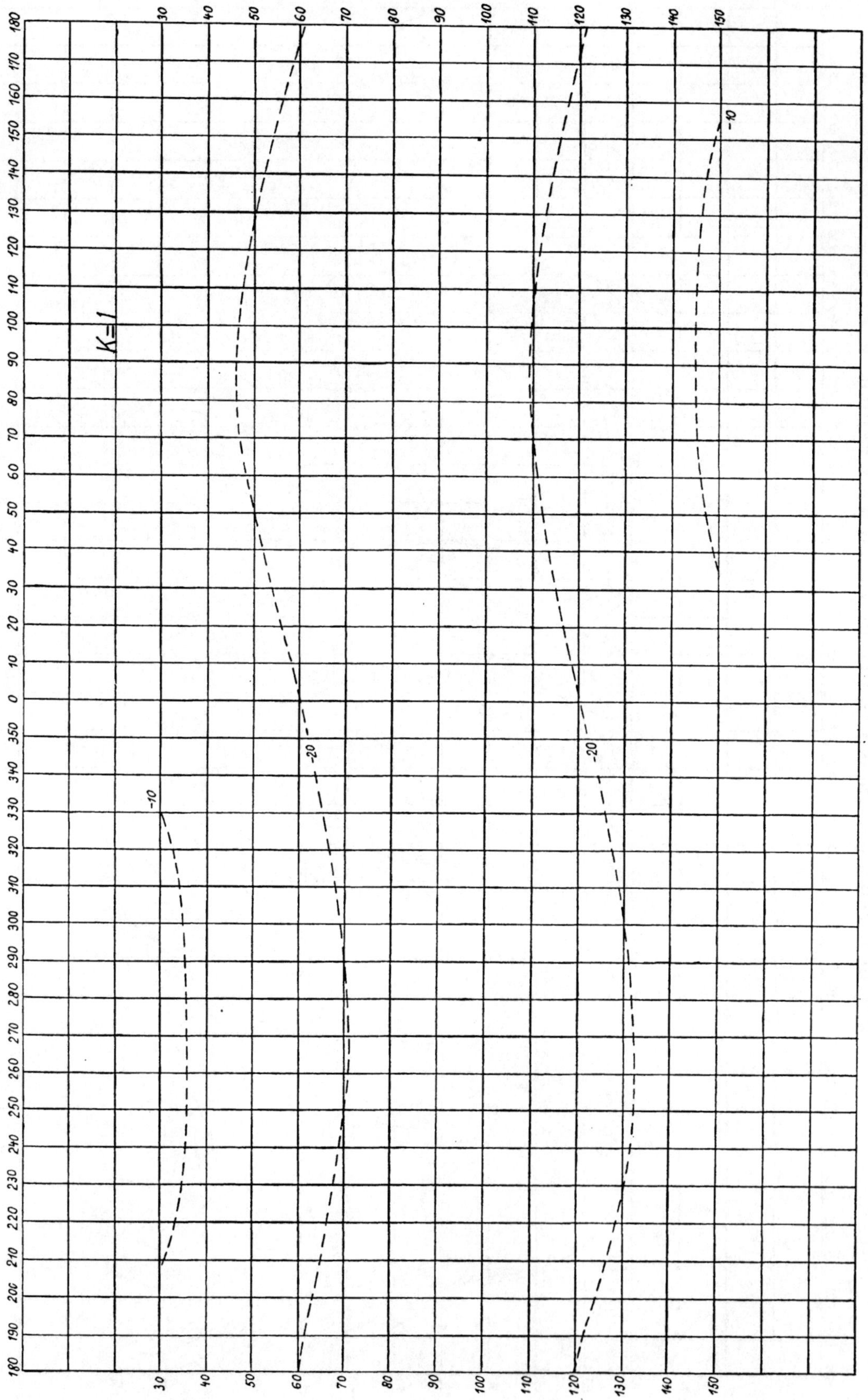

Neu berechnete jährliche Säkularvariation von X für 1942.5.

Abb. 8.

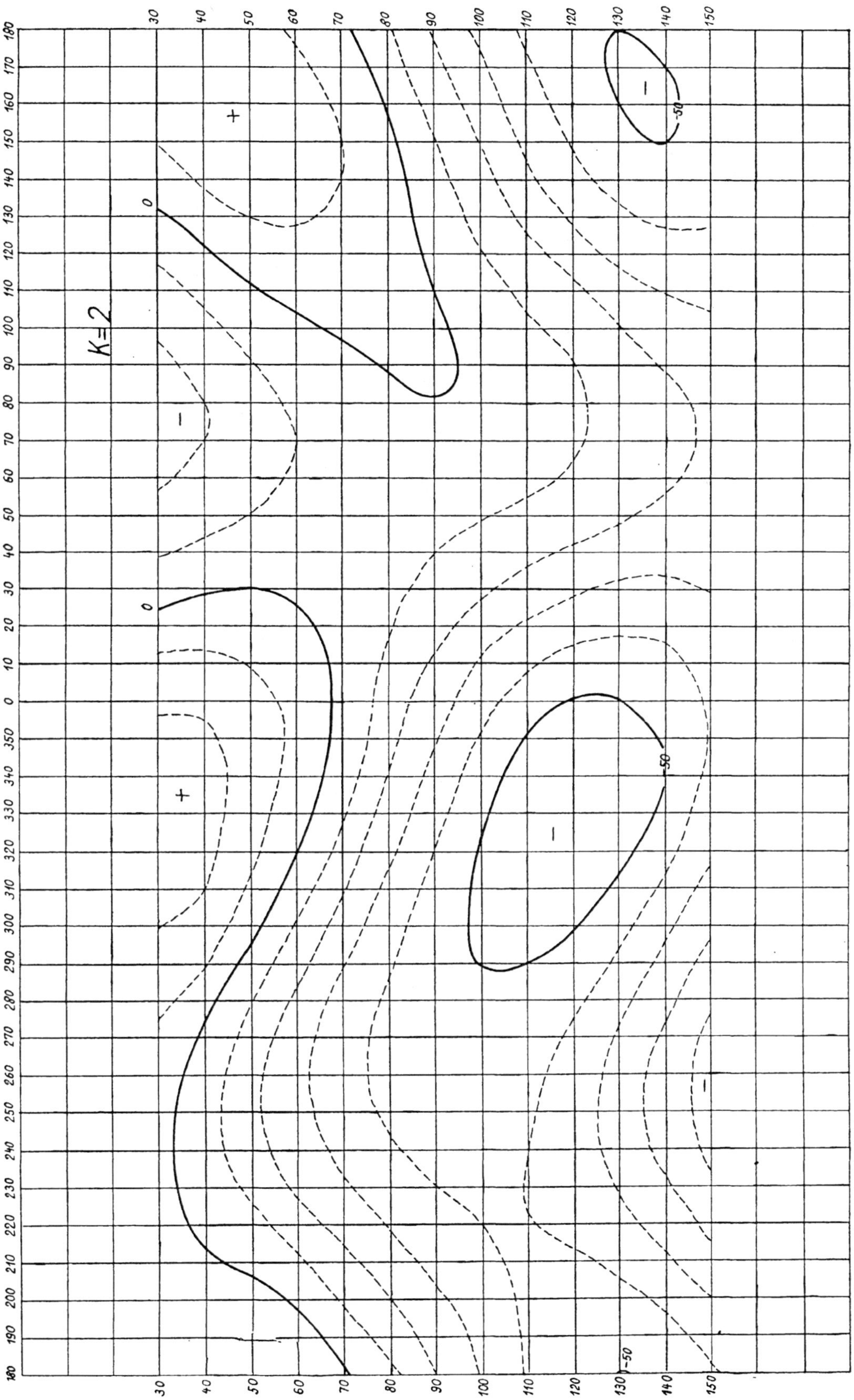

Neu berechnete jährliche Säkularvariation von X für 1942.5.

Abb. 9.

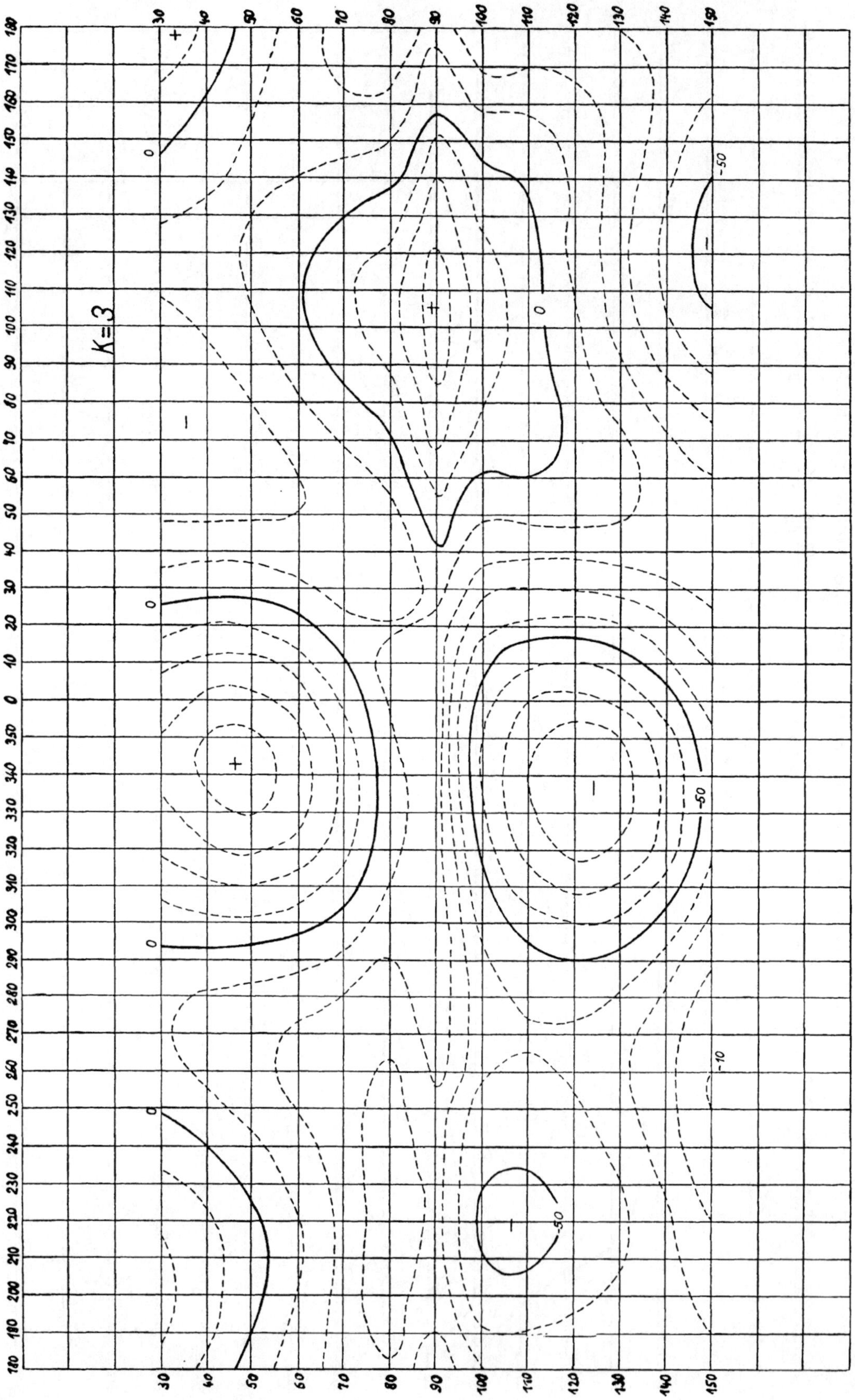

Neu berechnete jährliche Säkularvariation von X für 1942.5.

Abb. 10.

Neu berechnete jährliche Säkularvariation von X für 1942.5.

Abb. 11.

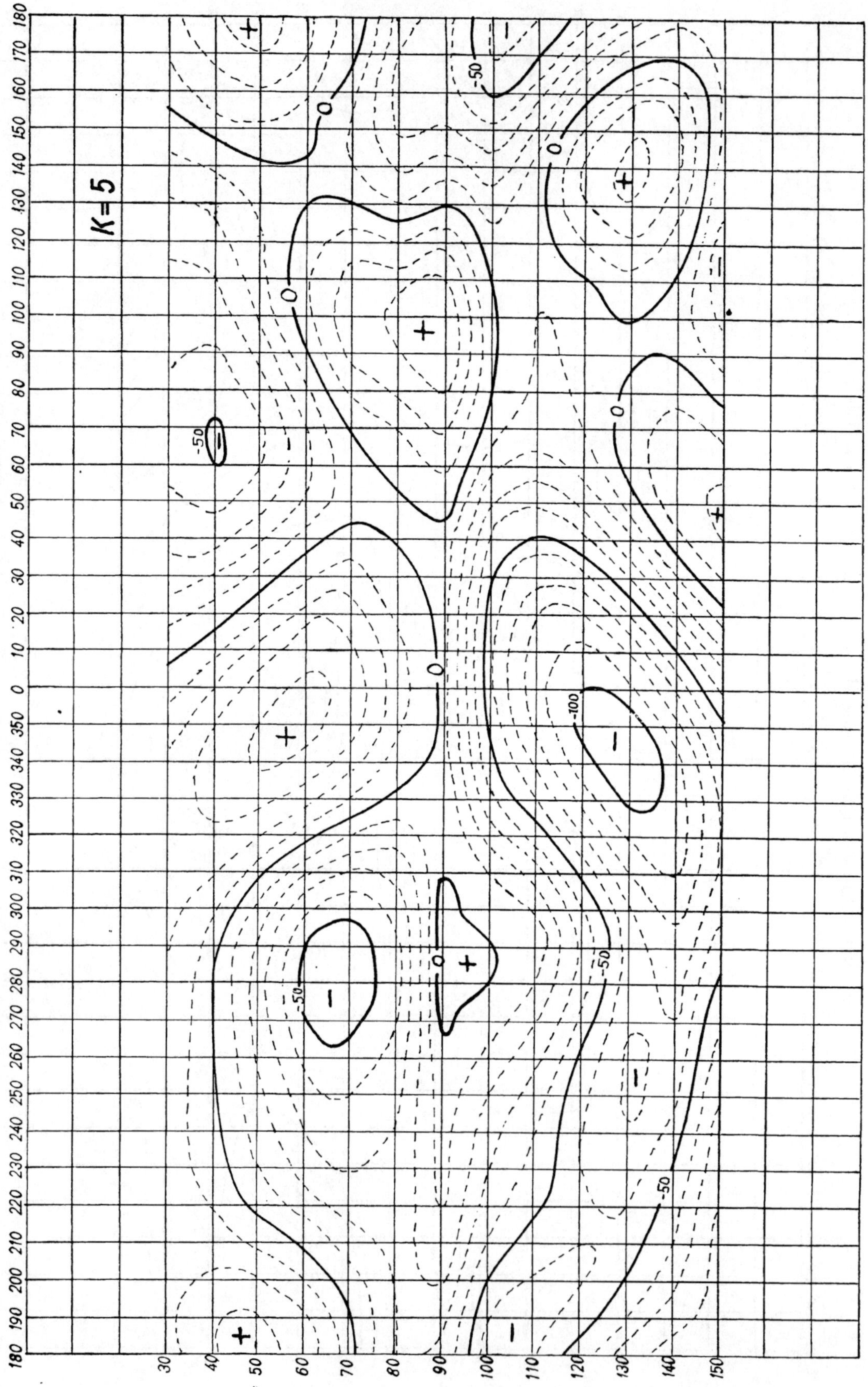

Neu berechnete jährliche Säkularvariation von X für 1942.5.

Abb. 12.

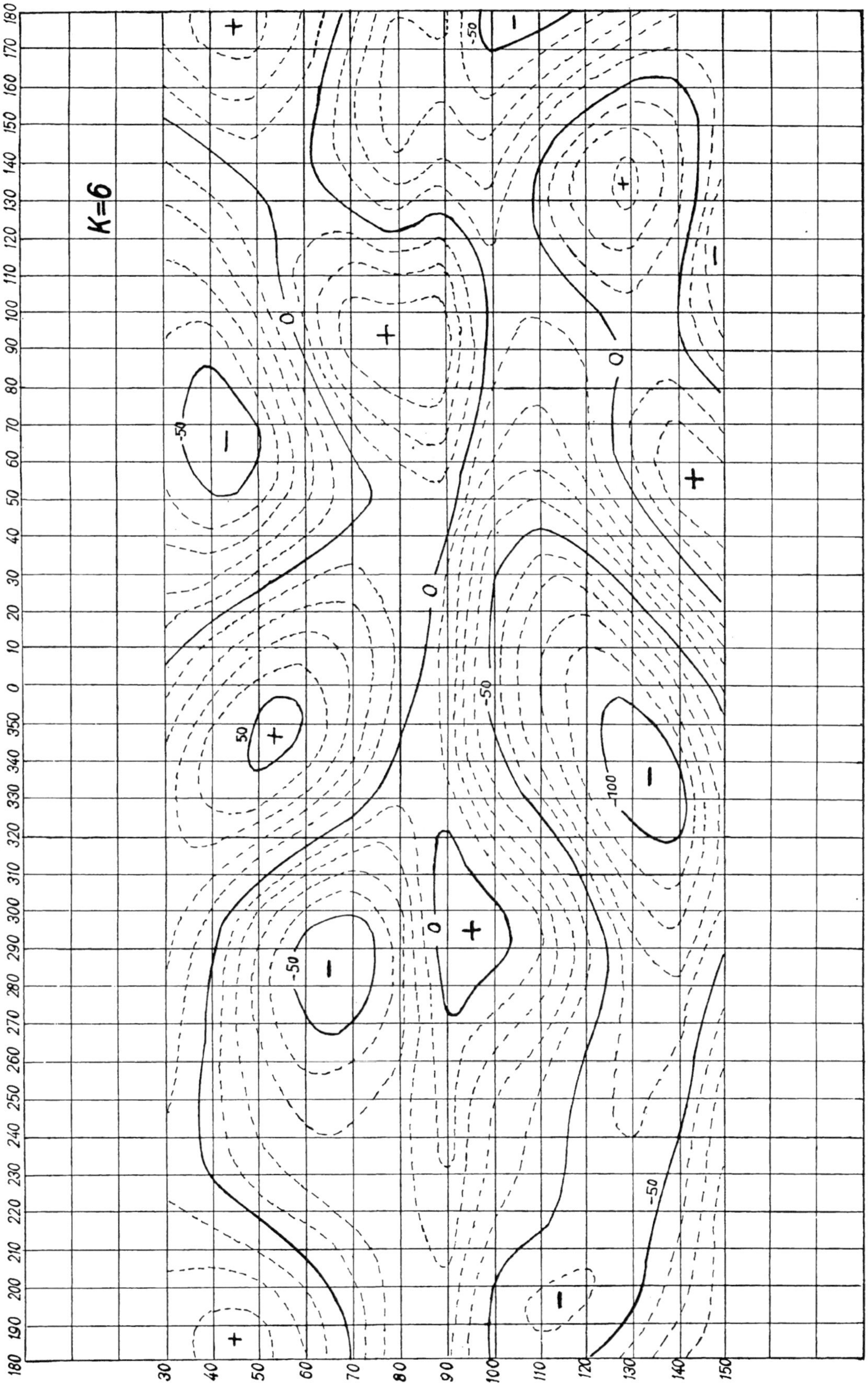

Neu berechnete jährliche Säkularvariation von X für 1942.5.

B. A. Newski

Praktikum der Nomogrammkonstruktionen

(Übersetzung aus dem Russischen)

1955, XV, 316 S. — 207 Abb. — 16 Tab. — gr. 8° — Ganzleinen DM 35,—

Die Nomographie ist für den Ingenieur in Forschung und Praxis sowie für den Naturwissenschaftler, in deren Arbeitsbereichen oft wiederkehrende Rechnungen durchzuführen sind, z. B. Versuchsauswertungen, Zeitermittlungen bei Fabrikationsverfahren usw., ein immer mehr an Bedeutung gewinnendes Hilfsmittel. Da diese Rechenhilfen infolge ihrer meist sehr einfachen Ablesevorschriften sofort stellenzahlmäßig richtige Ergebnisse liefern, kann man sie ohne mathematische Spezialkenntnisse verwenden.

Das Werk wendet sich bevorzugt an die Nomogramm-Praktiker. Daher bilden viele zahlenmäßig durchgerechnete Beispiele den Hauptinhalt.

Aus dem Inhalt:

Die Elemente eines Nomogramms

Der Begriff des Nomogramms und seine Umformung; die Nomographierbarkeit von Gleichungen. Vergleichende Bewertung von Nomogrammen verschiedener Typen

Die Rechengenauigkeit in Nomogrammen und die Verfahren, sie zu gewährleisten

Die allgemeine Reihenfolge der Operationen bei der Konstruktion von Nomogrammen

Nomogramme für Gleichungen mit zwei Variablen

Netztafeln für Gleichungen mit drei Variablen

Fluchtlinientafeln (Allgemeine Theorie)

Die einfachsten Verfahren zur Konstruktion von Fluchtlinientafeln

Erfolgreiche Methoden zur Konstruktion von Nomogrammen

Verfahren zur angenäherten Konstruktion von Fluchtlinientafeln für nichtnomographierbare Gleichungen

Stechzirkelnomogramme

Nomogramme mit beweglichen Elementen

Zusammengesetzte Nomogramme

Räumliche Fluchtlinientafeln

Die Technik der Nomogrammherstellung

Bestellungen durch eine Buchhandlung erbeten

A K A D E M I E - V E R L A G · B E R L I N

FSC
www.fsc.org
MIX
Papier | Fördert
gute Waldnutzung
FSC® C083411

Zeitfracht Medien GmbH
Ferdinand-Jühlke-Straße 7
99095 Erfurt, Deutschland
produktsicherheit@kolibri360.de